1のだん	2のだん	3のだん	4のだん	5のだん
1×1=1 いん いち　いち (一一が 1)	2×1=2 に いち　に (二一が 2)	3×1=3 さん いち　さん (三一が 3)	4×1=4 し いち　し (四一が 4)	5×1 ご いち (五一
1×2=2 いん に　に (一二が 2)	2×2=4 に にん　し (二二が 4)	3×2=6 さん に　ろく (三二が 6)	4×2=8 し に　はち (四二が 8)	5×2 ご に (五二
1×3=3 いん さん　さん (一三が 3)	2×3=6 に さん　ろく (二三が 6)	3×3=9 さ ざん　く (三三が 9)	4×3=12 し さん　じゅうに (四三 12)	5×3 ご さん (五三
1×4=4 いん し　し (一四が 4)	2×4=8 に し　はち (二四が 8)	3×4=12 さん し　じゅうに (三四 12)	4×4=16 し し　じゅうろく (四四 16)	5×4 ご し (五四
1×5=5 いん ご　ご (一五が 5)	2×5=10 に ご　じゅう (二五 10)	3×5=15 さん ご　じゅうご (三五 15)	4×5=20 し ご　にじゅう (四五 20)	5×5 ご ご (五五
1×6=6 いん ろく　ろく (一六が 6)	2×6=12 に ろく　じゅうに (二六 12)	3×6=18 さぶ ろく　じゅうはち (三六 18)	4×6=24 し ろく　にじゅうし (四六 24)	5×6 ご ろく (五六
1×7=7 いん しち　しち (一七が 7)	2×7=14 に しち　じゅうし (二七 14)	3×7=21 さん しち　にじゅういち (三七 21)	4×7=28 し しち　にじゅうはち (四七 28)	5×7 ご しち (五七
1×8=8 いん はち　はち (一八が 8)	2×8=16 に はち　じゅうろく (二八 16)	3×8=24 さん ぱ　にじゅうし (三八 24)	4×8=32 し は　さんじゅうに (四八 32)	5×8 ご は (五八
1×9=9 いん く　く (一九が 9)	2×9=18 に く　じゅうはち (二九 18)	3×9=27 さん く　にじゅうしち (三九 27)	4×9=36 し く　さんじゅうろく (四九 36)	5×9 ごっく (五九

九九

教科書ワーク

 のだん	 6のだん	 7のだん	 8のだん	 9のだん
= 5 ご が 5)	6×1 = 6 ろく いち ろく (六一が 6)	7×1 = 7 しち いち しち (七一が 7)	8×1 = 8 はち いち はち (八一が 8)	9×1 = 9 く いち く (九一が 9)
=10 じゅう 10)	6×2=12 ろく に じゅうに (六二 12)	7×2=14 しち に じゅうし (七二 14)	8×2=16 はち に じゅうろく (八二 16)	9×2=18 く に じゅうはち (九二 18)
=15 じゅうご 15)	6×3=18 ろく さん じゅうはち (六三 18)	7×3=21 しち さん にじゅういち (七三 21)	8×3=24 はち さん にじゅうし (八三 24)	9×3=27 く さん にじゅうしち (九三 27)
=20 にじゅう 20)	6×4=24 ろく し にじゅうし (六四 24)	7×4=28 しち し にじゅうはち (七四 28)	8×4=32 はち し さんじゅうに (八四 32)	9×4=36 く し さんじゅうろく (九四 36)
=25 にじゅうご 25)	6×5=30 ろく ご さんじゅう (六五 30)	7×5=35 しち ご さんじゅうご (七五 35)	8×5=40 はち ご しじゅう (八五 40)	9×5=45 く ご しじゅうご (九五 45)
=30 さんじゅう 30)	6×6=36 ろく ろく さんじゅうろく (六六 36)	7×6=42 しち ろく しじゅうに (七六 42)	8×6=48 はち ろく しじゅうはち (八六 48)	9×6=54 く ろく ごじゅうし (九六 54)
=35 さんじゅうご 35)	6×7=42 ろく しち しじゅうに (六七 42)	7×7=49 しち しち しじゅうく (七七 49)	8×7=56 はち しち ごじゅうろく (八七 56)	9×7=63 く しち ろくじゅうさん (九七 63)
=40 しじゅう 40)	6×8=48 ろく は しじゅうはち (六八 48)	7×8=56 しち は ごじゅうろく (七八 56)	8×8=64 はっぱ ろくじゅうし (八八 64)	9×8=72 く は しちじゅうに (九八 72)
=45 しじゅうご 45)	6×9=54 ろっく ごじゅうし (六九 54)	7×9=63 しち く ろくじゅうさん (七九 63)	8×9=72 はっく しちじゅうに (八九 72)	9×9=81 く く はちじゅういち (九九 81)

東京書籍版 算数2年

動画 コードを読みとって、下の番号の動画を見てみよう。

べんきょうした 日 月 日

わかりやすく あらわそう

きほんのワーク

もくひょう
ひょうや グラフに かいて 見やすく せいりしよう。

おわったら シールを はろう

教科書 ㊤8～11ページ　答え 1ページ

きほん1 ひょうや グラフに かいて せいりしよう。

☆ 2年1組で 食べたい りょうりを しらべ、 下の ように カードに 書きだしました。

カレー	ラーメン	カレー	ラーメン	ハンバーグ	カレー
パンケーキ	ハンバーグ	ハンバーグ	ハンバーグ	ラーメン	パンケーキ
おすし	カレー	オムライス	ラーメン	カレー	パンケーキ
ハンバーグ	ラーメン	カレー	ハンバーグ	おすし	カレー

❶ 右の グラフに ○を つかって 人数を あらわしましょう。

❷ ラーメンを 食べたい 人は □人です。

❸ グラフの 人数を、 下の ひょうに あらわしましょう。

食べたい りょうりと 人数

おすし	ラーメン	カレー	パンケーキ	オムライス	ハンバーグ

食べたい りょうりと 人数

りょうり	おすし	ラーメン	カレー	パンケーキ	オムライス	ハンバーグ
人数						

さんすうはかせ　グラフは 数の 多い 少ないが わかりやすく、ひょうは 数が わかりやすいね。

1 きほん1の　グラフと　ひょうを　見て　答えましょう。　📖教科書 10ページ2

❶ 人数が　いちばん　多い　りょうりは　何ですか。

（　　　　　　　　）

❷ 人数が　いちばん　少ない　りょうりは　何ですか。

（　　　　　　　　）

❸ カレーと　おすしの　人数の　ちがいは　何人ですか。

（　　　　　　　　）

2 きほん1の　あと、もう　1回　夕ごはんで　食べたい　りょうりを　しらべました。　📖教科書 11ページ3

❶ 1回めから　2回めで、人数が　ふえた　りょうりは　何ですか。2つ　書きましょう。

（　　　　　　　　）

（　　　　　　　　）

❷ 1回めと　2回めで、人数が　同じ　りょうりは　何ですか。

（　　　　　　　　）

食べたい　りょうりと　人数

					○
					○
		○			○
		○			○
	○	○			○
	○	○		○	○
○	○	○		○	○
○	○	○	○	○	○
おすし	ラーメン	カレー	パンケーキ	オムライス	ハンバーグ

❸ 1回めから　2回めで、人数が　へった　りょうりは　何ですか。3つ　書きましょう。

（　　　　　　　　）（　　　　　　　　）（　　　　　　　　）

おうちのかたへ　それぞれの人数を表にまとめ、「数がすぐわかる」という表の便利さを理解しましょう。
また、グラフは多い少ないが一目でわかります。気づいたことを言ってみましょう。

べんきょうした 日　月　日

れんしゅうのワーク

教科書 ㊤8～11ページ　答え 1ページ

できた 数　/6もん 中

おわったら シールを はろう

1 グラフと ひょう　すきな きゅう食(しょく)しらべを しました。

すきな きゅう食と 人数

カレー	スパゲッティ	シチュー	ハンバーグ	あげパン
				○
○				○
○	○			○
○	○			○
○	○			○
○	○		○	○
○	○	○	○	○
○	○	○	○	○

❶ グラフの 人数(にんずう)を、下の ひょうに あらわしましょう。

すきな きゅう食と 人数

きゅう食	カレー	スパゲッティ	シチュー	ハンバーグ	あげパン
人数					

❷ すきな 人が いちばん 多(おお)いのは どの きゅう食ですか。

(　　　　)

❸ すきな 人が いちばん 少(すく)ないのは どの きゅう食ですか。

(　　　　)

❹ すきと 答(こた)えた 人数が 6人の きゅう食は どの きゅう食ですか。

(　　　　)

❺ ハンバーグが すきと 答えた 人は 何人(なんにん)ですか。

(　　　　)

❻ カレーが すきな 人と、シチューが すきな 人では、どちらが 何人 多いですか。

(　　　　)

できるナビ　人数の 多い 少ないは グラフを 見ると わかりやすいよ！
人数は ひょうを 見れば わかりやすいね。

まとめのテスト

とく点　　/100点

おわったら シールを はろう

教科書 ㊤8～11ページ　答え 2ページ

1 よく出る　みんなで　したい　あそびしらべを　しました。　1つ25〔50点〕

ボールけり

ボールなげ

かけっこ

しりとり

なわとび

❶ 人数を　○を　つかって　右の　グラフに　あらわしましょう。

したい　あそびと　人数　1回め

ボールけり	ボールなげ	かけっこ	しりとり	なわとび

❷ グラフの　人数を、下の　ひょうに　あらわしましょう。

したい　あそびと　人数　1回め

したい あそび	ボールけり	ボールなげ	かけっこ	しりとり	なわとび
人数					

2 1の　あと、雨が　ふった　ときの　ことも　考(かんが)えて、もう　1回(かい)　みんなで　したい　あそびを　しらべました。
1回めと　2回めの　グラフを　見て、みんなで　したい　あそびを1つ　えらびましょう。また、その　わけも　書(か)きましょう。　1つ25〔50点〕

したい　あそびと　人数　2回め

				○
				○
				○
			○	○
○	○	○	○	○
○	○	○	○	○
○	○	○	○	○
○	○	○	○	○
ボールけり	ボールなげ	かけっこ	しりとり	なわとび

あそび（　　　　　　）

わけ（　　　　　　）

チェック✓
□グラフを　かいて、多い　少ないを　しらべる　ことが　できるかな？
□ひょうに　あらわす　ことが　できるかな？

べんきょうした 日　月　日

1 たし算（1）

きほんのワーク

もくひょう
くり上がりの ない たし算の ひっ算の しかたを 考えよう。

おわったら シールを はろう

教科書 上 12～16ページ　答え 2ページ

きほん 1 くり上がりの ない 2けたの たし算が わかりますか。

☆ 24＋32の ひっ算の しかたを 考えます。

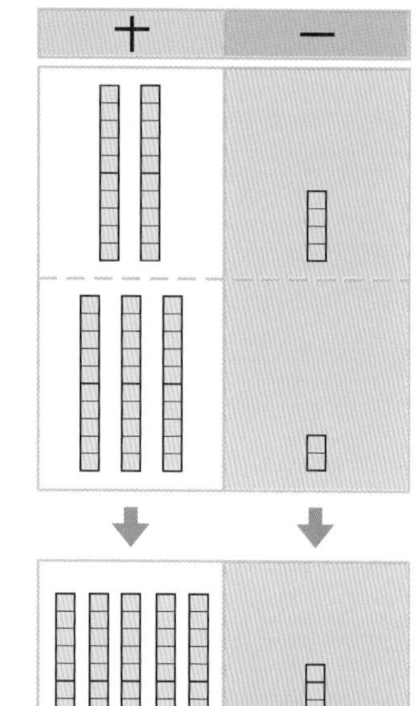

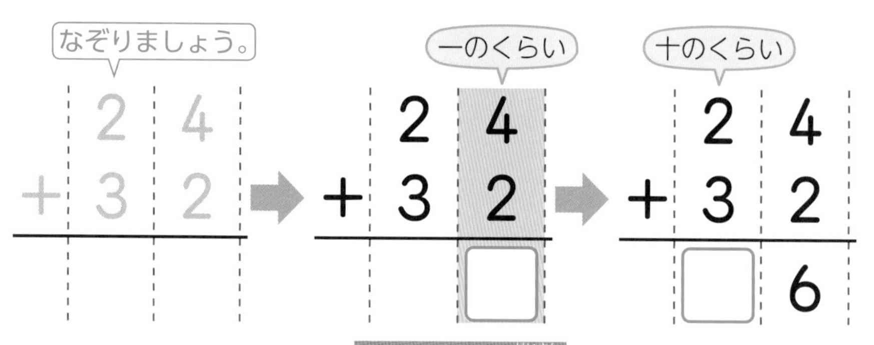

1 くらいを たてに そろえて 書く。　2 一のくらいの 計算　3 十のくらいの 計算

4＋2＝□　　2＋3＝□

24＋32＝□

1 53＋14の 計算を ひっ算で しましょう。　教科書 15ページ 1

一のくらいの 計算　□＋□＝□

十のくらいの 計算　□＋□＝□

53＋14＝□

	5	3
＋	1	4

2 ひっ算で しましょう。　教科書 15ページ 1

❶ 36＋23　❷ 45＋22　❸ 12＋36　❹ 42＋13

	3	6
＋	2	3

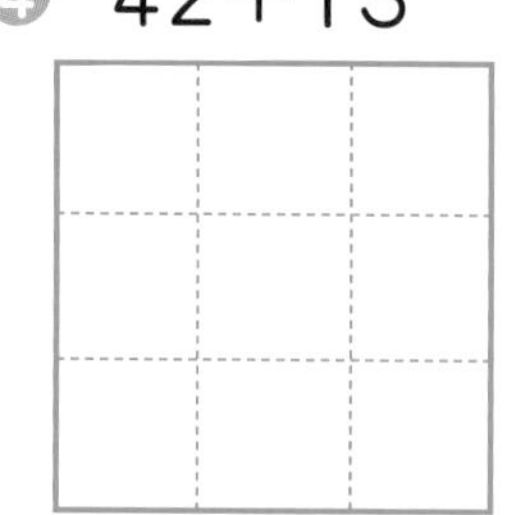

さんすうはかせ　ひっ算は 「筆算」と 書きます。筆で 書かれた 計算と いう いみだよ。そろばんで 計算するのが あたりまえの 時だいに 生まれた 計算の やり方だったんだ。

3 色紙(いろがみ)を、みおさんは 23まい、お姉(ねえ)さんは 34まい もって います。あわせて 何(なん)まい ありますか。

教科書 13ページ1

しき

答(こた)え（　　　　）

ひっ算

4 ひっ算で しましょう。

教科書 15ページ1

❶ 38+40　❷ 30+56　❸ 21+60　❹ 30+49

きほん2 (1けた)+(2けた)の たし算が わかりますか。

☆ 5+43の ひっ算の しかたを 考えます。

+	−

なぞりましょう。　一のくらい　十のくらい

		5
+	4	3

		5
+	4	3
		□

		5
+	4	3
	□	8

1 くらいを たてに そろえて 書く。

2 一のくらいの 計算

5+3=□

3 十のくらいは 4

5+43=□

くらいを たてに そろえて 書けば まちがえないね。

5 ひっ算で しましょう。

教科書 16ページ2

❶ 34+5　❷ 6+53　❸ 70+4　❹ 8+90

おうちのかたへ
2けたのたし算の筆算のしかたを学習します。筆算は、位を縦にそろえて計算できるので、位ごとの計算がやりやすいことを確認しましょう。

2 たし算(2)

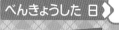

もくひょう
くり上がりの ある
たし算の ひっ算の
しかたを 考えよう。

おわったら
シールを
はろう

きほんのワーク

教科書 上 17～19ページ　答え 3ページ

きほん1 くり上がりの ある 2けたの たし算が わかりますか。

☆ 37+25の ひっ算の しかたを 考えます。

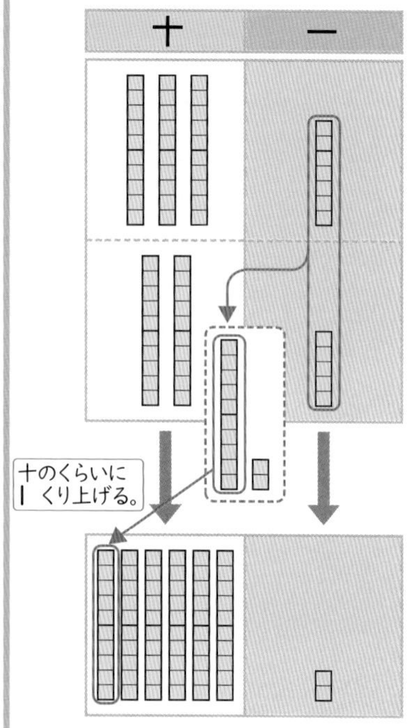

+	−

十のくらいに
1 くり上げる。

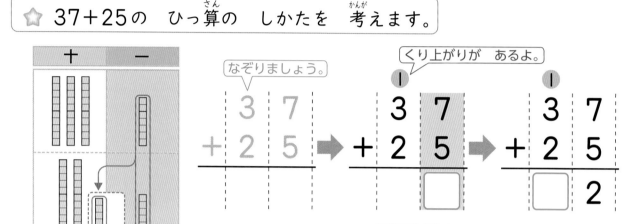

なぞりましょう。

くり上がりが あるよ。

```
   3 7        1            1
 + 2 5   →    3 7    →     3 7
 -----      + 2 5        + 2 5
            -----        -----
              □           □ 2
```

1 くらいを たてに そろえて 書く。
2 一のくらいの 計算
3 十のくらいの 計算

7+5=□　　1 +3+2=□

くり上げた 1

37+25=□

くり上がりの 1を
わすれないように しよう。

1 ひっ算で しましょう。

教科書 18ページ 1

❶ 36+18　❷ 16+19　❸ 24+59　❹ 15+49

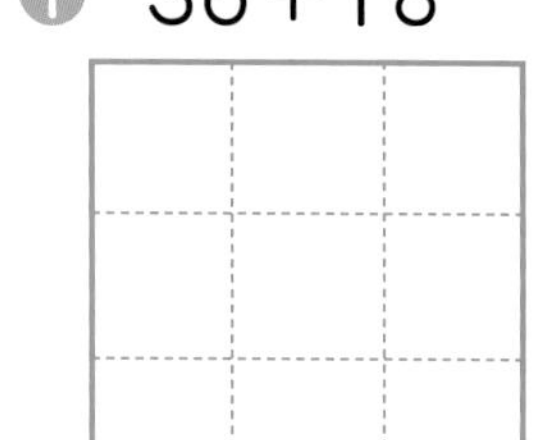

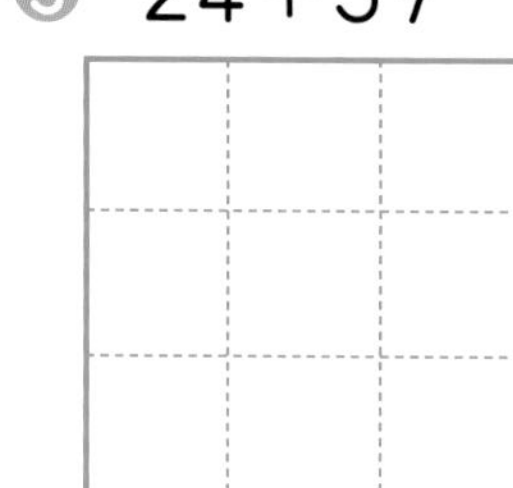
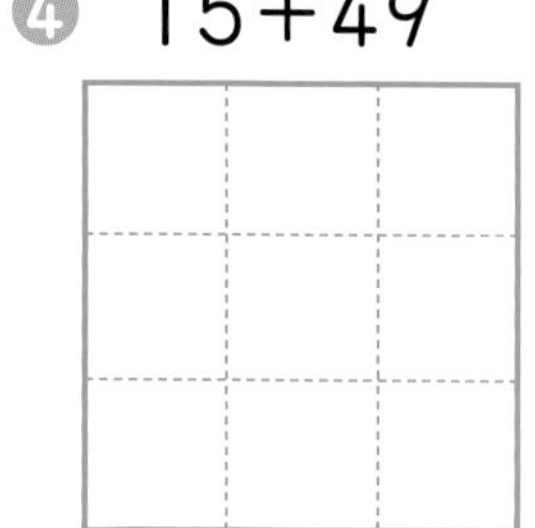

❺ 47+38　❻ 69+18　❼ 35+17　❽ 26+46

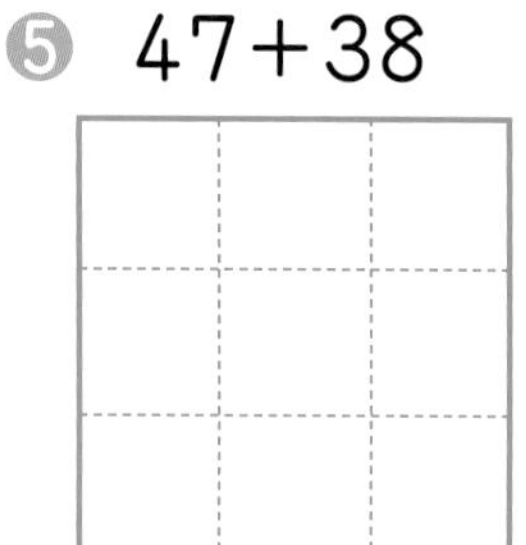
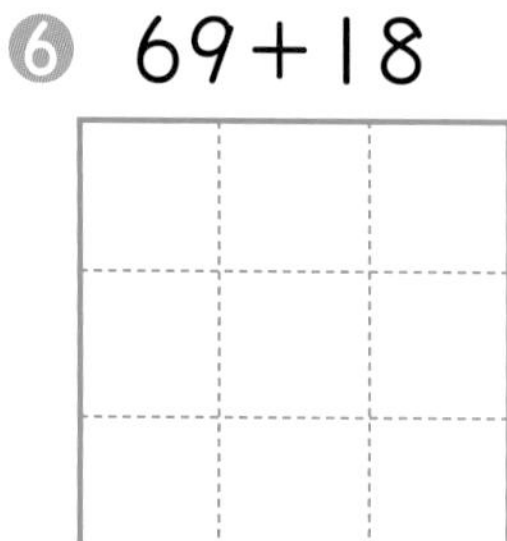
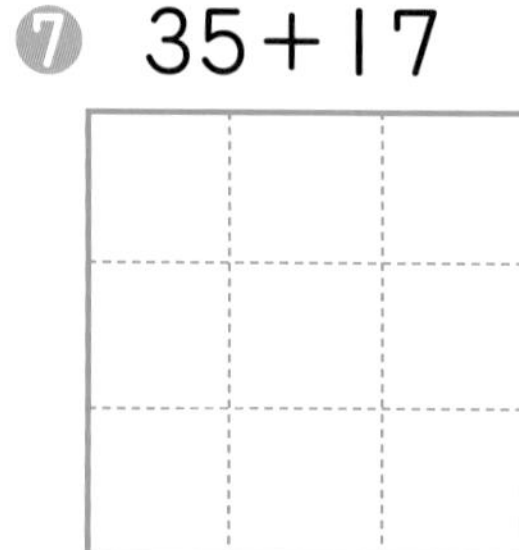
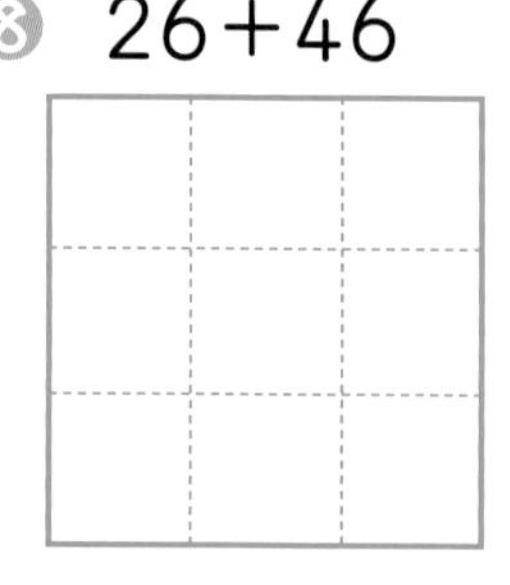

さんすうはかせ　くり上がりの ある 計算では くり上げた 1を 小さく 書いて おくと まちがいが ふせげるよ。くり上がりの 1は 書いて おこう。

2 ひっ算で　しましょう。

❶ 26＋34

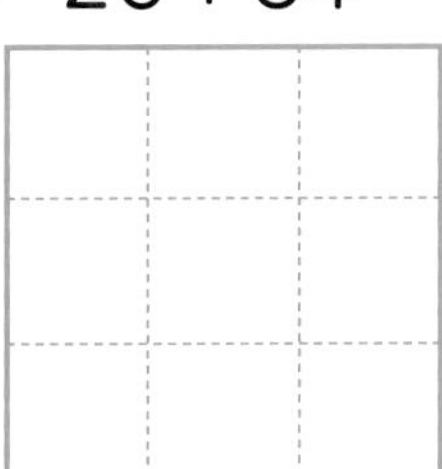

❷ 51＋19

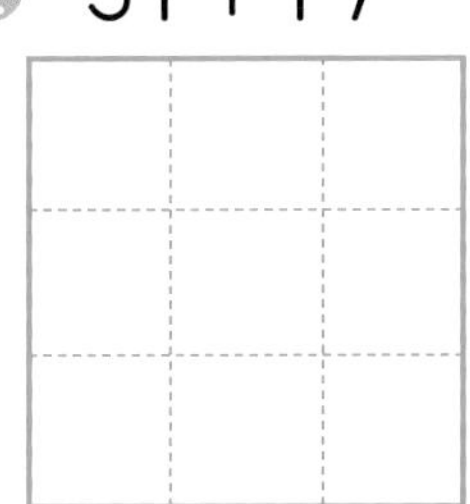

❸ 73＋17

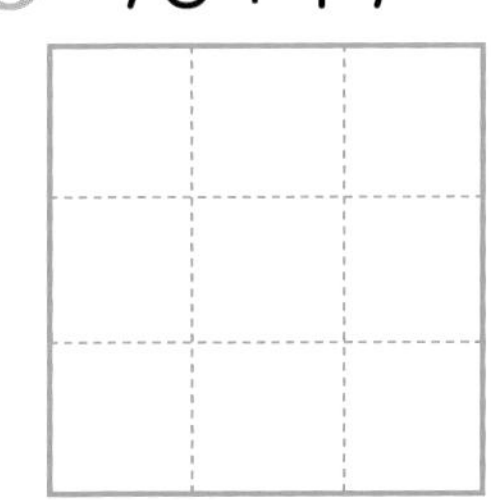

❹ 38＋22

きほん2　(2けた)＋(1けた)の　たし算が　わかりますか。

☆ 36＋8の　ひっ算の　しかたを　考えます。

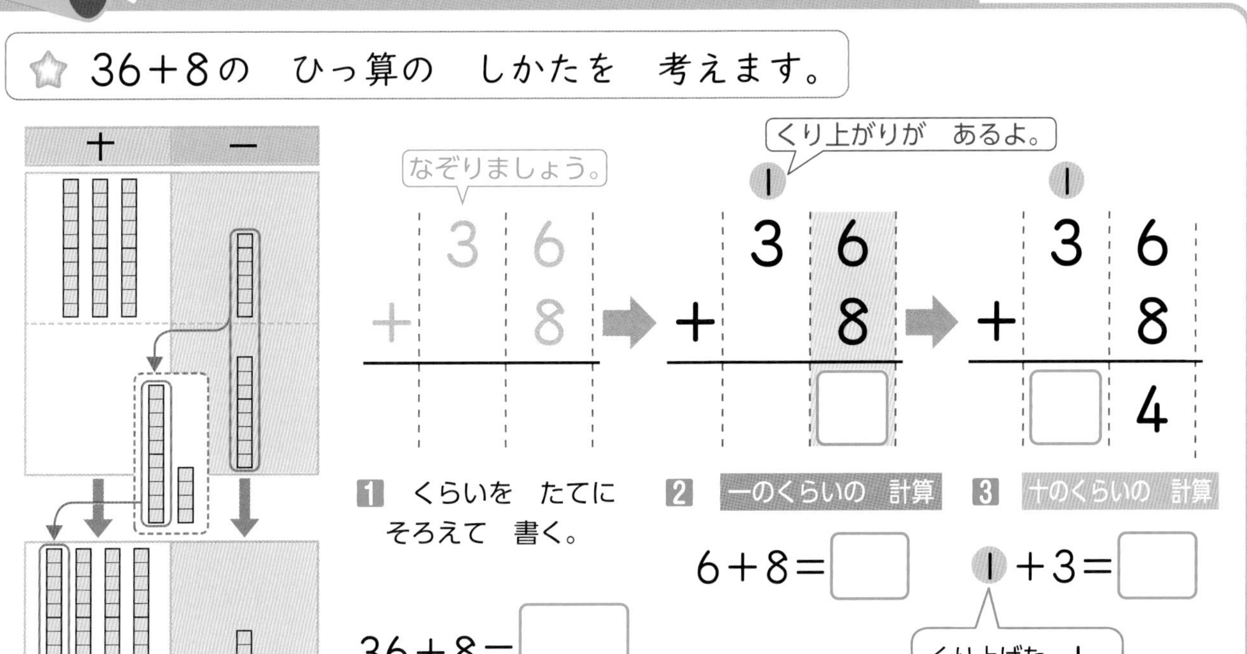

1 くらいを　たてに　そろえて　書く。

2 一のくらいの　計算

3 十のくらいの　計算

6＋8＝□

1＋3＝□

くり上げた　1

36＋8＝□

3 ひっ算で　しましょう。

教科書　19ページ 3

❶ 58＋4

❷ 9＋27

❸ 43＋7

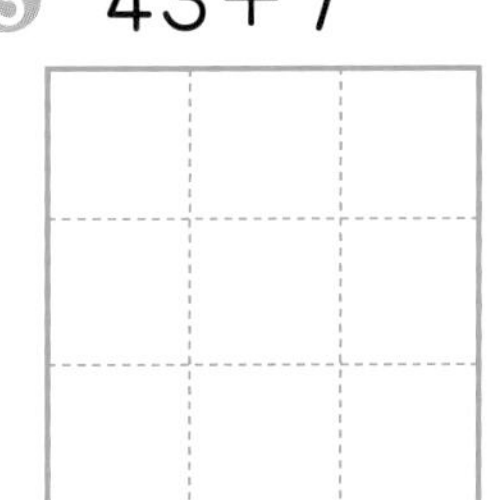

❹ 5＋75

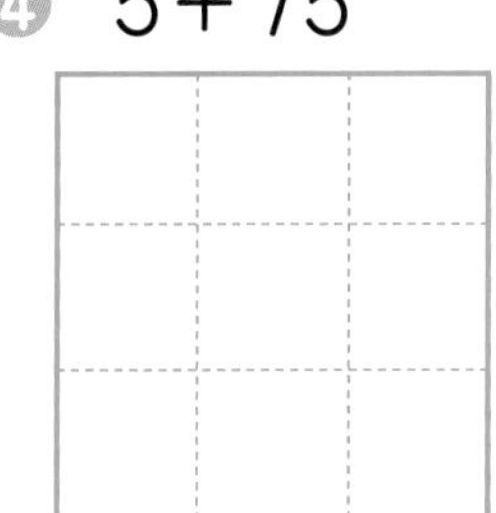

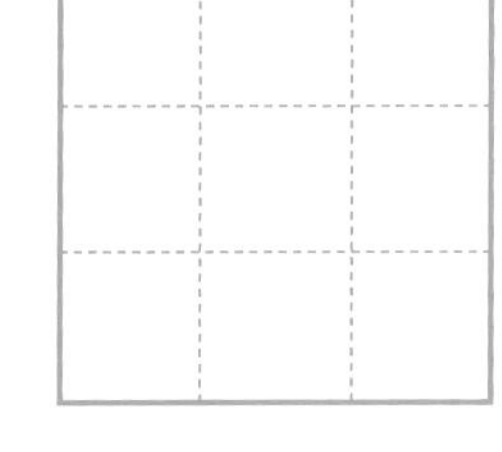

4 答(こた)えが　40に　なる　しきを、3つ　つくりましょう。

教科書　19ページ 2 3

□＋□＝40　　□＋□＝40

□＋□＝40

たくさん　ありそうだね。

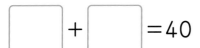

おうちのかたへ

十の位にくり上がる計算のしかたを学習します。(2けた)＋(1けた)、(1けた)＋(2けた)のように十の位に空位がある計算にとまどう場合が多いので、注意しましょう。

べんきょうした 日　月　日

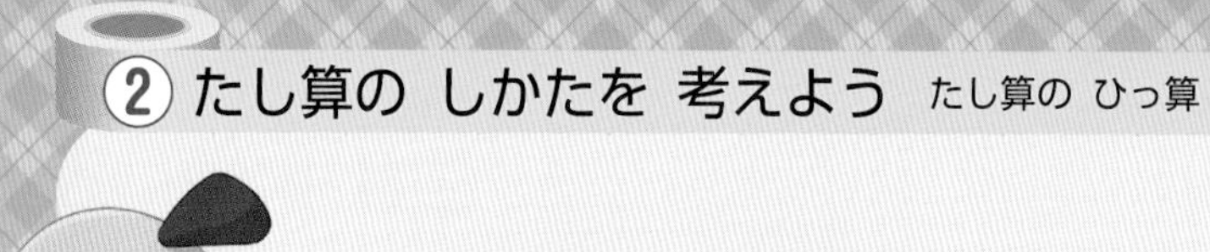

3 たし算の きまり

きほんのワーク

もくひょう
たし算の　きまりを
知ろう。

おわったら
シールを
はろう

教科書 上 20～21ページ　答え 3ページ

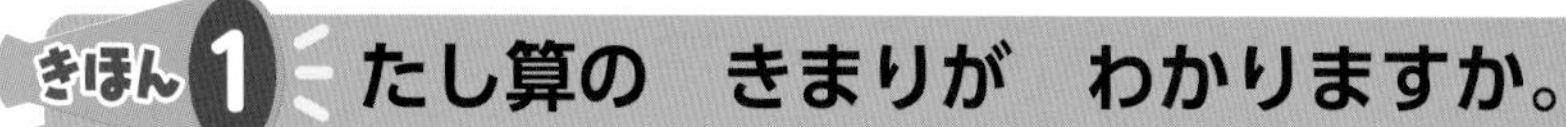

きほん 1 たし算の　きまりが　わかりますか。

☆ 計算(けいさん)して　答え(こた)を　もとめましょう。

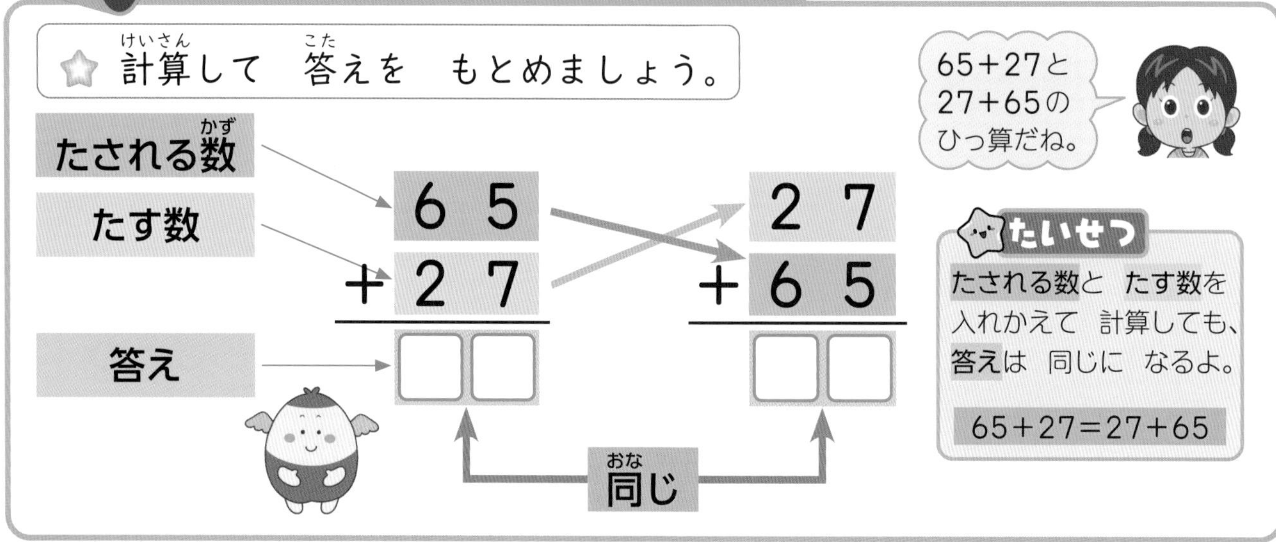

たいせつ
たされる数と　たす数を
入れかえて　計算しても、
答えは　同じに　なるよ。

65＋27＝27＋65

1 計算しなくても、答えが　同じに　なる　ことが　わかる　しきを
見つけて、線(せん)で　むすびましょう。

教科書 21ページ⚠1

37＋21 ・	・ 40＋18
18＋40 ・	・ 12＋73
59＋6 ・	・ 21＋37
26＋33 ・	・ 33＋26
	・ 6＋59

答えが　同じに
なるか、
計算して
たしかめよう。

2 計算して、答えを　もとめましょう。また、たされる数と　たす数を
入れかえて　計算しましょう。

教科書 20ページ1

❶
$$\begin{array}{r} 38 \\ +\ \ 5 \\ \hline \end{array}$$

入れかえて　計算しよう。

❷
$$\begin{array}{r} 8 \\ +57 \\ \hline \end{array}$$

入れかえて　計算しよう。

おうちのかたへ
たされる数とたす数を入れかえて計算しても、答えが同じになること（加法の交換法則）を学習します。このことを利用して、たし算の答えのたしかめをしましょう。

れんしゅうのワーク①

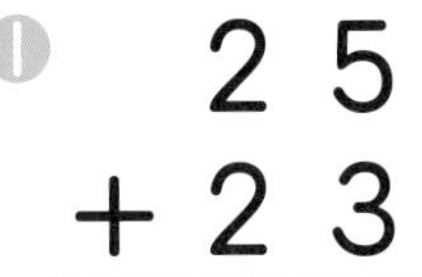

教科書 ㊤12〜23ページ　答え 4ページ

できた 数 /14もん 中

おわったら シールを はろう

1 たし算の ひっ算　ひっ算で しましょう。

❶
$$\begin{array}{r} 25 \\ +23 \\ \hline \end{array}$$

❷
$$\begin{array}{r} 36 \\ +19 \\ \hline \end{array}$$

❸
$$\begin{array}{r} 25 \\ +48 \\ \hline \end{array}$$

❹
$$\begin{array}{r} 8 \\ +26 \\ \hline \end{array}$$

❺ 3+47

❻ 54+16

❼ 59+32

❽ 76+6

2 たし算の ひっ算の 文しょうだい　こはるさんは、えんぴつを 24本 もって います。ゆうまさんは、えんぴつを 18本 もって います。えんぴつは ぜんぶで 何本（なんぼん） ありますか。

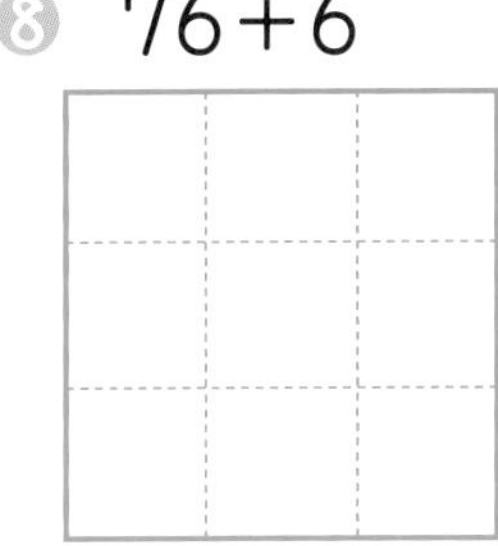

ひっ算

しき

答え（　　　　）

3 たし算の ひっ算の 文しょうだい　たけるさんは シールを 37まい もって いました。お兄（にい）さんが 15まい くれました。シールは ぜんぶで 何まいに なりましたか。

ひっ算

しき

答え（　　　　）

できるナビ　たされる数と たす数を 入れかえて 計算して、答えの たしかめを しよう！

べんきょうした 日　月　日

れんしゅうのワーク②

教科書 ㊤12～23ページ　答え 4ページ

できた 数　/11もん 中

おわったら シールを はろう

1 しきを よみとる 力　おかしを 買いに きました。

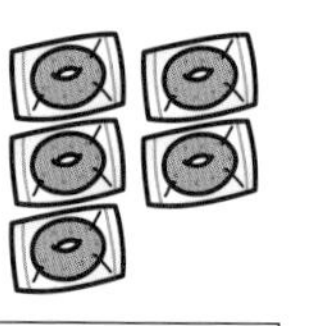

あめ	ラムネ	ゼリー	ドーナツ	ガム	わたがし	チョコレート
1こ 14円	1こ 48円	1こ 78円	1こ 82円	1こ 16円	1こ 50円	1こ 20円

❶ あめと ゼリーを 1こずつ 買います。だい金は いくらに なりますか。

ひっ算

しき

答え（　　　　）

❷ ラムネを 2こ 買います。だい金は いくらに なりますか。

ひっ算

しき

答え（　　　　）

❸ しきを 見て、何を 買ったか 答えましょう。

しき 82＋16＝98　　答え 98円

ドーナツと（　　　　）を 1こずつ 買いました。

しき 78＋20＝98　　答え 98円

（　　　　）と チョコレートを 1こずつ 買いました。

❹ しきを 書いて、何を 買ったか 答えましょう。

しき 50＋□＝98

（　　　　）と（　　　　）を 1こずつ 買いました。

できるナビ　おかしの ねだんを まちがえないように！
どれと どれを 買うのか、よく たしかめて たし算を しよう。

まとめのテスト

とく点　　/100点

おわったら シールを はろう

教科書　上 12～23ページ　　 答え　4ページ

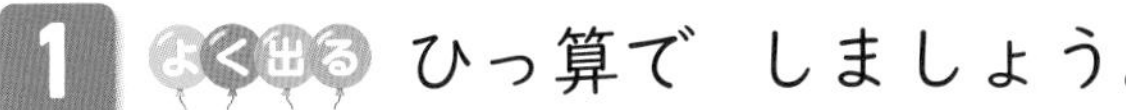

1 よく出る　ひっ算で　しましょう。　1つ5〔40点〕

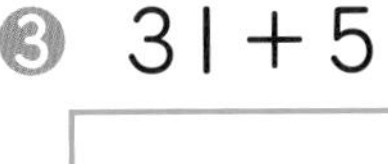

❶ 36＋21　❷ 58＋20　❸ 31＋5　❹ 13＋49

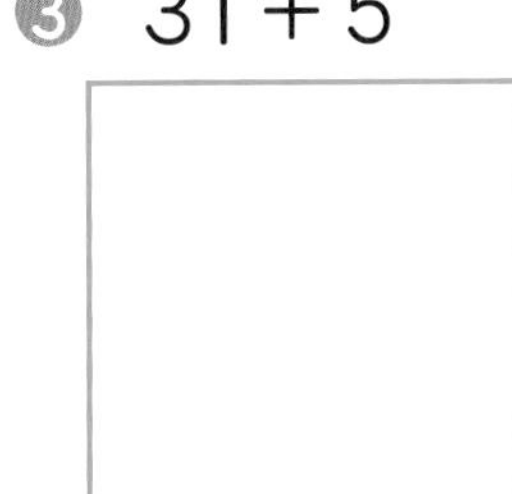

❺ 69＋18　❻ 45＋25　❼ 9＋38　❽ 76＋4

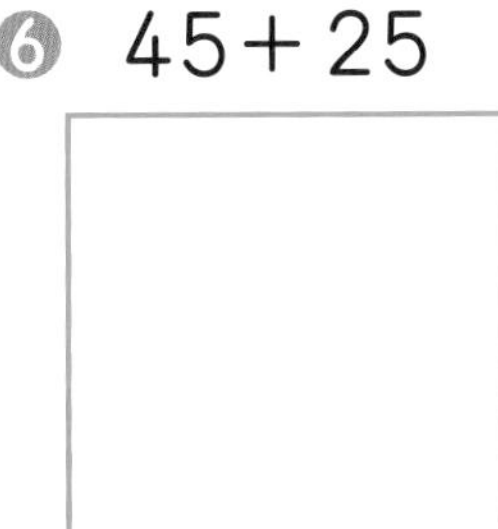
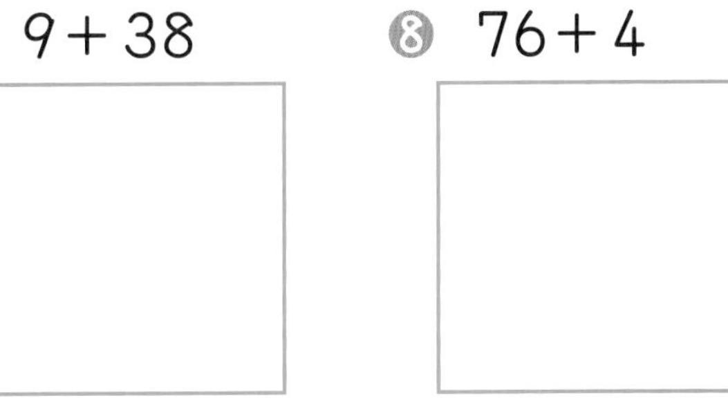

2 計算(けいさん)しなくても、答えが　同(おな)じに　なる　ことが　わかる　しきを　見つけて、線(せん)で　むすびましょう。　1つ5〔15点〕

45＋18　　63＋27　　32＋56

56＋32　　65＋32　　27＋63　　18＋45

3 答えが　30に　なる　しきを、3つ　つくりましょう。　1つ10〔30点〕

□＋□＝30　　□＋□＝30　　□＋□＝30

4 東(ひがし)小学校の　2年生は、2クラス　あります。1組(くみ)が　25人、2組が　27人です。2年生は、みんなで　何人(なんにん)ですか。　1つ5〔15点〕

ひっ算

しき

答え（　　　　）

ふろくの「計算れんしゅうノート」2～4ページをやろう！

□くり上がる　たし算の　ひっ算が　できるかな？
□もんだいから、たし算の　しきを　つくって、答えが　だせるかな？

べんきょうした 日　　月　　日

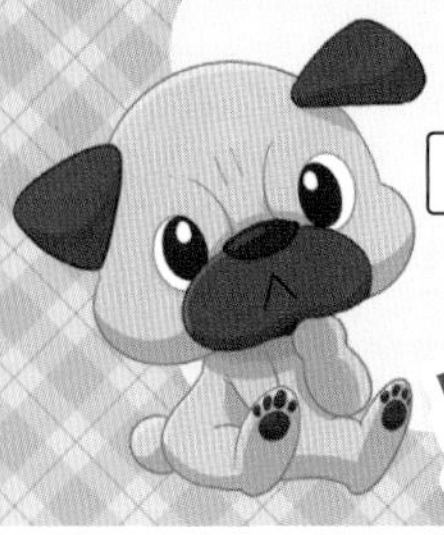

1 ひき算(1)

きほんのワーク

もくひょう・
くり下がりの ない ひき算の ひっ算の しかたを 考えよう。

おわったら シールを はろう

教科書 上 24～28ページ　答え 5ページ

きほん 1　くり下がりの ない 2けたの ひき算(ざん)が わかりますか。

☆ 38－25の ひっ算(さん)の しかたを 考(かんが)えます。

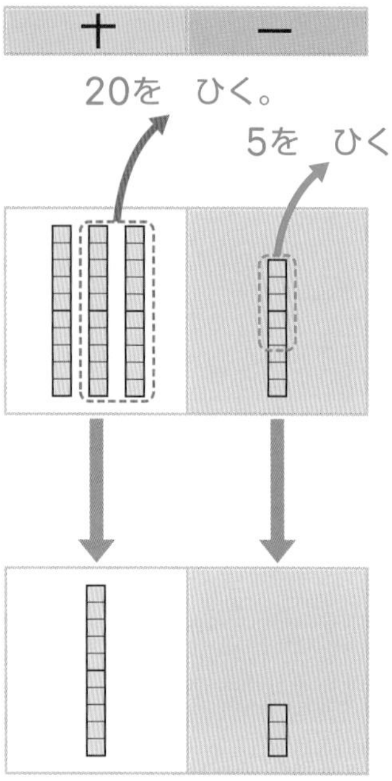

十
一
20を ひく。
5を ひく。

なぞりましょう。

```
  3 8
- 2 5
-----
```

一のくらい

```
  3 8
- 2 5
-----
    □
```

十のくらい

```
  3 8
- 2 5
-----
  □ 3
```

1 くらいを たてに そろえて 書(か)く。　2 一のくらいの 計算(けいさん)　3 十のくらいの 計算

8－5＝□　　3－2＝□

38－25＝□

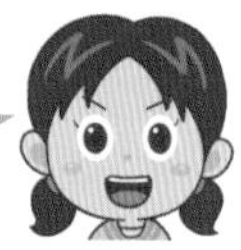

くらいごとに
計算すれば いいね。

1 67－24の 計算を ひっ算で しましょう。　教科書 27ページ⚠

一のくらいの 計算 □－□＝□

十のくらいの 計算 □－□＝□

67－24＝□

```
  6 7
- 2 4
-----
```

くらいを そろえて
計算しよう。

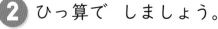

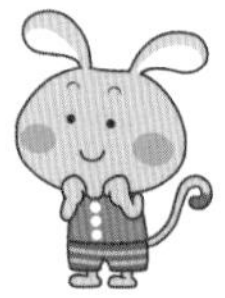

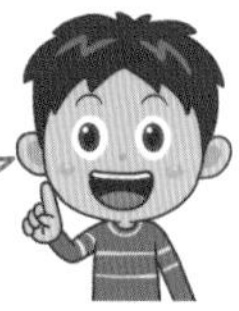

2 ひっ算で しましょう。　教科書 27ページ⚠

❶ 45－13　❷ 77－14　❸ 86－22　❹ 59－16

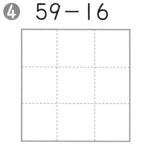

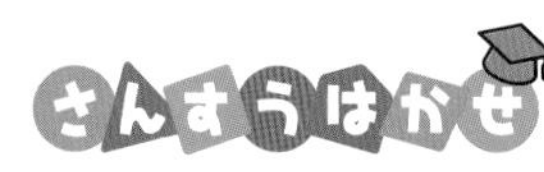

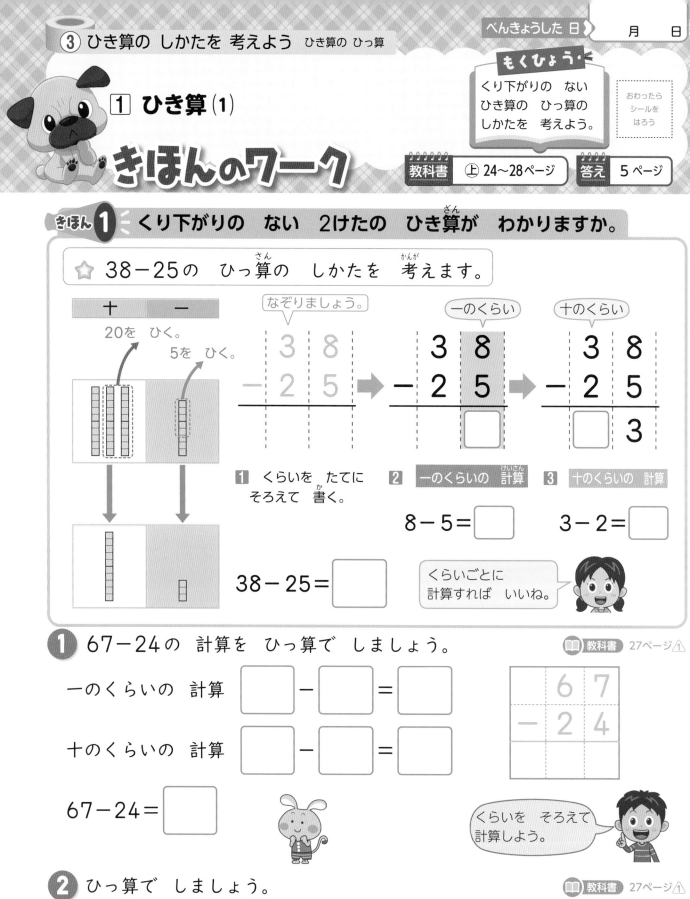

さんすうはかせ　ひっ算では 「くらい」を そろえて 書く ことが 大切(たいせつ)だよ。ひき算も たし算と 同(おな)じように、一のくらいから じゅんに 計算を すすめて いくよ。

きほん2 くり下がりの　ない　2けたの　ひき算が　わかりますか。

☆ つぎの　計算を　ひっ算で　しましょう。

❶ 36－33

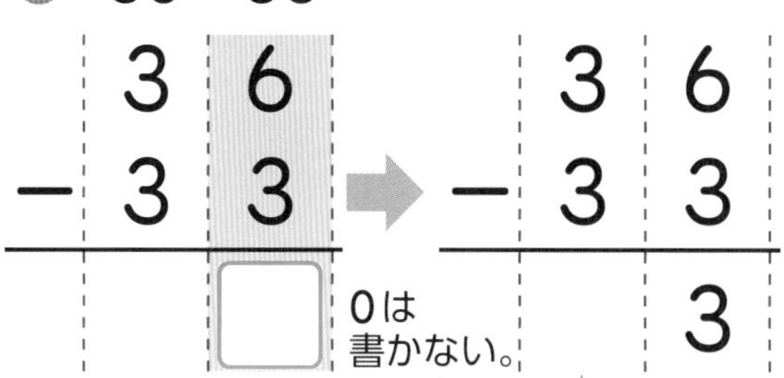

一のくらいの　計算

6－3=□

十のくらいの　計算

3－3=□

36－33=□

❷ 48－8

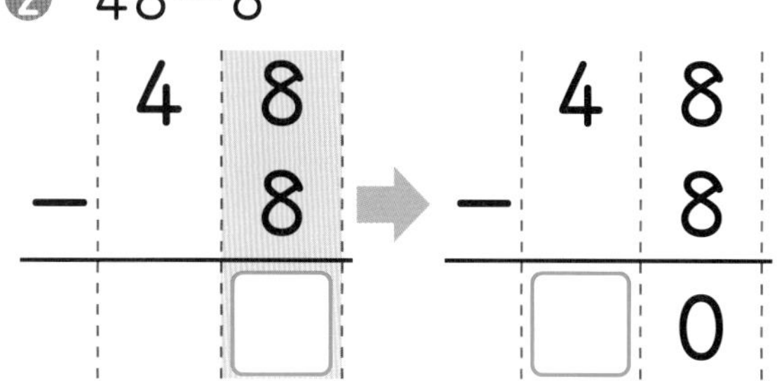

一のくらいの　計算

8－8=□

十のくらいは

4

そのまま
かわらないね。

48－8=□

3 ひっ算で　しましょう。　教科書 28ページ2

❶ 74－34

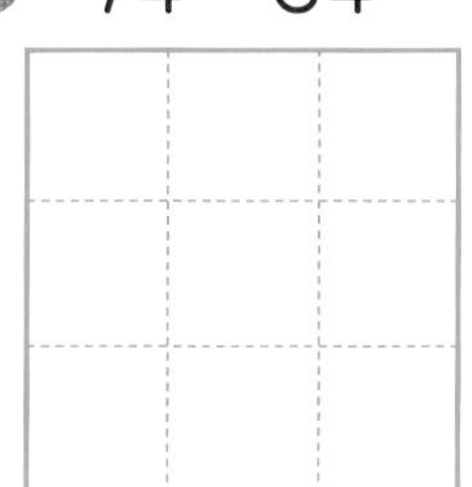

❷ 89－50

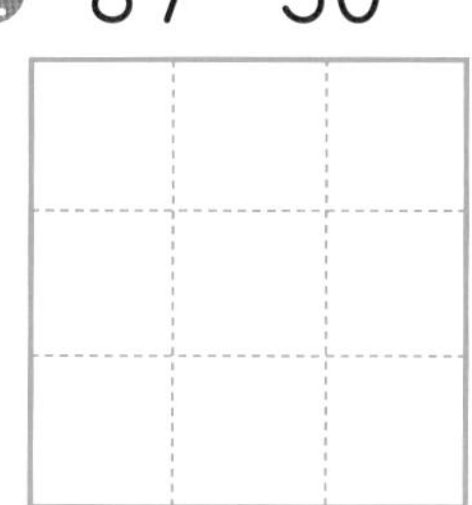

❸ 57－52

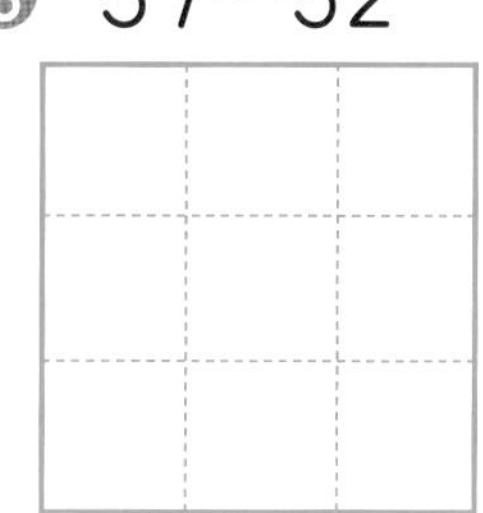

❹ 63－60

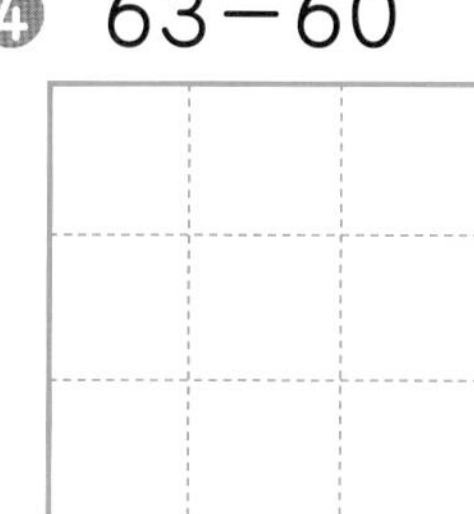

4 ひっ算で　しましょう。　教科書 28ページ3

❶ 93－2

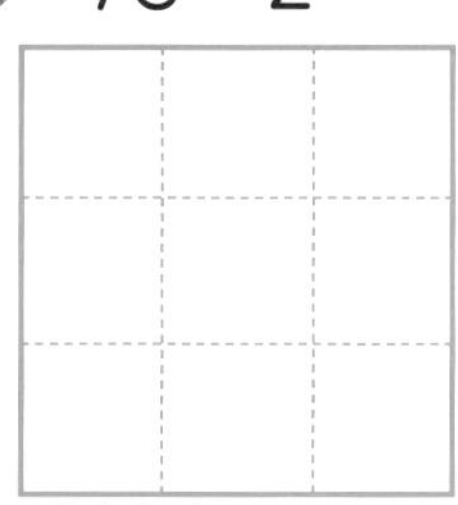

❷ 68－6

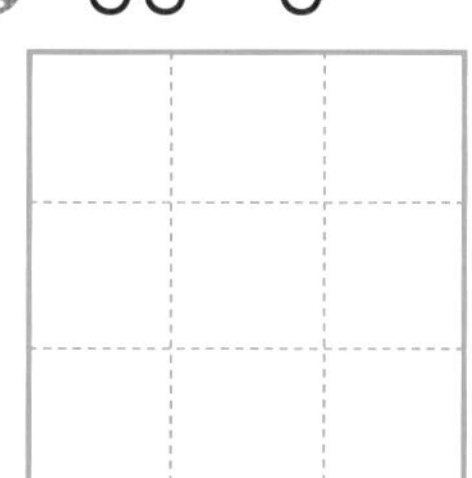

❸ 39－9

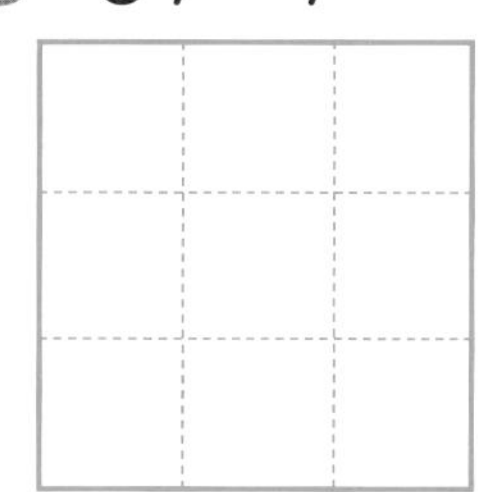

❹ 45－5

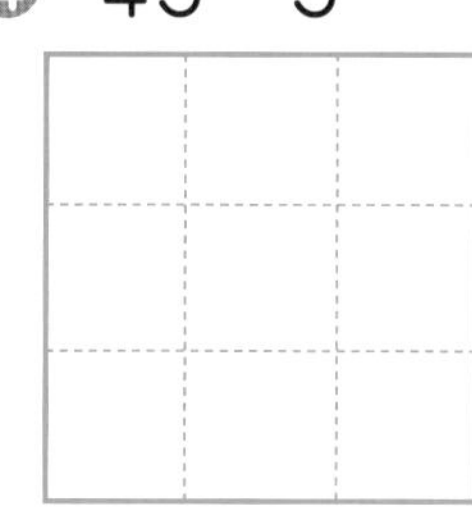

5 画用紙(がようし)が　66まい　あります。26まい　くばると、何(なん)まい　のこりますか。

教科書 28ページ2

しき

答(こた)え（　　　　）

ひっ算

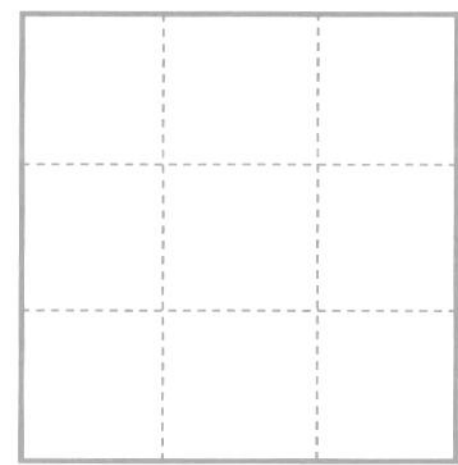

おうちのかたへ　2けたのひき算の筆算のしかたを学習します。筆算は位をそろえて書くことからスタートします。位をそろえることの大切さを、空位のある計算を通して身につけましょう。

べんきょうした 日　月　日

② ひき算 (2)

きほんのワーク

もくひょう
くり下がりの ある ひき算の ひっ算の しかたを 考えよう。

おわったら シールを はろう

教科書 ㊤ 29〜31ページ　答え 5ページ

きほん 1 くり下がりの ある 2けたの ひき算が わかりますか。

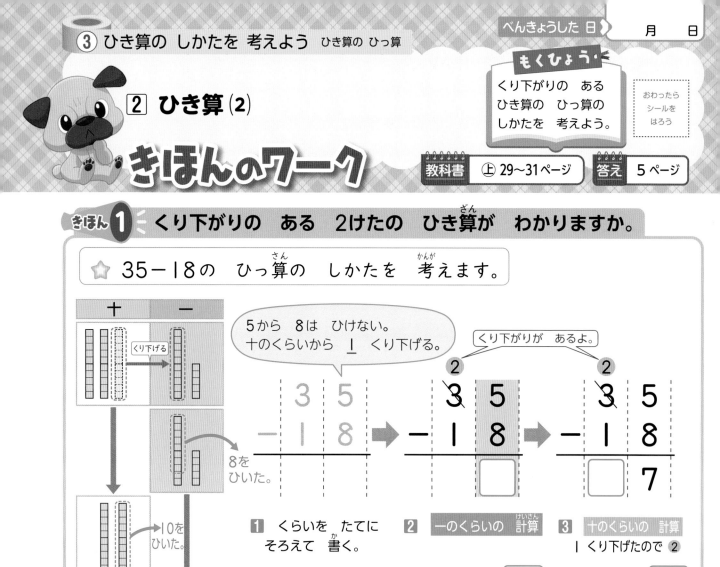

☆ 35－18の ひっ算の しかたを 考えます。

＋	－

くり下げる

8を ひいた。

10を ひいた。

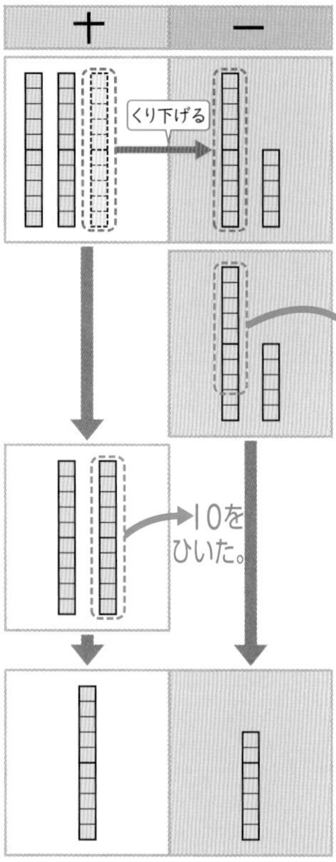

5から 8は ひけない。
十のくらいから 1 くり下げる。

くり下がりが あるよ。

```
  3 5        ²3̸ 5        ²3̸ 5
- 1 8   →  - 1 8   →  - 1 8
------      ------      ------
             □          □ 7
```

1 くらいを たてに そろえて 書く。

2 一のくらいの 計算

15－8＝□

3 十のくらいの 計算

1 くり下げたので ②

②－1＝□

35－18＝□

くり下がりを 小さく 書いて おくと いいね。

1 ひっ算で しましょう。

教科書 30ページ⚠1

❶ 63－35　❷ 74－19　❸ 95－57　❹ 62－28

❺ 85－59　❻ 72－44　❼ 31－13　❽ 86－47

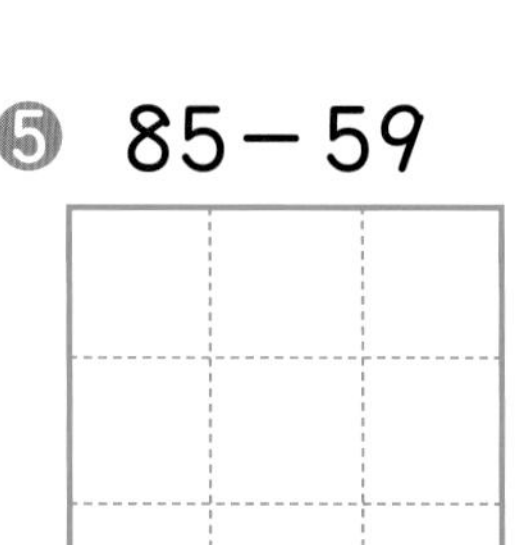

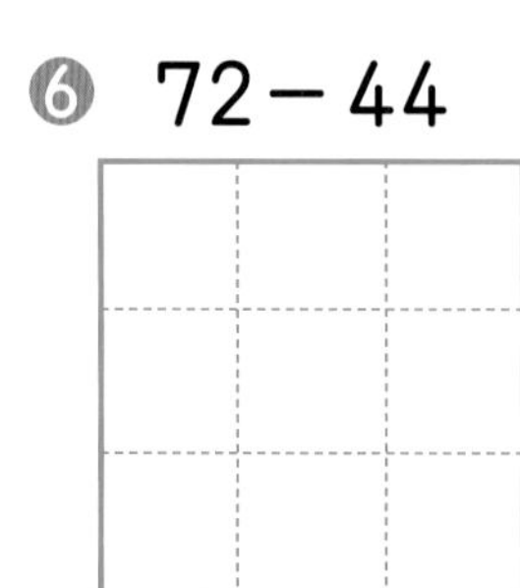

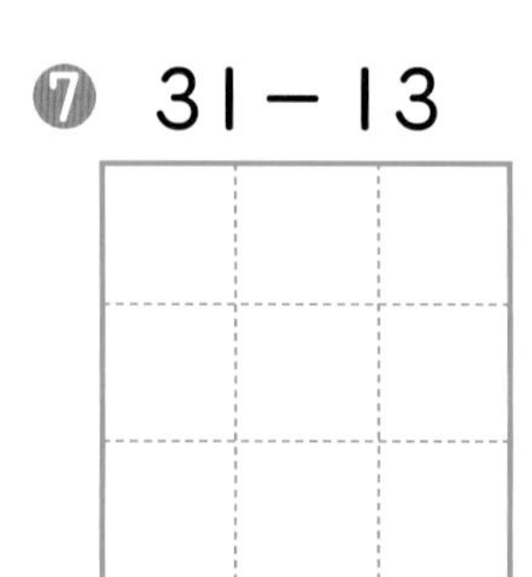

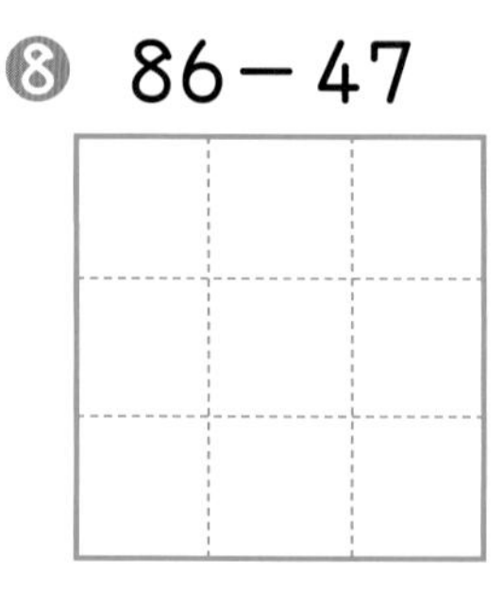

さんすうはかせ 「－」の 記ごうは、「ない」や 「ひく」を いみする マイナスの 頭文字「m」が へんかして できたと いわれて いるよ。

きほん2 くり下がりの ある 2けたの ひき算が わかりますか。

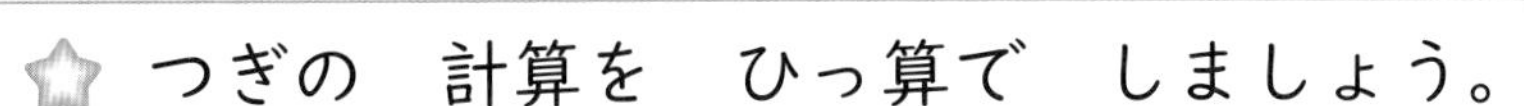

☆ つぎの 計算を ひっ算で しましょう。

❶ 70－36

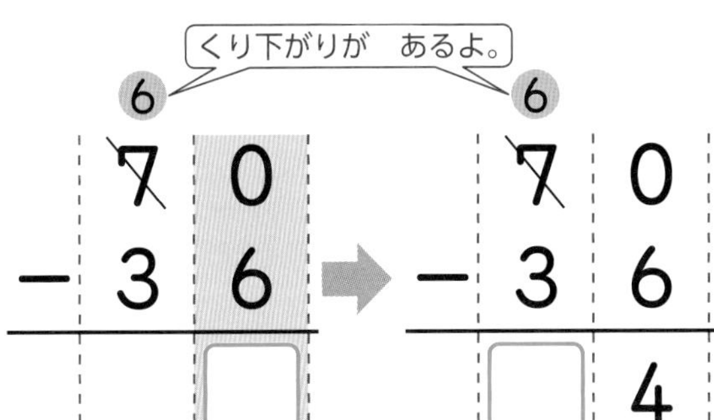

一のくらいの 計算
十のくらいから 1 くり下げて
10－6＝□

十のくらいの 計算
1 くり下げたので 6
6－3＝□

70－36＝□

❷ 45－9

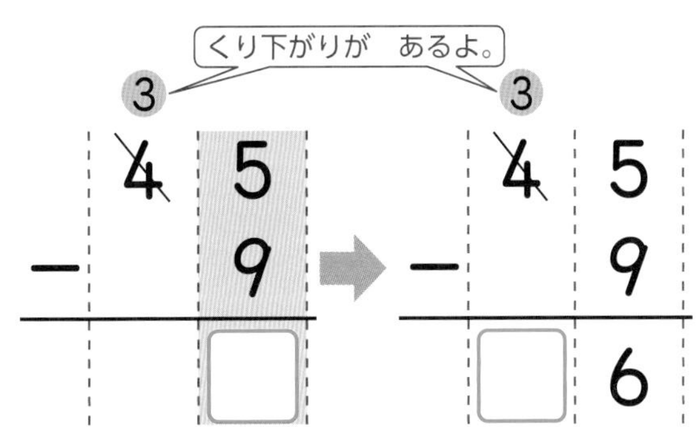

一のくらいの 計算
十のくらいから 1 くり下げて
15－9＝□

十のくらいの 計算
1 くり下げたので 3

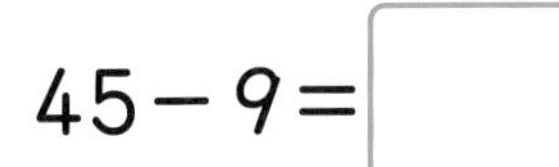

45－9＝□

2 ひっ算で しましょう。 教科書 31ページ2

❶ 60－32 ❷ 90－53 ❸ 43－38 ❹ 70－65

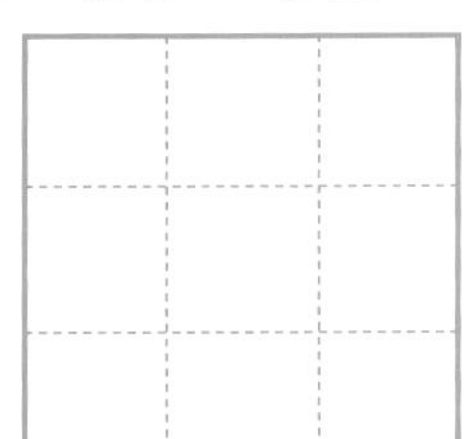

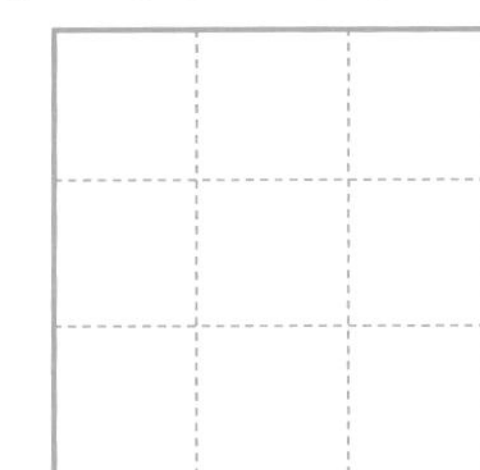
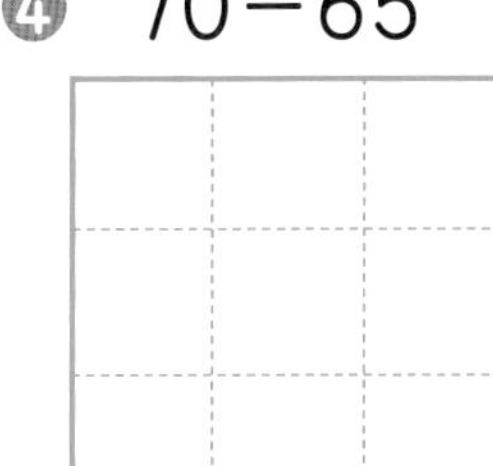

3 ひっ算で しましょう。 教科書 31ページ3

❶ 32－5 ❷ 54－8 ❸ 80－7 ❹ 50－3

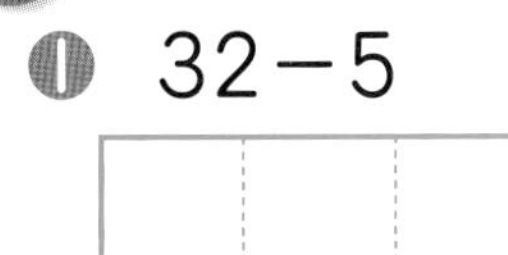
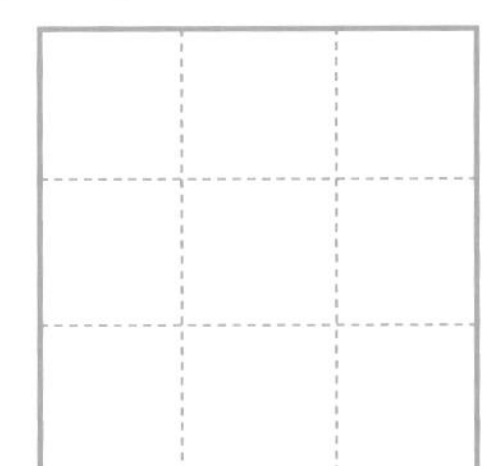
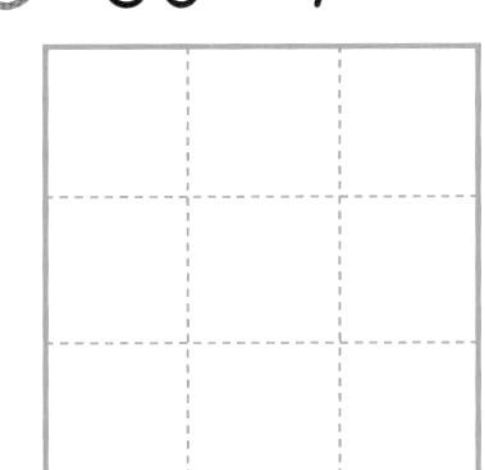
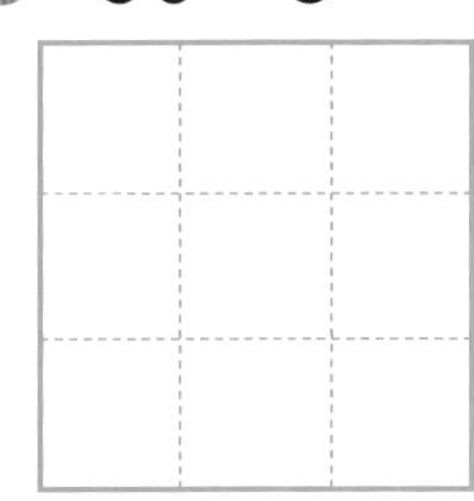

4 答え(こた)えが 27に なる しきを、3つ つくりましょう。 教科書 31ページ2 3

□－□＝27　□－□＝27

□－□＝27

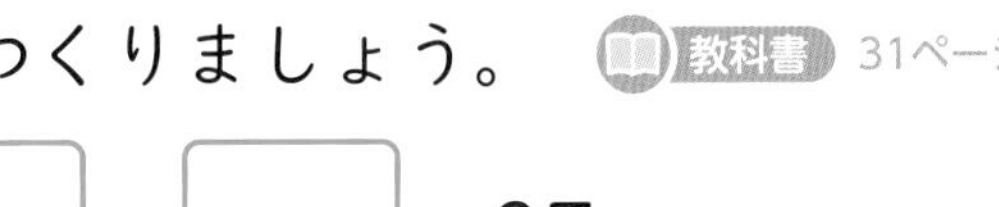

おうちのかたへ　くり下がりのある2けたのひき算を学習します。くり下がりを忘れる間違いが多く見られますので、くり下げたあとの数字を小さくメモする習慣を身につけましょう。

べんきょうした 日　月　日

3 ひき算の きまり

きほんのワーク

もくひょう
ひき算の　きまりを 知ろう。

おわったら シールを はろう

教科書 上 32～33ページ　答え 6ページ

きほん 1 ひき算の　きまりが　わかりますか。

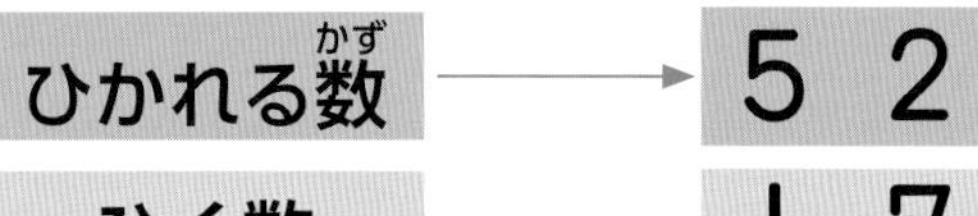

	ひき算	たし算
ひかれる数	5 2	3 5
ひく数	− 1 7	＋ 1 7
答え	□□	□□

ひき算の　答えは たし算で たしかめられるね。

ひき算の　**答え**に  を　たすと、  に なります。

1 ひき算の　答えの、たしかめに　なる　たし算の　しきは　どれですか。線で　むすびましょう。

教科書 33ページ⚠1

ひき算		たし算
49－27 ・		・ 54＋4
84－30 ・		・ 5＋63
58－4 ・		・ 5＋58
		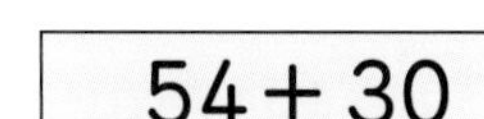 ・ 54＋30
63－58 ・		・ 22＋27

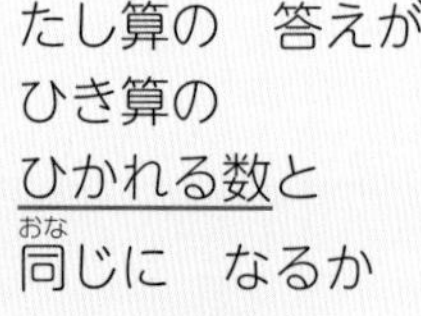

2 計算して、答えを　もとめましょう。また、たし算を　して　答えを たしかめましょう。

教科書 32ページ1

❶
```
  8 3
－6 5
```

たしかめ

❷
```
  4 2
－  8
```

たしかめ

おうちのかたへ
ひき算の答えにひく数をたすと、ひかれる数になることを学習します。
このひき算のきまりを使って、ひき算の答えのたしかめをしましょう。

れんしゅうのワーク①

教科書 ㊤ 24～35ページ　答え 6ページ

できた 数　/14もん 中

おわったら シールを はろう

1 ひき算の ひっ算　ひっ算で しましょう。

❶
```
  2 9
- 1 2
```

❷
```
  8 4
- 6 4
```

❸
```
  3 7
- 1 8
```

❹
```
  2 5
-   6
```

❺ 91−4　❻ 62−60　❼ 50−43　❽ 41−39

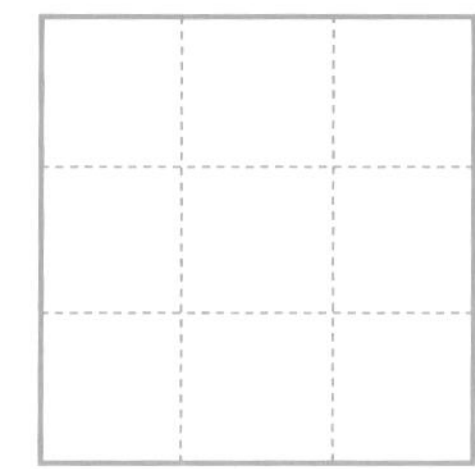

2 ひき算の ひっ算の 文しょうだい

公園（こうえん）で 子どもが 46人 あそんで いましたが、9人 家（いえ）に 帰（かえ）りました。公園に いる 子どもは 何人（なんにん）に なりましたか。

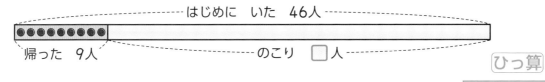

はじめに いた 46人

帰った 9人　のこり 人

ひっ算

しき

答え（　　　　）

3 ひき算の ひっ算の 文しょうだい

校（こう）ていに 53人 います。竹馬（たけうま）で あそんで いる 人は 38人です。竹馬で あそんで いない 人は 何人ですか。

ひっ算

しき

答え（　　　　）

できるナビ　ひき算の 答えに ひく数を たすと、ひかれる数に なるね！ この ことを つかって、答えの たしかめを しよう。

教科書 ㊤ 24〜35ページ　答え 6ページ

できた 数 /11もん 中

おわったら シールを はろう

1 ひき算の ひっ算の 文しょうだい　おかしを 買いに 来ました。

グミ 1こ 54円	ラムネ 1こ 48円	プリン 1こ 65円	ポテトスナック 1こ 38円	カツ 1こ 34円	せんべい 1こ 28円

❶ 80円 もって います。65円の プリンを 1こ 買います。のこりは いくらですか。

ひっ算

しき

答え（　　　）

❷ 90円 もって います。48円の ラムネを 1こ 買います。のこりは いくらですか。

ひっ算

しき

答え（　　　）

❸ 90円で、54円の グミと、上の どれか 1つを 買います。買う ことが できる ものを すべて えらんで、（　）に 書きましょう。

（　　　　　　）

2 ひっ算の まちがい　下の ひっ算は 正しいですか。正しい ときは （　）に ○を、まちがって いる ときは ×を 書き、正しい ひっ算も 書きましょう。

❶ 50−4　ひっ算

$$\begin{array}{r} 50 \\ -\ 4 \\ \hline 10 \end{array}$$

（　）

❷ 71−23　ひっ算

$$\begin{array}{r} 71 \\ -\ 23 \\ \hline 58 \end{array}$$

（　）

できるナビ　❷くらいが そろって いるか、くり下がりを まちがえて いないか、よく たしかめよう！

まとめのテスト

とく点　/100点

おわったら シールを はろう

教科書 ㊤24～35ページ　答え 7ページ

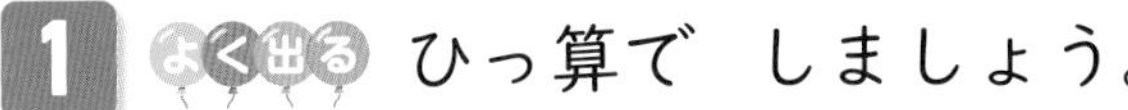

1 よく出る ひっ算で しましょう。　1つ5〔40点〕

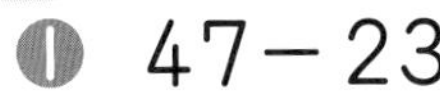

❶ 47－23　❷ 59－50　❸ 43－23　❹ 65－62

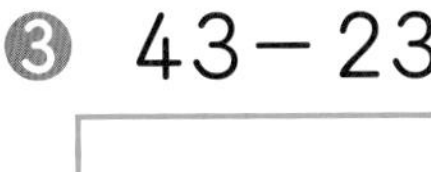

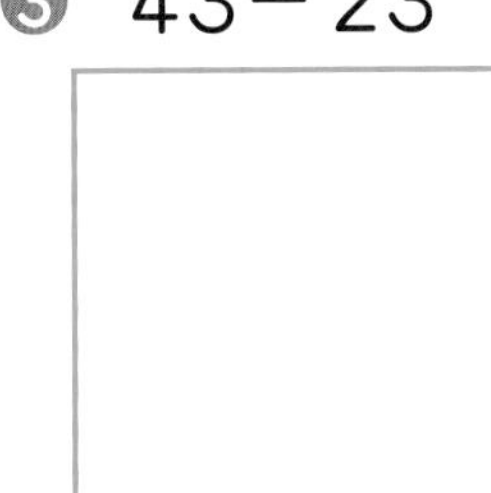

❺ 36－17　❻ 71－45　❼ 23－6　❽ 82－8

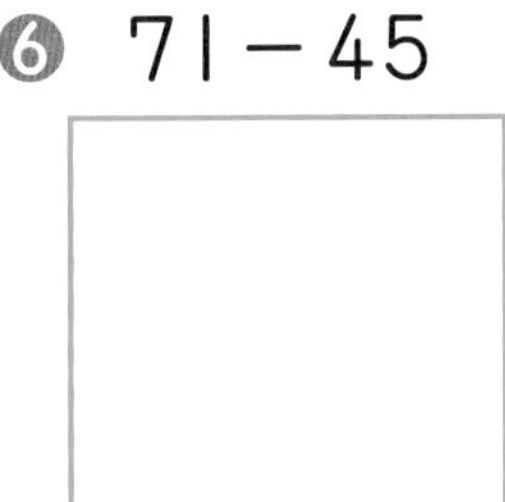

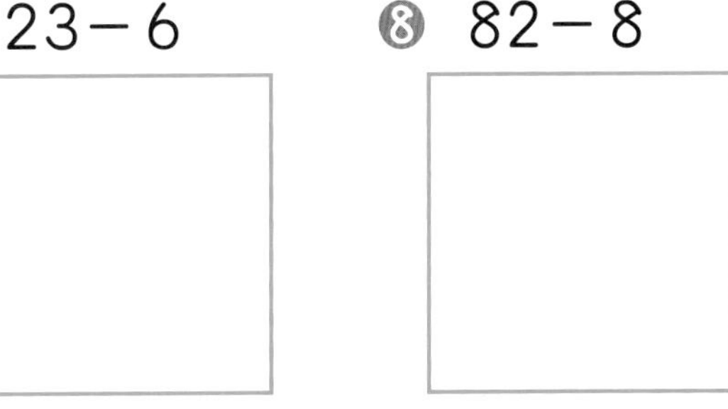

2 ひき算の 答えの、たしかめに なる たし算の しきは どれですか。線で むすびましょう。　1つ5〔15点〕

72－31　86－50　48－4

36＋50　44＋48　44＋4　41＋31

3 答えが 17に なる しきを、2つ つくりましょう。　1つ15〔30点〕

□－□＝17　□－□＝17

4 35円の チョコレート を 買って、50円玉で はらいます。のこりは いくらですか。　1つ5〔15点〕

しき

答え（　　　　）

ひっ算

ふろくの「計算れんしゅうノート」5～7ページをやろう！

チェック

□ くり下がる ひき算の ひっ算が できるかな？
□ もんだいから、ひき算の しきを つくって、答えが だせるかな？

べんきょうした 日 月 日

おわったら シールを はろう

教科書 上 36ページ　答え 7ページ

きほん1 図を かいて たし算か ひき算か 考えよう。

☆ 赤い 玉が 14こ、青い 玉が 26こ あります。玉は あわせて 何こ ありますか。

赤い 玉 14こ　青い 玉 26こ
あわせて □こ

あわせた 数だから、たし算に なります。

しき □＋□＝□　答え □こ

1 白い ストローが 25本、黄色い ストローが 11本 あります。ストローは あわせて 何本 ありますか。 教科書 36ページ①

白 25本　黄色 11本
あわせて □本

しき

答え（　　　）

2 1人 1本ずつ はちまきを した 子どもが 6人 います。はちまきは、あと 32本 あります。はちまきは、ぜんぶで 何本 ありますか。 教科書 36ページ③

6人
子ども
はちまき
32本
ぜんぶで □本

しき

答え（　　　）

さんすうはかせ　図を かいて 考えると わかりやすいね。図の かき方は、この あとの ところで べんきょうするよ。

きほん2 図を　かいて　たし算か　ひき算か　考えよう。

☆ 赤い　玉が　29こ、青い　玉が　36こ　あります。
玉は　どちらが　何こ　多い(おお)ですか。

29こ
赤い　玉
青い　玉
□こ
36こ

数の　ちがいだから、ひき算に　なります。

しき □－□＝□

答え □ 玉が □ こ　多い。

たし算か　ひき算かは
図から　考えると
わかりやすいよ。

3 サッカーチームの　人数(にんずう)は　33人です。野(や)きゅうチームの　人数は、サッカーチームの　人数より　6人　少(すく)ないそうです。野きゅうチームの　人数は　何人ですか。

教科書 36ページ❷

33人
サッカーチーム
野きゅうチーム
6人
□人

しき

答え（　　　）

4 オレンジジュースが　34本、グレープジュースが　27本　あります。どちらが　何本　多いですか。

教科書 36ページ❹

34本
オレンジジュース
グレープジュース
□本
27本

しき

答え（　　　）ジュースが（　　　）本　多い。

おうちのかたへ　ここでは、テープ図に繋がっていく考え方を学習します。
まだ、図はかけるようになる必要はありません。

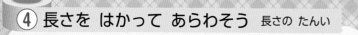

1 長さの たんい ［その1］

きほんのワーク

もくひょう
長さの あらわし方と はかり方、長さの たんいを 知ろう。

おわったら シールを はろう

教科書 ㊤37〜43ページ　答え 8ページ

きほん1 センチメートルを つかって 長さを あらわせますか。

☆ テープの 長さを はかります。□に あう 数を 書きましょう。

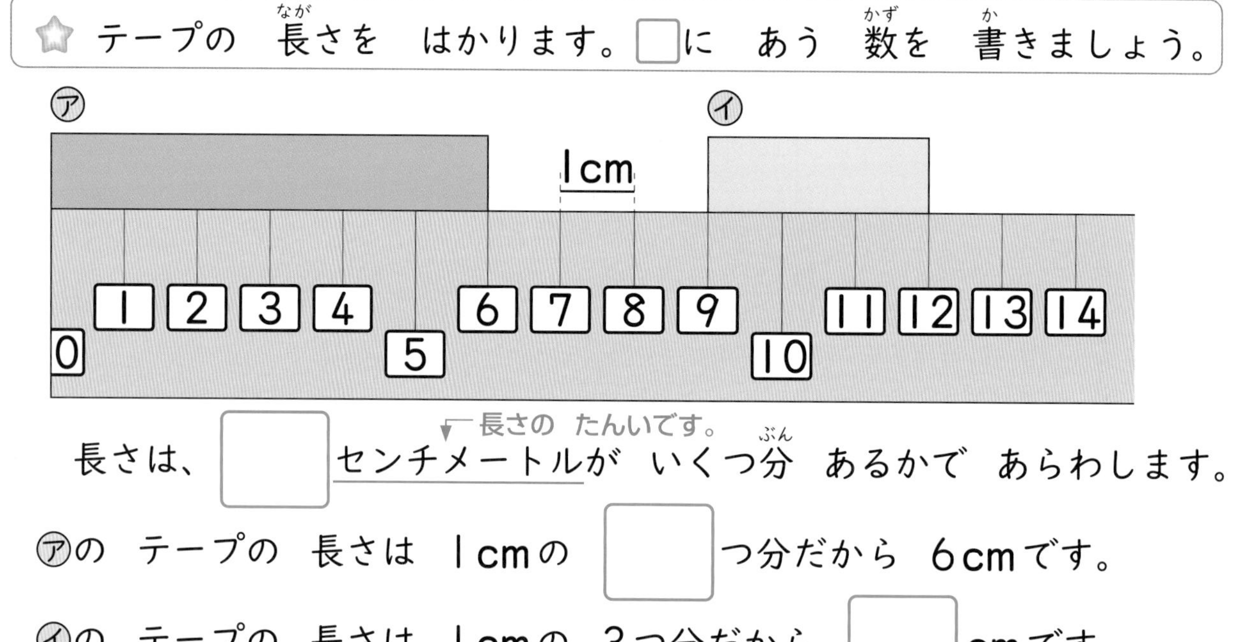

長さの たんいです。
長さは、□センチメートルが いくつ分 あるかで あらわします。

アの テープの 長さは 1cmの □つ分だから 6cmです。

イの テープの 長さは 1cmの 3つ分だから □cmです。

1 長さを 正しく はかって いるのは どれですか。 教科書 40ページ⚠1

ア
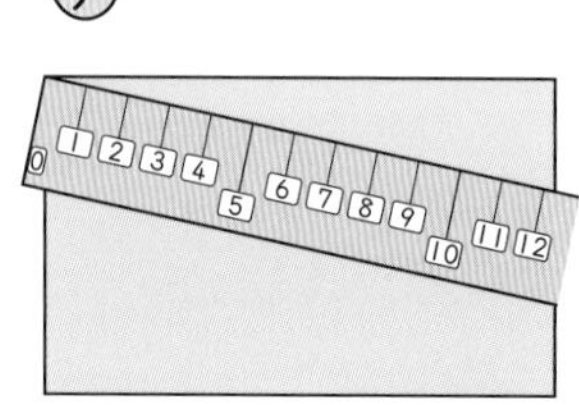

イ
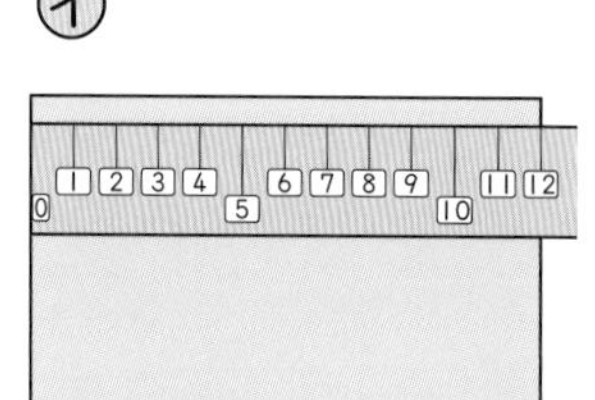

ウ
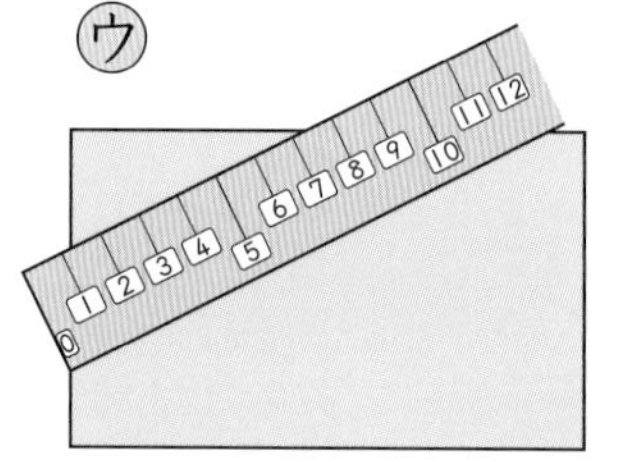

（　　　）

2 つぎの ものの 長さは 何cmですか。 教科書 40ページ⚠3

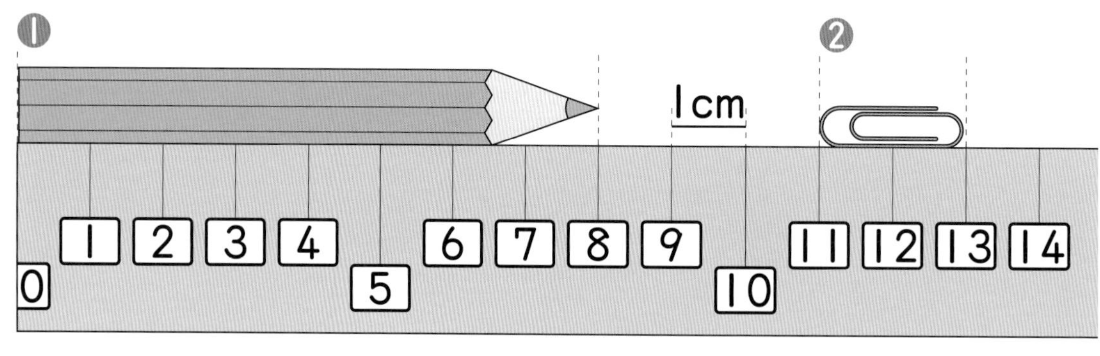

❶（　　　）　❷（　　　）

さんすうはかせ　センチメートル（cm）は 長さの たんいだよ。センチメートルや ミリメートル（mm）は、せかい中で つかえる メートルほうの たんいなんだ。

きほん2 ミリメートルを　つかって　長さを　あらわせますか。

☆ ものさしの　左はしから、**ア**、**イ**、**ウ**までの　長さは、それぞれ　どれだけですか。

ア　イ　ウ

たいせつ

1cmを　同じ　長さに、10に　分けた　1つ分の　長さを　**1ミリメートル**と　いい、1mmと　書きます。

1cm＝□mm

ア □mm　イ □cm □mm　ウ □cm □mm

3 つぎの　ものの　長さは　何cm何mmですか。

教科書 43ページ6

❶ けしごむ

(　　　)

❷

(　　　)

ものさしで　はかって　いるね。

❸ たいへん よくでき ました

(　　　)

❹

(　　　)

❺

(　　　)

❺ 下の　線の　長さを　ものさしで　はかろう！

おうちのかたへ　長さの測り方、cm、mmの単位を学習します。1cm＝10mmであることをきちんと理解しましょう。

べんきょうした 日 月 日

1 長さの たんい ［その2］
2 長さの 計算

きほんのワーク

もくひょう
長さの たんいや
長さの 計算の
しかたを 学ぼう。

おわったら シールを はろう

教科書 上 44〜46ページ　答え 8ページ

きほん 1 センチメートルと ミリメートルの かんけいが わかりますか。

☆ 線の 長さは 何cm何mmですか。また、何mmですか。

□cm□mm

1cm=10mm だから…。　こちらは そのまま。

□mmと□mmだから□mm

まっすぐな 線を 直線と いうよ。

1 直線の 長さを あらわしましょう。　教科書 44ページ3

❶ 何cm何mmですか。（　　）

❷ 何mmですか。（　　）

2 □に あてはまる 数を 書きましょう。　教科書 45ページ9

❶ 4cm=□mm　❷ 80mm=□cm

❸ 5cm3mm=□mm　❹ 32mm=□cm□mm

3 つぎの 長さの 直線を ひきましょう。　教科書 45ページ10

❶ 7cm　ひきはじめ

❷ 11cm4mm　ひきはじめ

さんすうはかせ　センチメートル(cm)や ミリメートル(mm)の ほかにも、寸、尺、インチ、フィートなど いろいろな 長さの あらわし方が あるよ。

きほん2 長さの 計算を する ことが できますか。

☆ ㋐の 線と ㋑の 線の 長さを くらべましょう。

ものさしで はかろう！

❶ ㋐の 線の 長さは どれだけですか。

□cm＋□cm＝□cm

同じ たんいの 数どうしを たせば いいね。

❷ ㋑の 線の 長さは どれだけですか。

□cm□mm＋□cm＝□cm□mm

4 きほん2で、㋐、㋑ どちらの 線が どれだけ 長いですか。 教科書 46ページ1

□cm□mm－□cm＝□cm□mmだから、

□の 線が □cm□mm 長い。

5 計算(けいさん)を しましょう。 教科書 46ページ⚠1

❶ 13cm5mm＋2cm＝□cm□mm

❷ 12cm7mm－4cm＝□cm□mm

❸ 5mm＋8cm3mm＝□cm□mm

❹ 6cm9mm－5mm＝□cm□mm

❺ 5cm＋12cm4mm＝□cm□mm

❻ 10cm2mm＋3mm＝□cm□mm

たんいを つけた しきに なって いるね。

cmどうし、mmどうしを 計算するよ。

おうちのかたへ 長さの計算の学習をします。cmとmmの単位ごとに計算していくことを理解します。計算にとどまらず、実際に線をひいて、長さの量感を養っておくことが大切です。

べんきょうした 日 月 日

れんしゅうのワーク

できた 数 ／14もん 中

おわったら シールを はろう

教科書 上37～49ページ　答え 9ページ

1 ものの 長さ つぎの ものの 長さ(なが)は どれだけですか。

❶

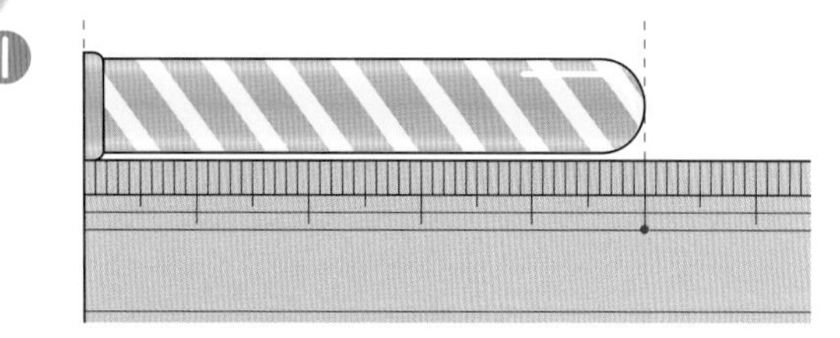

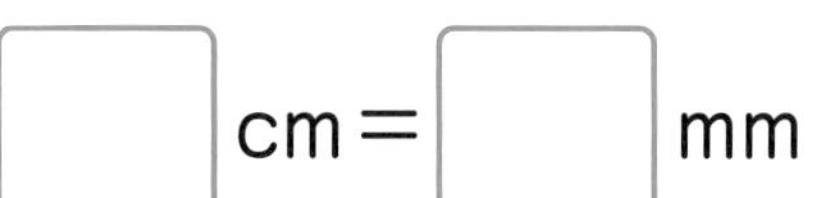

❷

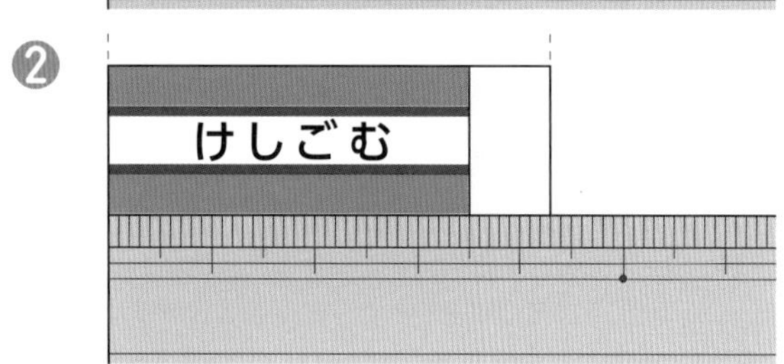

❸

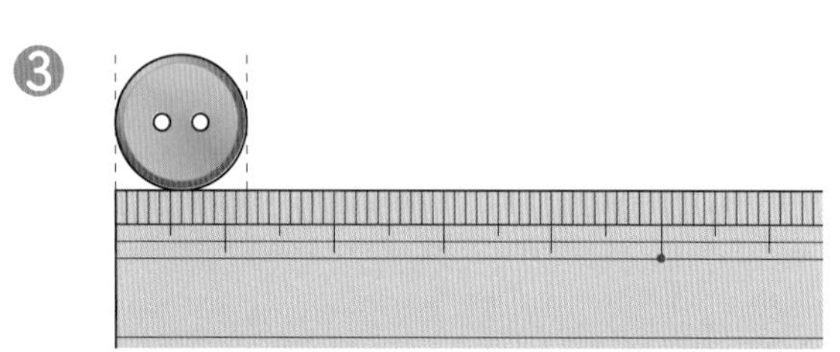

2 直線を ひく つぎの 長さの 直線(ちょくせん)を ひきましょう。

❶ 11cm6mm

❷ 57mm

3 長さの 文しょうだい 右の 絵(え)を 見て 答(こた)えましょう。

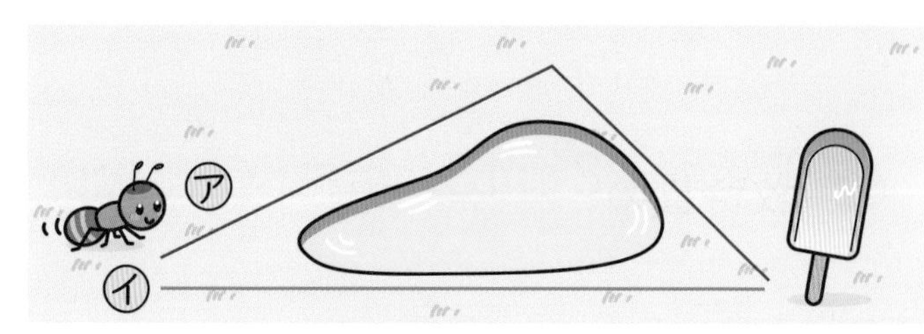

❶ ㋐の 線の 長さは 何(なん)cm何mmですか。

しき　　　　答え（　　　　）

❷ ㋐の 線は ㋑の 線より 何cm何mm 長いですか。

しき　　　　答え（　　　　）

できるナビ 1cm＝10mmだね。cmを mmに なおしたり、mmを cmに なおしたり する ときは、まちがえやすいので 気を つけよう！

まとめのテスト

時間 20分 とく点 /100点 おわったら シールを はろう

教科書 上 37～49ページ 答え 9ページ

1 よく出る 左はしから、ア、イ、ウ、エまでの 長さは、それぞれ何cm何mmですか。 1つ5〔20点〕

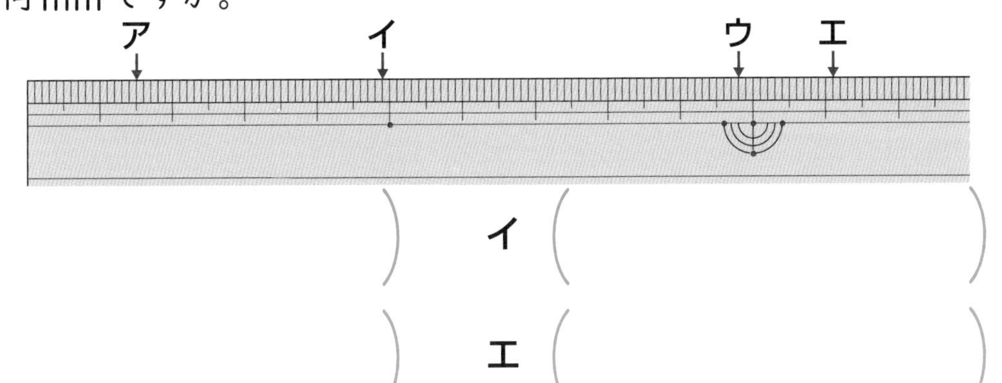

ア（　　　　）　イ（　　　　）

ウ（　　　　）　エ（　　　　）

2 □に あてはまる 数を 書きましょう。 1つ5〔30点〕

❶ 1cmを 同じ 長さに □ に 分けた 1つ分は 1mmです。

❷ 7cmは、1cmの □ つ分の 長さです。

❸ 9mmは、1mmの □ つ分の 長さです。

❹ 6cmと 5mmを あわせた 長さは、□ cm □ mmです。

また、□ mmです。

3 （　）に あてはまる 長さの たんいを 書きましょう。 1つ5〔10点〕

❶ 教科書の あつさ 5（　　）　❷ クレヨンの 長さ 7（　　）

4 計算を しましょう。 1つ10〔40点〕

❶ 5cm3mm＋4cm　❷ 13cm6mm－8cm

❸ 5mm＋7cm2mm　❹ 8cm4mm－2mm

チェック ☐ものさしを つかって、長さを はかる ことが できるかな？
☐長さの 計算が できるかな？

べんきょうした 日　月　日

1 数の あらわし方と しくみ [その1]

もくひょう
100より 大きい 数の 読み方や 書き方を 学ぼう。

おわったら シールを はろう

きほんのワーク

教科書 上 50～55ページ　答え 9ページ

きほん1 100より 大きい 数の 書き方が わかりますか。

☆ 色紙は 何まい ありますか。

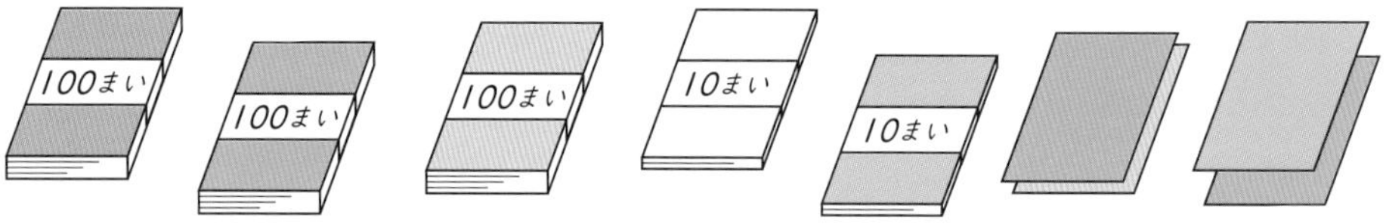

100まい　100まい　100まい　10まい　10まい

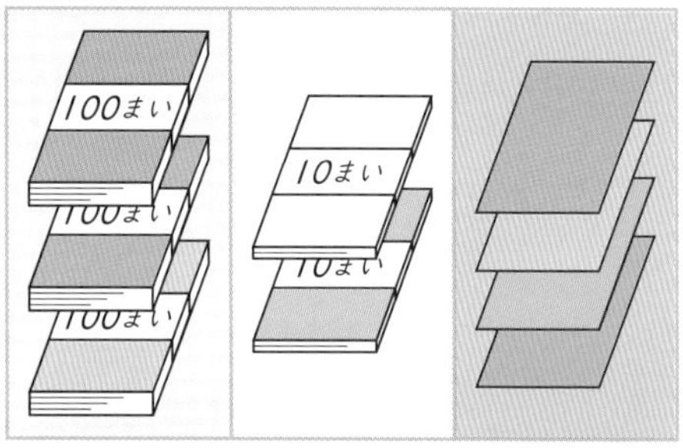

❶ 百を □ こ あつめた 数を、三百と いいます。三百と 二十四を あわせた 数を、□ と いいます。

← かん字で 書こう。

❷ 三百二十四は、数字で □ と 書きます。

百のくらいと いいます。

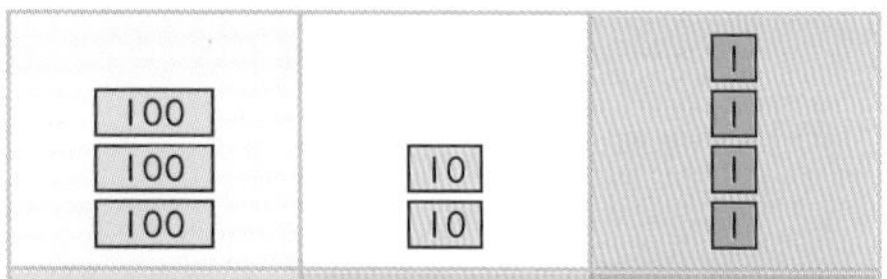

百のくらい	十のくらい	一のくらい
3	2	4

1 ぼうの 数を、数字で 書きましょう。　教科書 53ページ⚠1

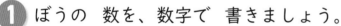

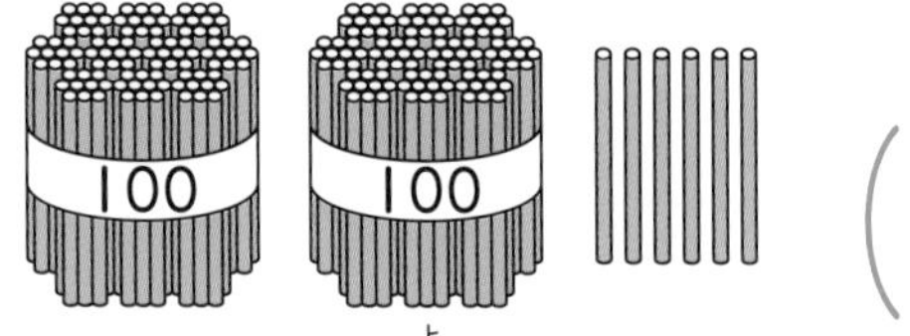

(　　　)

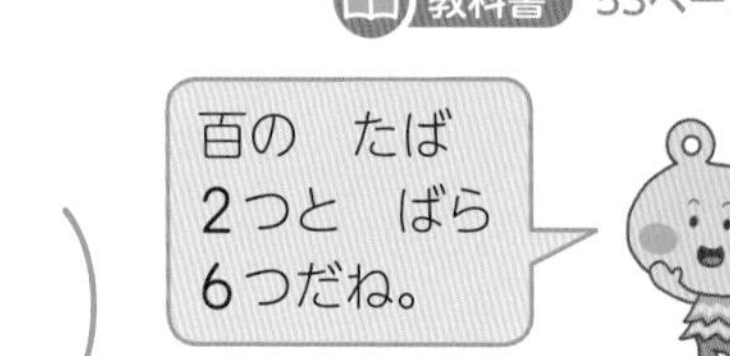

2 つぎの 数を 読みましょう。← かん字で 書こう。　教科書 53ページ⚠2

❶ 147 (　　　)　❷ 308 (　　　)　❸ 600 (　　　)

3 数字で 書きましょう。　教科書 53ページ⚠3

❶ 百八十三 (　　　)　❷ 九百四十 (　　　)　❸ 八百 (　　　)

さんすうはかせ
1が 10こ あつまると 「10」と いう まとまりに なり、10が 10こ あつまると 「100」と いう まとまりに なります。このような 数え方を 十進法と いうよ。

きほん2 100より　大きい　数の　あらわし方が　わかりますか。

☆ カードを　ならべて、数を　あらわしました。

❶ [100]、[10]、[1]の　数を　数(かぞ)えて、百のくらい、十のくらい、一のくらいに　数字を　書きましょう。

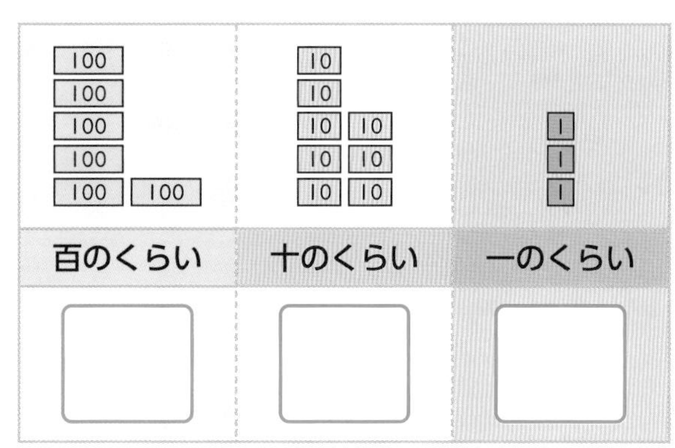

❷ 100を　6こ、10を　8こ、1を　3こ　あわせた　数は、□です。

3けたの　数に　なります。

100が　6こ	➡	600
10が　8こ	➡	80
1が　3こ	➡	3

❸ 百のくらいが　6、十のくらいが　8、一のくらいが　3の　数は、□です。

4 □に　あてはまる　数を　書きましょう。

教科書 55ページ⑤⑥

❶ 100を　3こ、10を　7こ、1を　6こ　あわせた　数は、□です。

❷ 465は、100を　□こ、10を　□こ、1を　□こ　あわせた　数です。

❸ 780は、100を　□こ、10を　□こ　あわせた　数です。

❹ 百のくらいの　数字が　2、十のくらいの　数字が　5、一のくらいの　数字が　3の　数は、□です。

5 　の　文を　しきに　あらわしましょう。

教科書 55ページ⑦

❶ 524は、500と　20と　4を　あわせた　数です。

524＝□＋□＋□

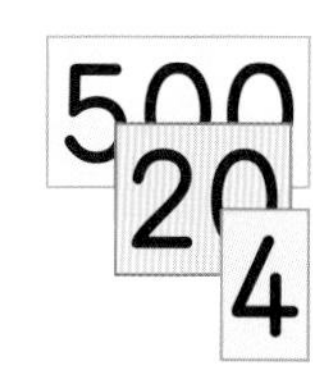

❷ 300と　9を　あわせた　数は、309です。

□＋□＝309

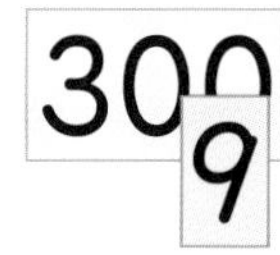

おうちのかたへ　百の位を使って、3けたの数を表します。100がいくつ、10がいくつ、1がいくつで3けたの数が構成されることを押さえます。空位を0で表すことに注意しましょう。

べんきょうした 日 月 日

1 数の あらわし方と しくみ [その2]

もくひょう
100より 大きい 数の しくみを 学ぼう。

おわったら シールを はろう

きほんのワーク

教科書 上 56～59ページ 答え 10ページ

きほん1 10を あつめた 数が わかりますか。

☆ 10を 13こ あつめた 数(かず)は いくつですか。

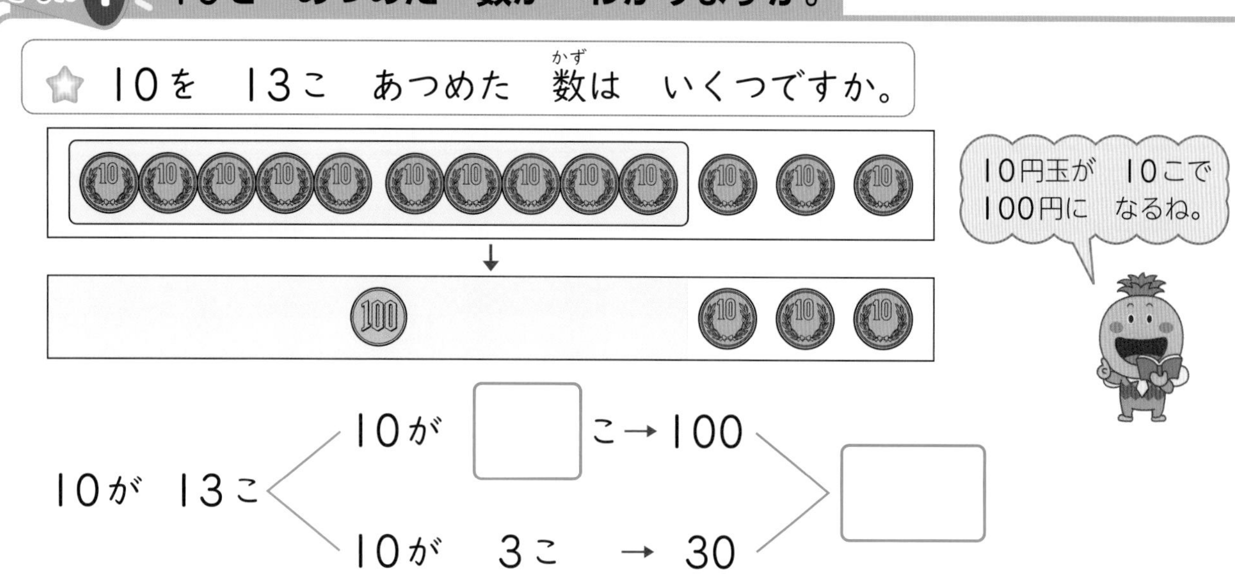

10円玉が 10こで 100円に なるね。

10が 13こ ＜ 10が □ こ → 100 / 10が 3こ → 30 ＞ □

1 つぎの 数は いくつですか。 教科書 56ページ 8

❶ 10を 27こ あつめた 数 （ ）

❷ 10を 40こ あつめた 数 （ ）

2 260は、10を 何(なん)こ あつめた 数ですか。 教科書 56ページ 4

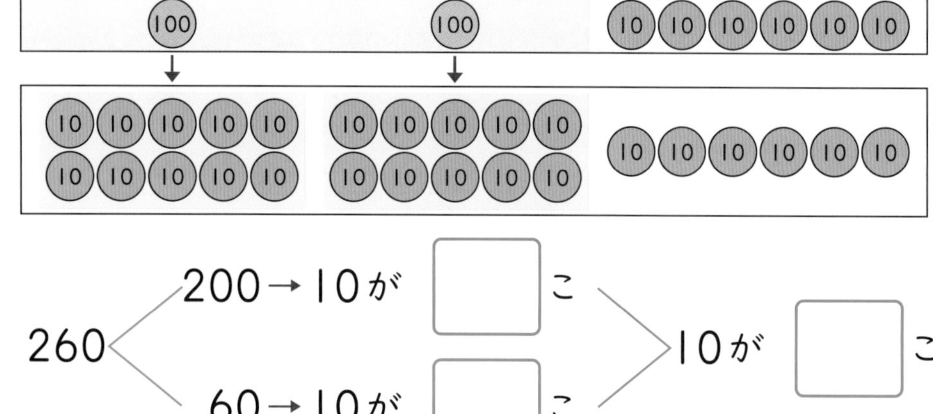

100円玉 1こは 10円玉だと 10こに なるよ。

260 ＜ 200 → 10が □ こ / 60 → 10が □ こ ＞ 10が □ こ

3 450は、10を 何こ あつめた 数ですか。 教科書 56ページ 8

（ ）

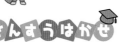

さんすうはかせ 10ごとに くらいが 上がり、よび名(な)が かわる 「十進法(じっしんほう)」の ほかにも 「二進法」や 「五進法」など いろいろな 数え方(かぞえかた)が あるんだよ。

きほん2 数の線と　千が　わかりますか。

☆ □に　あてはまる　数を　書きましょう。

❶ 100を　10こ　あつめた　数を　千と　いい、[1000]と　書きます。

100 100 / 100 100 / 100 100 / 100 100 / 100 100 → 1000

❷ 1000より　1　小さい　数は　□です。

1000から　1を　とると…。 → 1　とる。

❸ ↑の　めもりが　あらわす　数を　書きましょう。

0　100　200　300　400　500　600　700　800　900

□　□　□

いちばん　小さい　1めもりは　10を　あらわして　いるね。

4 □に　あてはまる　数を　書きましょう。

教科書 57ページ9 58ページ10

❶ 698　699　□　701　702　□　704　705　706　□　708

❷ 880　885　□　895　□　□　910　□

❸ 100　200　300　400　500　600　700　800　900　1000

□　□　□

5 670を　下のように　あらわしました。□に　あてはまる　数を　書きましょう。

教科書 59ページ7

❶ 670は、□と　70を　あわせた　数です。

❷ 670は、□より　30　小さい　数です。

❸ 670は、10を　□こ　あつめた　数です。

いろいろな　見方が　あるね。

おうちのかたへ　3けたの数や1000について、その数のしくみを考えます。10がいくつ集まっているか、いくつといくつをあわせた数か確認しましょう。

べんきょうした 日 月 日

2 何十、何百の 計算
3 数の 大小

きほんのワーク

もくひょう
何十、何百の 計算の しかたや 数の 大小の あらわし方を 学ぼう。

おわったら シールを はろう

教科書 ㊤60～63ページ 答え 11ページ

きほん1 何十、何百の 計算が わかりますか。

☆ 下の 絵を 見て 計算を しましょう。

たいせつ
10の たばが 何こに なるかを 考えよう。

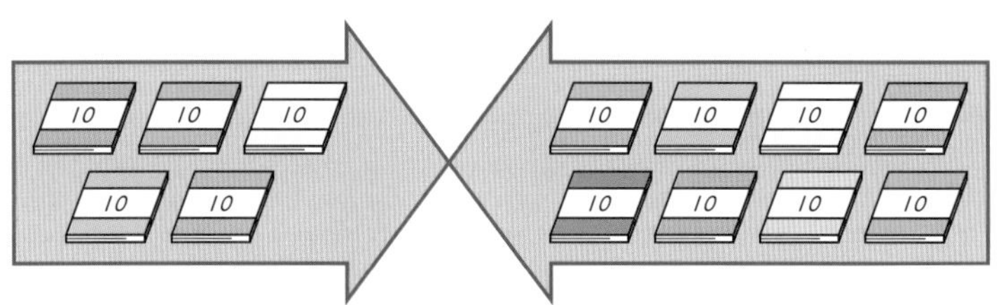

❶ 50＋80＝□

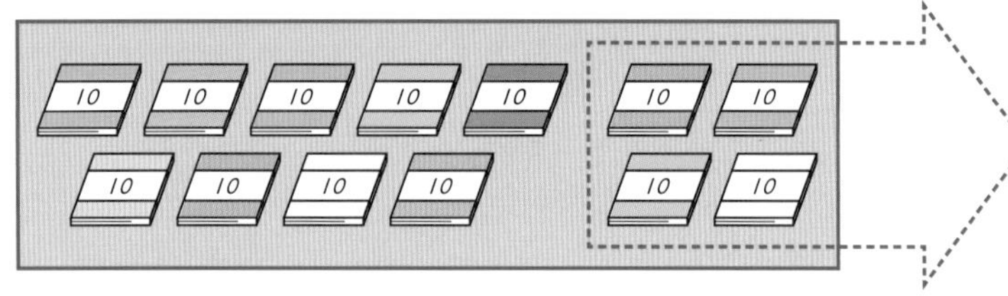

❷ 130－40＝□

1 計算を しましょう。 教科書 60ページ1 61ページ2

❶ 40＋70＝□　❷ 80＋60＝□

❸ 110－30＝□　❹ 160－90＝□

❺ 300＋300＝□　❻ 800＋200＝□

❼ 600－400＝□

❽ 1000－700＝□

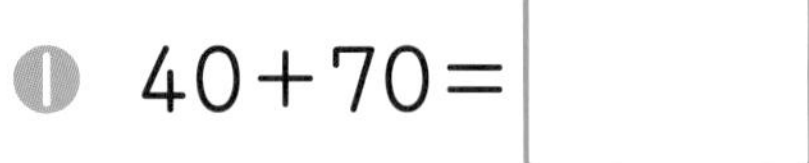

❺～❽は 100の たばが 何こに なるかを 考えれば いいね。

2 計算を しましょう。 教科書 61ページ3

❶ 600＋40＝□　❷ 640－40＝□

❸ 200＋5＝□　❹ 205－5＝□

はってん さんすうはかせ
1時間は 60分、1分は 60秒だよ(どれも この あとに ならうよ)。
秒と 分は 60ごとに いいかたが かわるよ。

きほん2　数の　大小（＞、＜）が　わかりますか。

☆ 487と　493の　数の　大きさを　くらべます。

❶ 大きさの　ちがいは、何のくらいの　数字を　くらべれば　よいですか。　□のくらい

❷ □に　あてはまる　＞、＜を　書きましょう。

487 □ 493

＞、＜は　大きい　数の　ほうに　ひらいて　いるね。

3 □に　あてはまる　＞、＜を　書きましょう。　教科書 62ページ⚠1

❶ 589 □ 603　　❷ 392 □ 379

❸ 804 □ 809　　❹ 93 □ 106

4 □に　あてはまる　数字を　ぜんぶ　書きましょう。　教科書 62ページ1

❶ 768 ＜ 7□8　（　　　）

❷ 439 ＞ 4□9　（　　　）

答えは　いくつ　あるかな。

5 あやさんは、150円　もって　います。70円の　牛にゅうと、パンを　1こ　買います。どの　パンが　買えますか。　教科書 63ページ2⚠2

❶ 牛にゅうと　ロールパンを　買うと、いくらに　なりますか。

しき

答え（　　　）

牛にゅう　70円
ロールパン50円
あんパン80円
チョココロネ100円

❷ □に　あてはまる　＞、＜、＝を　書きましょう。

ロールパン　　あんパン　　チョココロネ

150 □ 70＋50　　150 □ 70＋80　　150 □ 70＋100

❸ どの　パンが　買えますか。1つ　書きましょう。（　　　）

おうちのかたへ　何十、何百の計算や不等号を使った大小の表し方を学習します。何十、何百は、お金などの具体物で考えると理解がしやすくなります。＞、＜、＝の意味をしっかり押さえましょう。

べんきょうした 日　月　日

教科書 ㊤ 50〜65ページ　答え 11ページ

できた 数　／9もん 中

おわったら シールを はろう

1 10を あつめた 数　ちょ金ばこに 10円玉が 47まい 入って います。ぜんぶで 何円(なんえん) 入って いますか。

（　　　　）

2 数の 大小　そうたさんは、120円 もって います。50円の ガムと、おかしを 1こ 買(か)います。

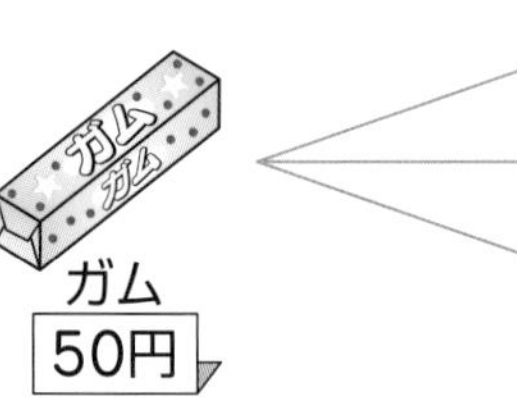

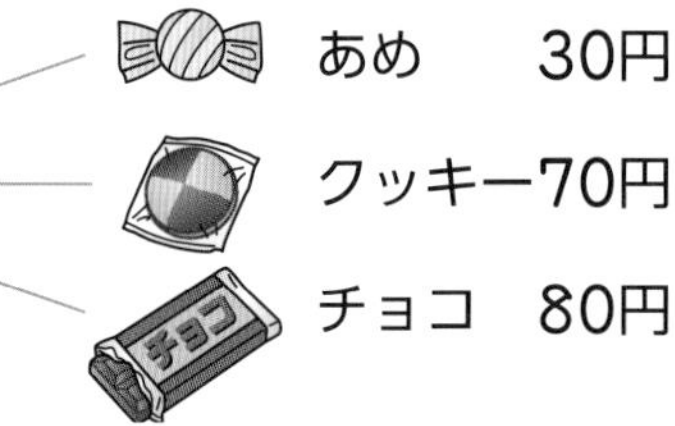

❶ ガムと おかしを あわせた ねだんを しらべます。□に あてはまる ＞、＜、＝を 書(か)きましょう。

・ガムと あめ　120 □ 50＋30

・ガムと クッキー　120 □ 50＋70

・ガムと チョコ　120 □ 50＋80

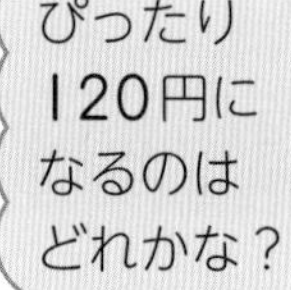

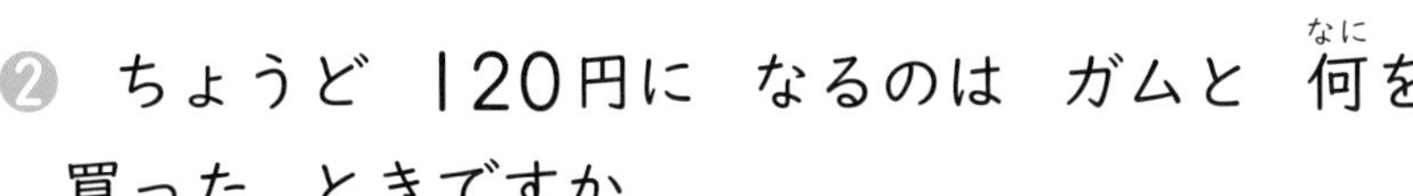

❷ ちょうど 120円に なるのは ガムと 何(なに)を 買った ときですか。

（　　　　）

3 何十、何百の 計算　ももかさんは、300円 もって います。

❶ 50円 もらうと、何円に なりますか。

しき　300＋50＝□　　答(こた)え（　　　　）

❷ 350円から 50円 つかうと、のこりは いくらですか。

しき　350−50＝□　　答え（　　　　）

できるナビ　350のような 大きな 数(かず)の たし算(ざん)、ひき算は、「300と 50」と みたり、「10の 35こ分(ぶん)」と みたりして、計算(けいさん)を するんだね！

まとめのテスト

時間 20分　とく点 /100点　おわったら シールを はろう

教科書 ㊤ 50～65ページ　答え 11ページ

1 よく出る いくつですか。数字（すうじ）で 書きましょう。　1つ10〔20点〕

❶

100	10		1	1	1
100	10		1	1	1
100	10	10	1	1	1

（　　　）

❷

100		10	10	10		
100	100	10	10	10		1
100	100	10	10	10	10	1

（　　　）

2 □に あてはまる 数を 書きましょう。　1つ5〔30点〕

❶ 100を 6こ、10を 3こ あわせた 数は、□です。

❷ 500は、10を □こ あつめた 数です。

❸ 1000は、100を □こ あつめた 数です。

❹ 1000は、10を □こ あつめた 数です。

❺ 437は、400と 30と 7を あわせた 数です。

この ことを しきに あらわすと、437＝□＋□＋7です。

3 ↑の めもりが あらわす 数を 書きましょう。　1つ5〔30点〕

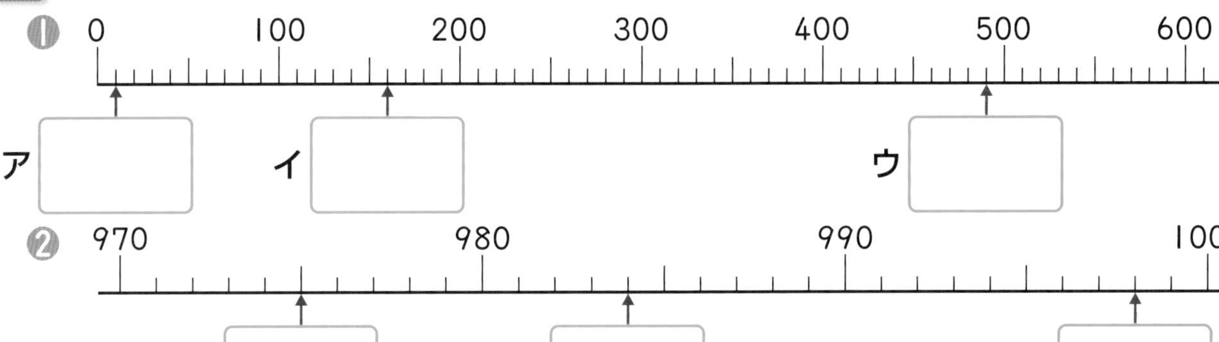

4 □に あてはまる ＞、＜、＝を 書きましょう。　1つ10〔20点〕

❶ 679 □ 697　　❷ 500 □ 550－50

□ 100より 大きい 数の しくみが わかるかな？
□ 数の線（せん）を 読（よ）む ことが できるかな？

ふろくの「計算れんしゅうノート」8～9ページをやろう！

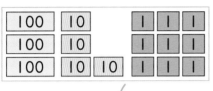

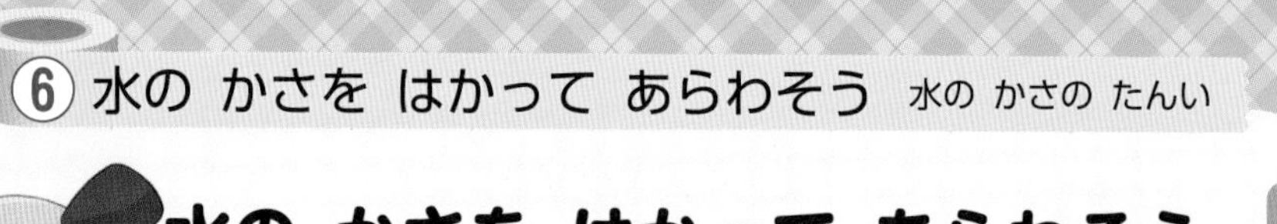

べんきょうした 日　月　日

水の かさを はかって あらわそう [その1]

もくひょう
かさの　たんい
dL、Lを　知ろう。

おわったら シールを はろう

きほんのワーク

教科書 上 66～71ページ　答え 12ページ

きほん1 デシリットルの　かさの　はかり方が　わかりますか。

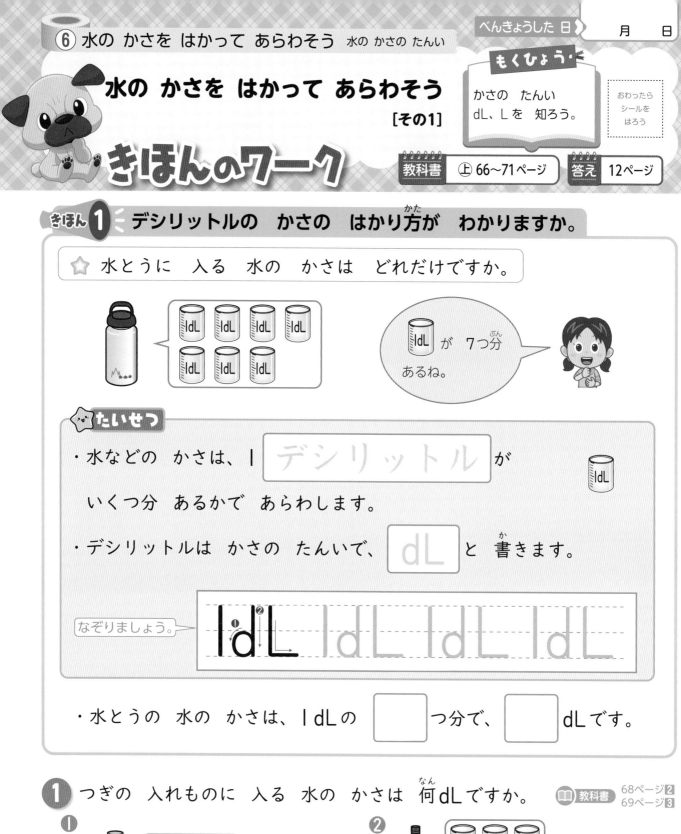

☆ 水とうに　入る　水の　かさは　どれだけですか。

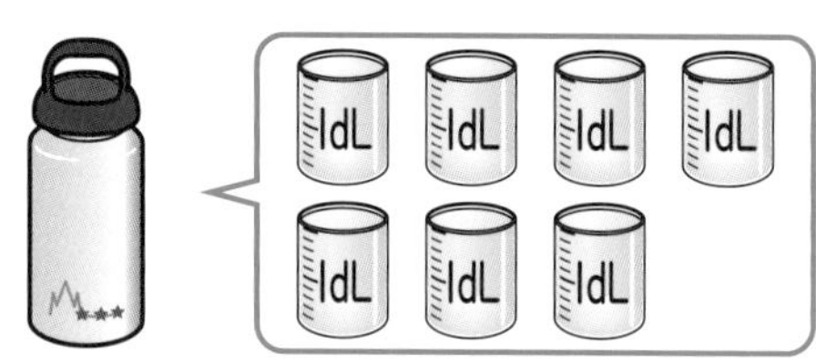

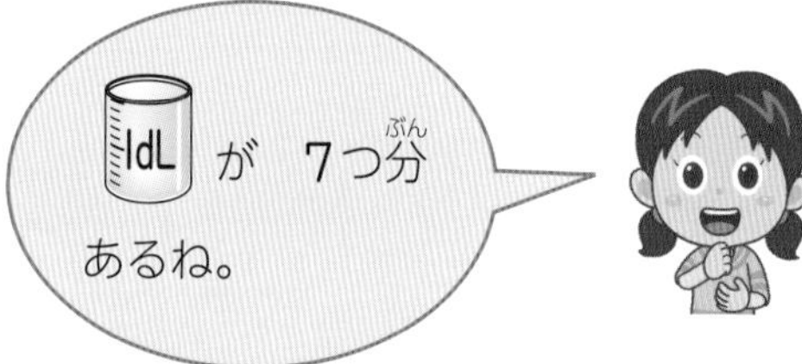

たいせつ

・水などの　かさは、1 デシリットル が　いくつ分　あるかで　あらわします。

・デシリットルは　かさの　たんいで、dL と　書きます。

なぞりましょう。 1dL 1dL 1dL 1dL

・水とうの　水の　かさは、1dLの □ つ分で、□ dLです。

1 つぎの　入れものに　入る　水の　かさは　何dLですか。

教科書 68ページ2 69ページ3

❶

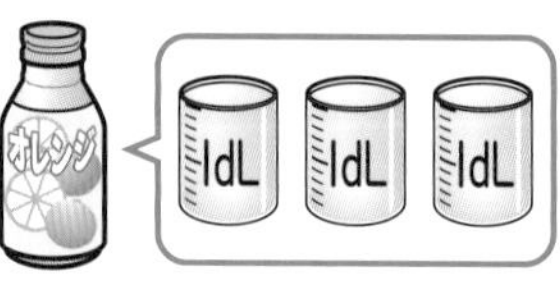

□ dL

❷

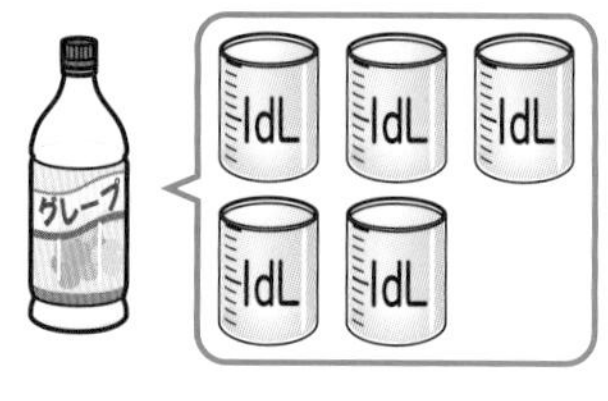

□ dL

❸

□ dL

さんすうはかせ
1dLの　「d(デシ)」は、「10こに　分けた　1つ分」と　いう　いみだよ。
1dLは　1Lを　10に　分けた　1つ分だね。

きほん2 リットルの かさの はかり方が わかりますか。

☆ 紙(かみ)パックに 入る 水を 1Lの ますに 入れました。

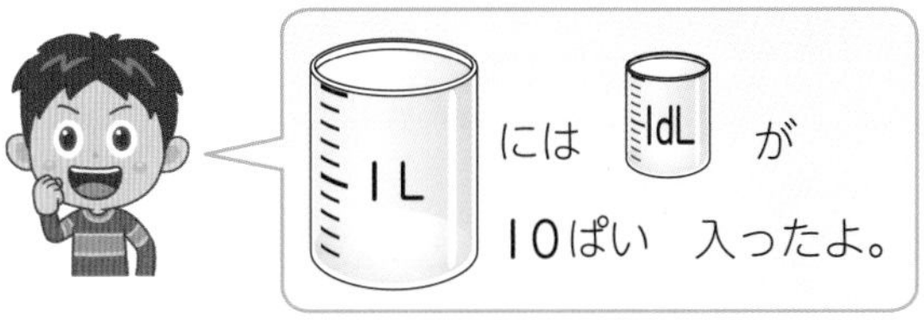

まんなかだよ。

1Lには 1dLが 10ぱい 入ったよ。

たいせつ

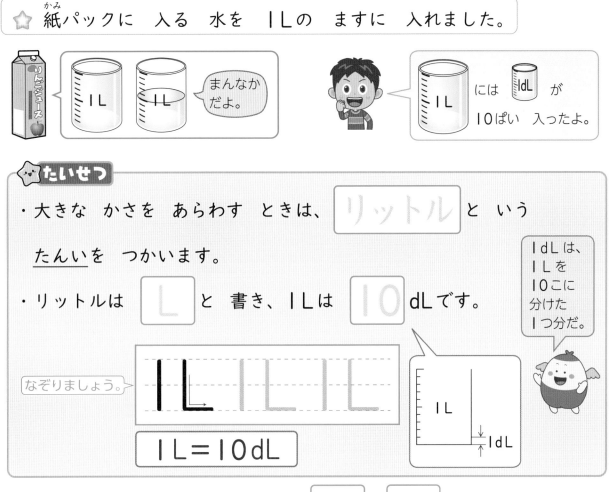

・大きな かさを あらわす ときは、 リットル と いう たんいを つかいます。

・リットルは L と 書き、1Lは 10 dLです。

1dLは、1Lを 10こに 分けた 1つ分だ。

なぞりましょう。 1L 1L 1L

1L=10dL

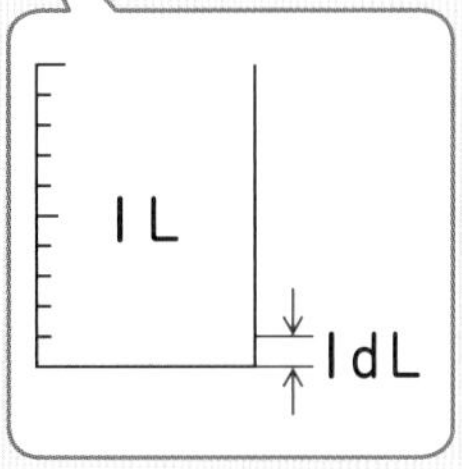

・紙パックに 入る 水の かさは □L □dLです。

2 つぎの 入れものに 入る 水の かさを 書きましょう。 教科書 71ページ3

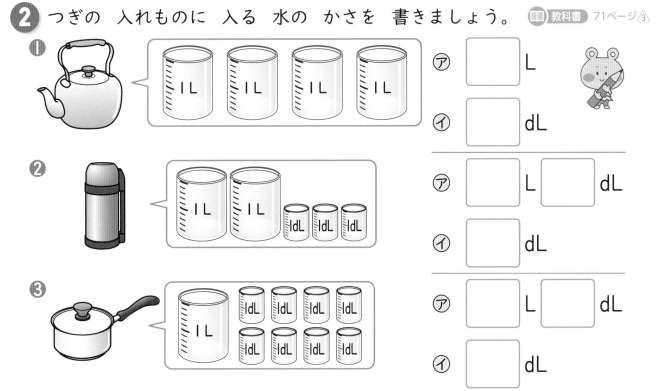

❶ ㋐ □L ㋑ □dL

❷  ㋐ □L □dL ㋑ □dL

❸ ㋐ □L □dL ㋑ □dL

おうちのかたへ 水などのかさは、1Lや1dLのますではかることを知り、単位を使って表す学習をします。L(リットル)とdL(デシリットル)の意味と表し方を理解しましょう。

水の かさを はかって あらわそう [その2]

もくひょう mLの たんいや かさの 計算の しかたを 知ろう。

おわったら シールを はろう

きほんのワーク

教科書 上 72〜73ページ　答え 12ページ

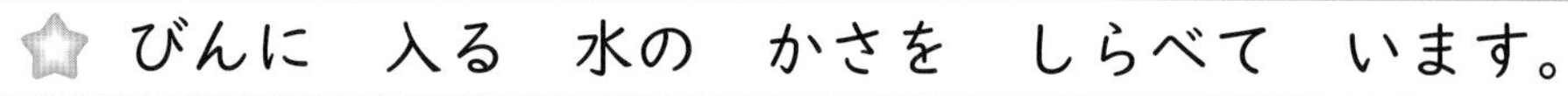

きほん1 ミリリットルの かさが わかりますか。

☆ びんに 入る 水の かさを しらべて います。

2dLと あと 少し あるよ。

たいせつ

・1dLより 小さい かさを あらわす たんいに、［ミリリットル］が あります。

・ミリリットルは ［mL］と 書き、［1000］mLは 1Lです。

なぞりましょう。

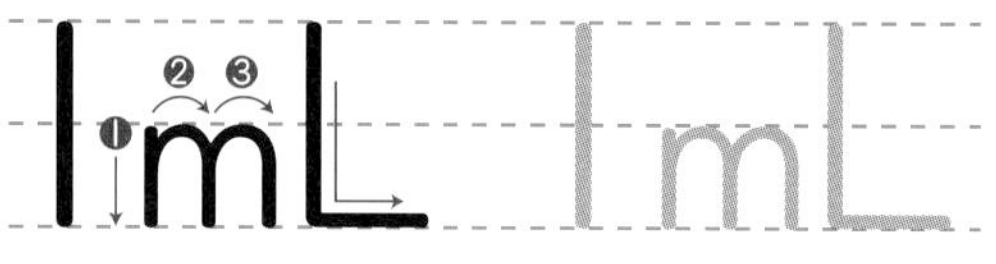

1L＝1000mL

1 1000mLの 紙パックに 水を 入れ、1Lの ますに うつしました。1Lの ますの 何ばい分に なりますか。 教科書 72ページ4

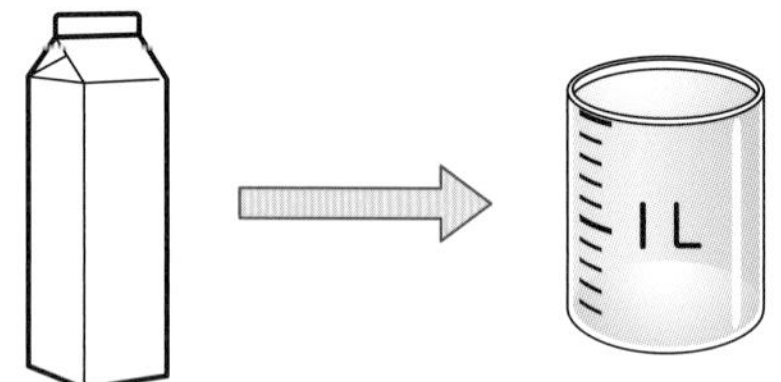

1Lの ますの ちょうど □ ばい分

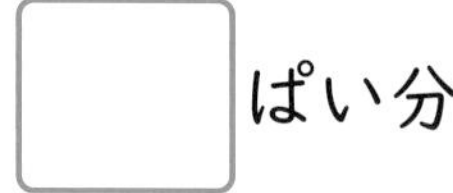

2 （　）に あてはまる、かさの たんいを 書きましょう。 教科書 72ページ4

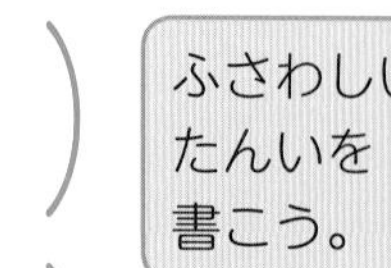

ふさわしい たんいを 書こう。

❶ びんに 入った 牛にゅう ……………… 200（　　）

❷ 水そうに 入った 水 ……………… 8（　　）

❸ 目ぐすり ……………… 10（　　）

さんすうはかせ 1mLの 「m(ミリ)」は、「1000こに 分けた 1つ分」と いう いみだよ。長さを あらわす ミリメートルの m(ミリ)も 同じ いみだよ。

きほん2 かさの 計算が わかりますか。

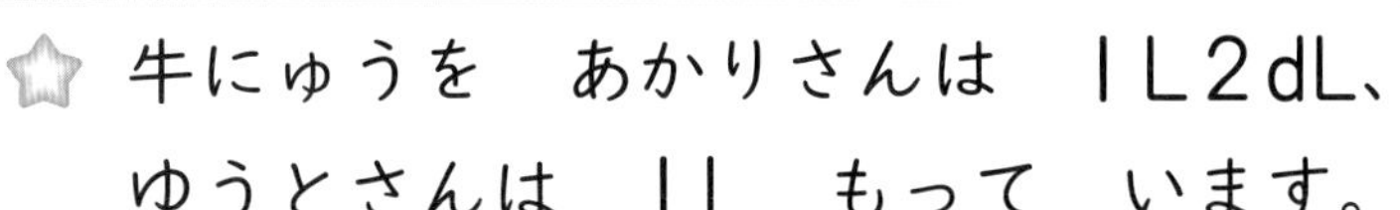

☆ 牛にゅうを あかりさんは 1L2dL、ゆうとさんは 1L もって います。

❶ 牛にゅうは あわせて どれだけに なりますか。

同じ たんいの 数(かず)どうしを 計算(けいさん)すれば いいね。

□L□dL＋□L＝□L□dL

❷ 2人(ふたり)の もって いる 牛にゅうの かさの ちがいは どれだけですか。

かさの 大きい ほうから 小さい ほうを ひけば いいね。

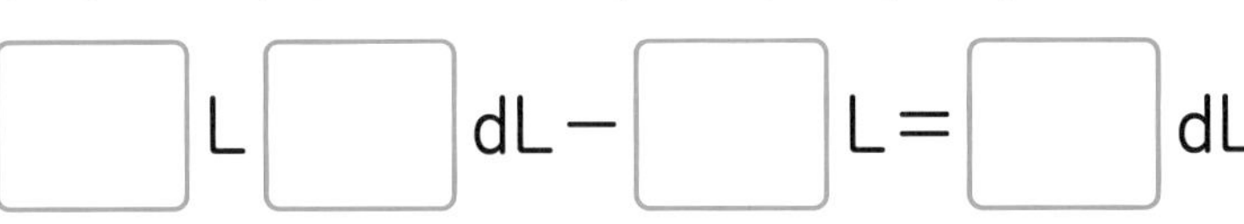

□L□dL－□L＝□dL

3 計算を しましょう。

教科書 73ページ5

❶ 3L＋1L5dL

❷ 3L5dL－2L

❸ 4L3dL＋2dL

❹ 2L8dL－6dL

4 右の 3つの ますを つかって 1Lの 水を くみます。□に あてはまる 数を 書いて、3人の 考え(かんが)を せつ明(めい)しましょう。

教科書 73ページ5

5dL　2dL　1dL

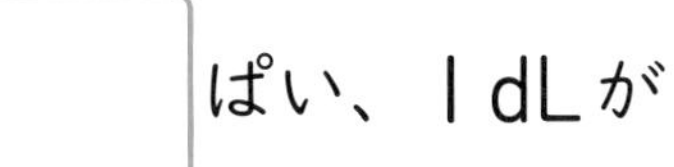

5dLが □ぱい、1dLが □はいで 10dLだから、ぴったり 1Lに なるよ。

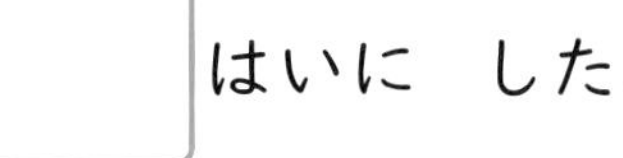

ぼくは、5dLを □はいに したよ。

どの ますを 何回(なんかい) つかうのかな？

さら

2dLを □はいで 1Lに したよ。

おうちのかたへ

mL(ミリリットル)の意味と表し方を理解します。1L＝1000mLを押さえましょう。
かさの計算は、同じ単位どうしで計算すればよいことを学習します。

べんきょうした 日　月　日

れんしゅうのワーク

教科書 ㊤66～75ページ　答え 13ページ

できた 数　/6もん 中

おわったら シールを はろう

1 かさの 計算 あおいさんと そうたさんと みおさんは いろいろな 入れものに 入る 水の かさを しらべました。

❶ あおいさんが もって いる 入れものに 入る 水の かさは 何dLですか。 (　　　)

❷ みおさんが もって いる 入れものに 入る 水の かさは 何L何dLですか。 (　　　)

❸ そうたさんと みおさんの 入れものに 入る 水の かさを あわせると 何L何dLですか。 (　　　)

❹ あおいさんと みおさんの 入れものに 入る 水の かさを あわせると 何Lですか。 (　　　)

❺ あおいさんと みおさんの 入れものに 入る 水の かさの ちがいは 何Lですか。 (　　　)

❻ あおいさんと そうたさんの 入れものに 入る 水の かさの ちがいは 何dLですか。 (　　　)

できるナビ かさを たしたり ひいたり する ときは、同じ たんいの 数どうしを 計算するよ！ かさの ちがいは、大きい ほうから 小さい ほうを ひくんだね。

まとめのテスト

とく点　　/100点

おわったら シールを はろう

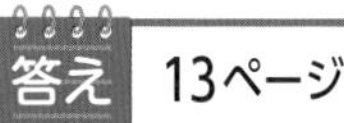

教科書 上 66〜75ページ　答え 13ページ

1 よく出る 水の　かさは　どれだけですか。

1つ10〔20点〕

❶

（　　　　　）

❷

（　　　　　）

2 □に　あてはまる　数を　書きましょう。

1つ10〔30点〕

❶ 1L＝□dL　　❷ 1L＝□mL

❸ 5Lは、1Lの　□つ分の　かさです。

3 （　）に　あてはまる、かさの　たんいを　書きましょう。

1つ10〔30点〕

❶ バケツに 入った　水

……………………6（　　　）

❷ コップに 入った　水

……………………180（　　　）

❸ 水とうに 入った　水

……………………7（　　　）

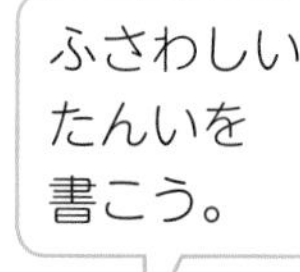

4 お茶が　赤い　水とうに　1L5dL、青い　水とうに　4dL　入って　います。

❶ あわせて　どれだけに　なりますか。

1つ5〔20点〕

しき

答え（　　　　　）

❷ ちがいは　どれだけですか。

しき

答え（　　　　　）

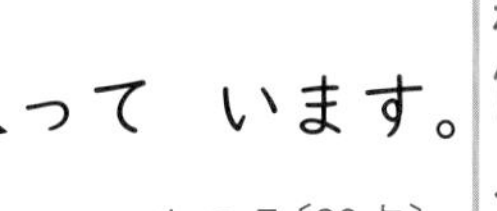

ふろくの「計算れんしゅうノート」10ページをやろう！

□ L、dL、mLの　かんけいが　わかるかな？
□ かさの　計算が　できるかな？

べんきょうした 日 月 日

時計を 生活に 生かそう [その1]

きほんのワーク

もくひょう
時こくと 時間の ちがいを 知ろう。

おわったら シールを はろう

教科書 上 76～77ページ　答え 13ページ

きほん1 時こくと 時間の ちがいが わかりますか。

☆ たつやさんは 公園(こうえん)に あそびに 行(い)きました。

家(いえ)を 出た 時(じ)こく

公園に ついた 時こく

公園を 出た 時こく

❶ 家を 出た 時こくは □時です。

❷ 公園に ついた 時こくは □時□分(ぷん)です。

❸ 家を 出てから 公園に つくまでに かかった 時間(じかん)は □分です。

3時　3時10分
時 間
家を 出た 時こく　公園に ついた 時こく

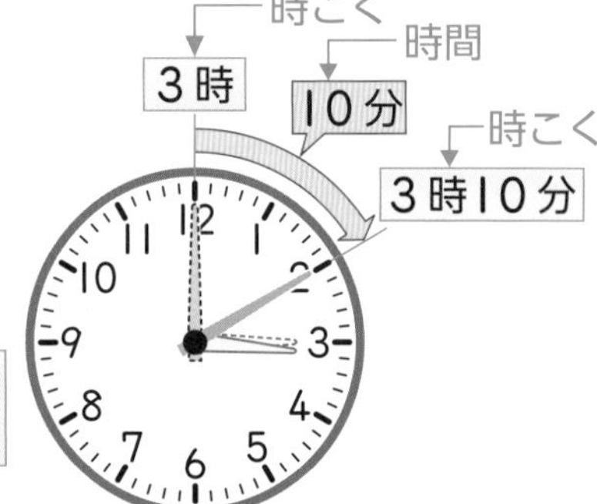

❹ 家を 出てから 公園を 出るまでの 時間は □分です。

時こくと 時こくの 間(あいだ)が 時間だね。

・長(なが)い はりが ひと回(まわ)りする 時間は 1時間。

・1時間＝60分

60分を 1時間と いいます。

❺ 公園を 出てから 10分後(あと)に 家に つきました。
家に ついた 時こくは □です。

さんすうはかせ 時こくは 「何時何分(なんじなんぷん)」のように いっしゅんの ときを あらわし、時間は 時こくと 時こくの 間の ときの ながれ(長(なが)さ)を あらわすよ。ちがいを おさえよう。

1 つぎの　時間は　何分ですか。

教科書 76ページ1

❶ 7時から　7時10分まで

(　　　　)

❷ 1時から　1時30分まで

(　　　　)

❸ 4時30分から　5時まで

(　　　　)

❹ 7時40分から　8時まで

(　　　　)

2 今(いま)の　時こくは　6時20分です。つぎの　時こくを　書(か)きましょう。

教科書 77ページ1

❶ 1時間後

(　　　　)

❷ 1時間前(まえ)

(　　　　)

❸ 20分前

(　　　　)

❹ 30分後

(　　　　)

3 □に　あてはまる　数(かず)を　書きましょう。

教科書 77ページ2

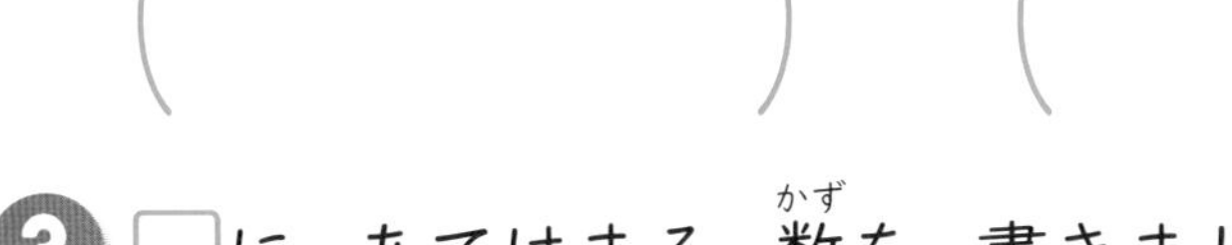

❶ 1時間10分＝□分

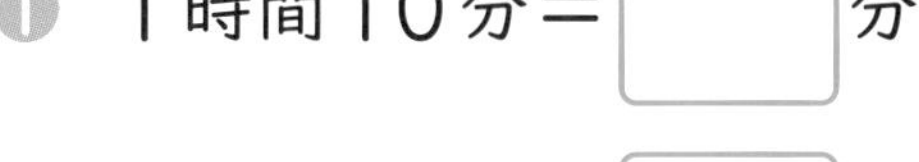

❷ 1時間30分＝□分

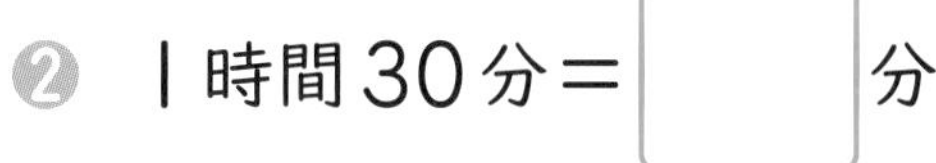

❸ 80分＝□時間□分

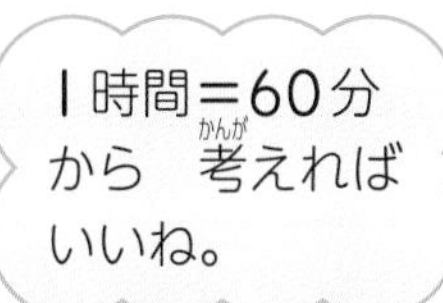

❹ 100分＝□時間□分

❸　80分は　60分と
何分に　なるかな。

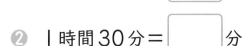

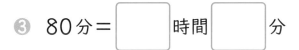

おうちのかたへ　時刻と時刻の間が時間になることを理解します。時計の長い針がひと回りすると1時間で、1時間＝60分であることを押さえましょう。

べんきょうした 日　月　日

時計を 生活に 生かそう [その2]

もくひょう
午前と 午後の 時こくを 知ろう。

おわったら シールを はろう

きほんのワーク

教科書 上 78～79ページ　答え 14ページ

きほん1 午前、午後を つかって 時こくが いえますか。

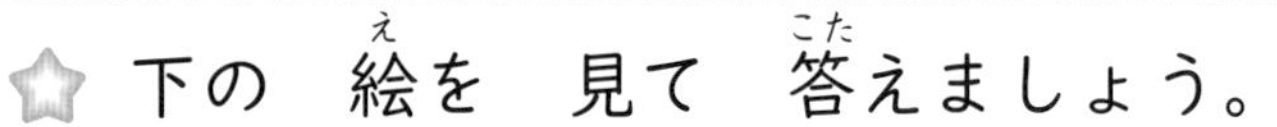

☆ 下の 絵を 見て 答えましょう。

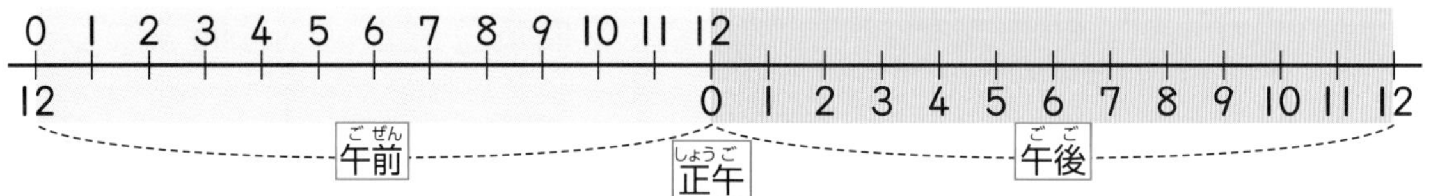

朝 おきた 時こく

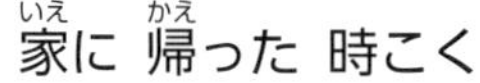

❶ 朝 おきた 時こくは 午前　時　分 です。

❷ 家に 帰った 時こくは ＿＿＿ です。

❸ 1日の 時間は 午前が □ 時間、午後が □ 時間です。

1日＝24時間

時計の みじかい はりは
1日に 2回 回るよ。

1 時計の 時こくを 午前、午後を つかって 書きましょう。

教科書 78ページ2

❶ 朝

(　　　　)

❷ 夜

(　　　　)

さんすうはかせ
午前・午後は 正午の 前と 後と いう いみだよ。「午」は、時こくを 十二支で あらわした ときの 「午の 刻」を さして いるんだ。

きほん2 午前から　午後に　またがる　時間が　わかりますか。

☆ 家を　出てから　帰るまでの　時間は　何時間ですか。

❶ 家を　出た　時こく　　❷ 家に　帰った　時こく

午前　　　時

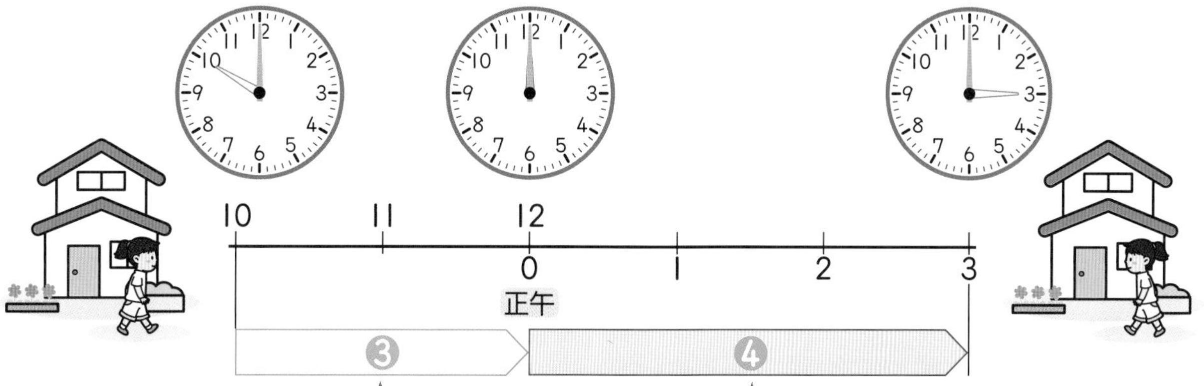

10
11
12
0
1
2
3
正午
❸
❹

❸ 午前10時から　正午までの

時間は　□　時間

❹ 正午から　午後3時までの

時間は　□　時間

❺ 家を　出てから　帰るまでの　時間は　□　時間です。

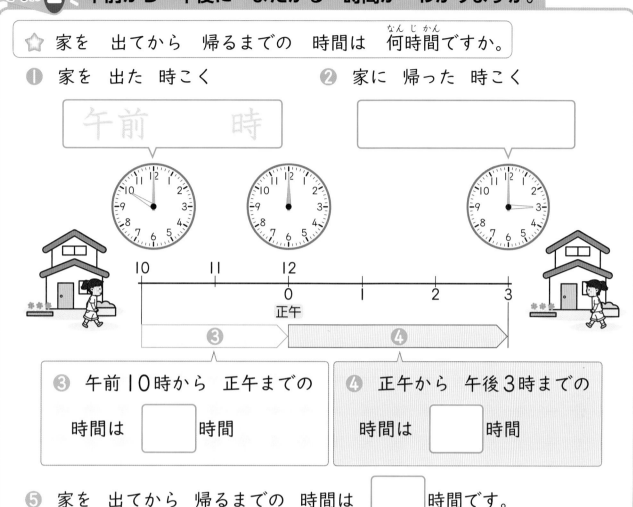

2 ゆうなさんは　家ぞくで　えいがを　みに　行きました。えいがが　はじまってから　おわるまでの　時間は　何時間ですか。

教科書 78ページ2

えいがが はじまった 時こく　　えいがが おわった 時こく

午前11時　　午後2時

（　　　　）

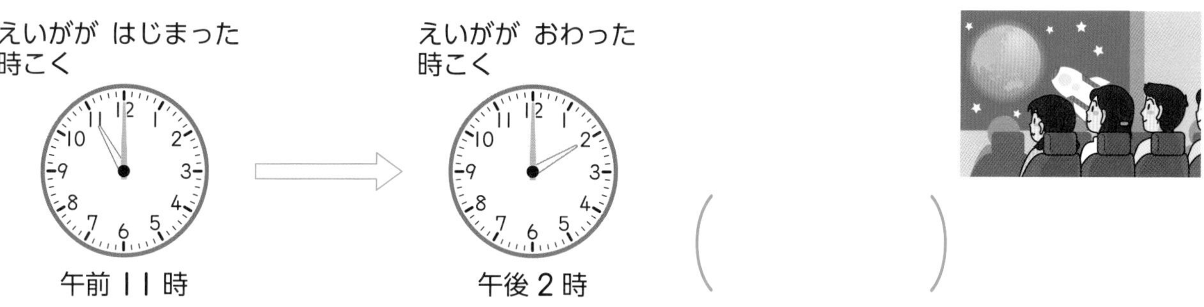

3 学校に　ついてから　学校を　出るまでの　時間は　何時間ですか。

教科書 78ページ2

学校に ついた 時こく　　学校を 出た 時こく

午前8時　　午後4時

（　　　　）

正午までの　時間と
正午からの　時間を
考えれば　いいね。

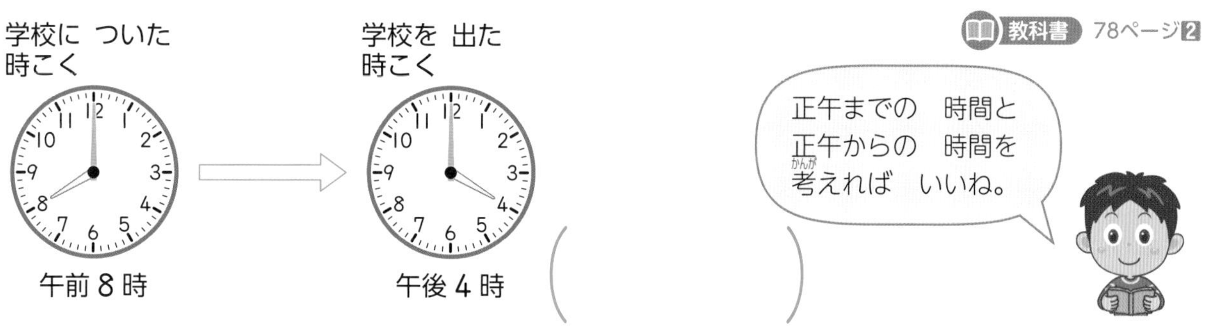

おうちのかたへ　1日の時刻には午前と午後があることを、具体例をあげて理解しましょう。
正午は午前12時・午後0時のことです。

べんきょうした 日　月　日

れんしゅうのワーク

教科書 上 76〜79ページ　答え 14ページ

できた 数 /6もん 中

おわったら シールを はろう

1 いろいろな 時こくや 時間　はるきさんは 家ぞくで 水ぞくかんへ 行きました。つぎの 時こくや 時間を 書きましょう。

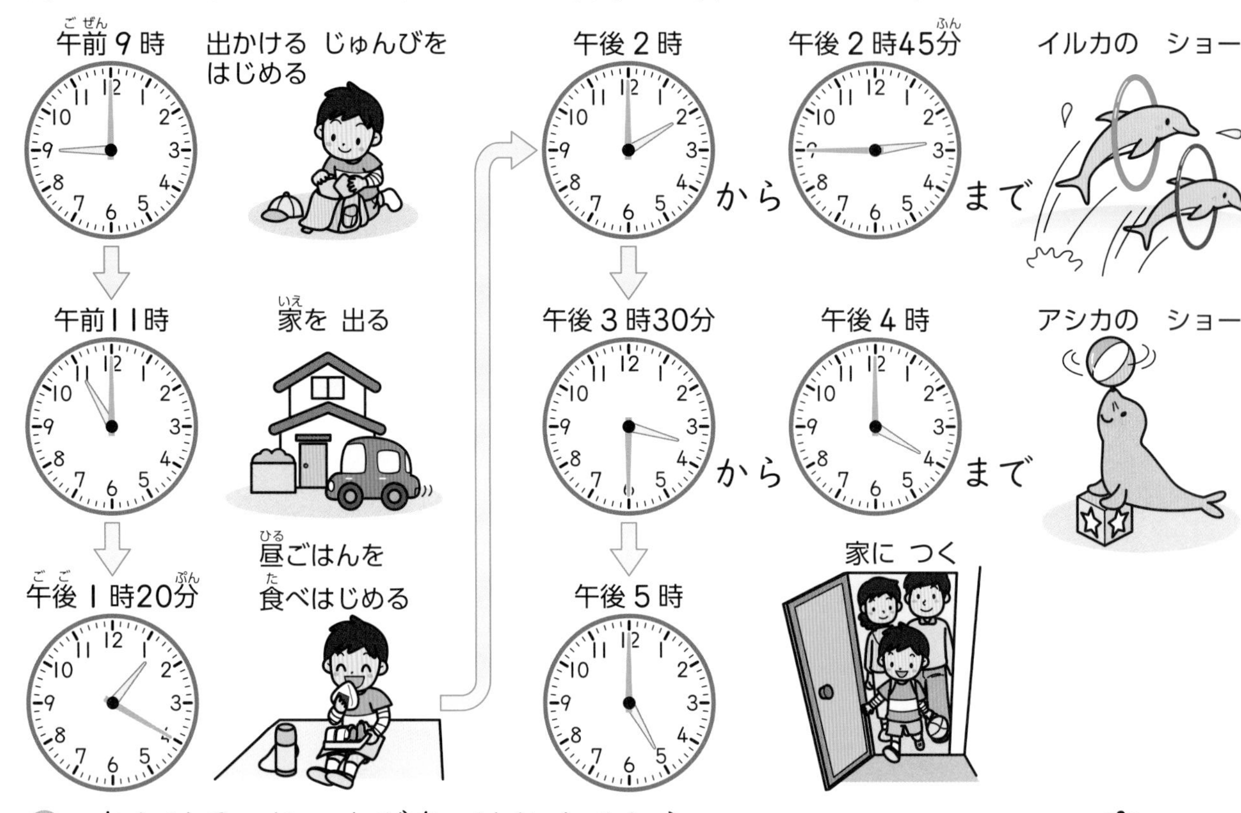

❶ 出かける じゅんびを はじめてから 1時間後の 時こく（　　　　）

❷ 家を 出てから 40分後の 時こく（　　　　）

❸ 昼ごはんを 食べはじめてから 30分後の 時こく（　　　　）

❹ イルカの ショーが はじまってから おわるまでの 時間（　　　　）

❺ アシカの ショーが はじまってから おわるまでの 時間（　　　　）

❻ 家を 出てから 家に つくまでの 時間（　　　　）

できるナビ　長い はりが ひと回りすると 1時間だね。
時間は、長い はりが どれだけ うごいたかを 見れば わかるよ！

まとめのテスト

とく点　/100点

おわったら シールを はろう

答え 14ページ

1 つぎの 時計(とけい)を 見て、今(いま)の 時こくを 書きましょう。また、それぞれの |時間前(まえ)、30分後の 時こくを 書きましょう。　1つ5〔30点〕

❶

今の 時こく（　　　）

|時間前（　　　）

30分後（　　　）

❷

今の 時こく（　　　）

|時間前（　　　）

30分後（　　　）

2 □に あてはまる 数(かず)を 書きましょう。　1つ10〔20点〕

❶ |時間＝□分　　❷ |日＝□時間

3 よく出る つぎの 時こくを 午前、午後を つかって 書きましょう。　1つ15〔30点〕

❶ 朝(あさ)

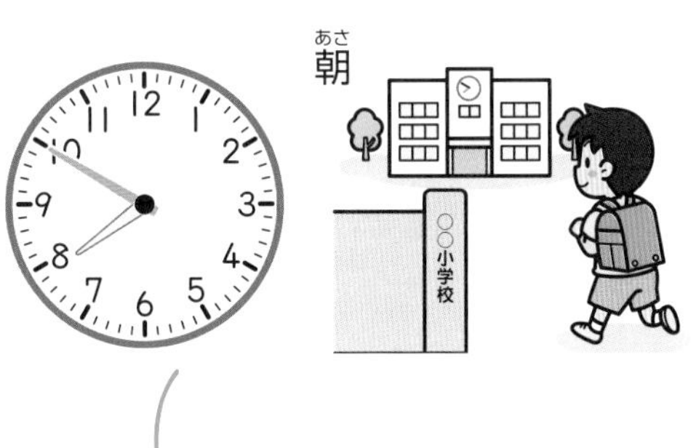

（　　　）

❷ 夜(よる)

（　　　）

4 ゆう園地(えんち)に いた 時間は 何時間ですか。　〔20点〕

ゆう園地に ついた

午前10時

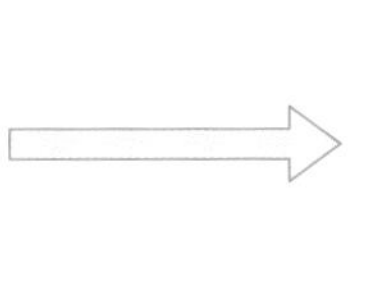

ゆう園地を 出た

午後４時

（　　　）

□時間と 分の かんけいが わかるかな？
□時こくを、午前と 午後を つかって いえるかな？

べんきょうした 日　月　日

1 たし算の きまり

きほんのワーク

もくひょう
3つの 数の 計算の しかたを 学ぼう。

おわったら シールを はろう

教科書 上 81〜83ページ　答え 14ページ

きほん 1 （かっこ）を つかった しきの 計算が できますか。

☆ はるなさんは、15円の 色紙(いろがみ)と 50円の クッキー、20円の ガムを 買(か)いました。ぜんぶで いくら つかったかを 計算(けいさん)します。□に あてはまる 数(かず)を 書(か)きましょう。

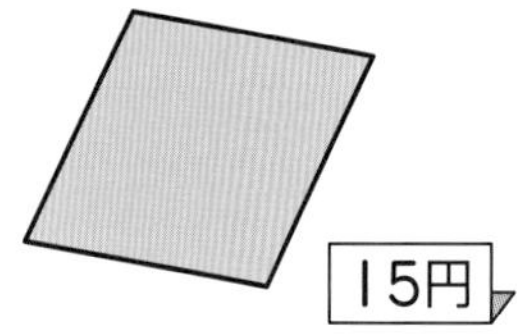
15円

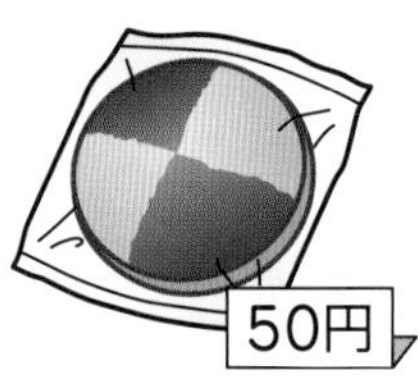
50円

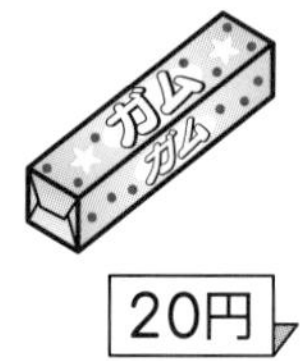

20円

❶ 色紙と クッキーの だい金を 先に 計算する。

(15+50)+20=□+20=□

↑かっこを つかった しき

❷ おかしの だい金を 先に 計算する。

↑クッキーと ガム

15+(50+20)=15+□=□

❷では、先に クッキーの 50円と ガムの 20円を たせば いいね。

たし算では、たす じゅんじょを かえても、答(こた)えは 同(おな)じに なるね。

答え □円

1 くふうして 計算しましょう。　教科書 83ページ 1 2

❶ 5+19+1

❷ 9+43+7

❸ 16+37+3

❹ 24+12+6

（　）を つけて 考(かんが)えて みよう。
（　）は ひとまとまりの 数を あらわし、
先に 計算するんだね。

「+」の 記(き)ごうは、古(こ)だいローマの ことばだった ラテン語(ご)の 「…と …」を いみする エ(et)が へんかした ものだと いわれて いるよ。

きほん2 (　　)を　つかった　しきの　考え方が　わかりますか。

☆ 校ていで、1年生が　8人と　2年生が　14人　あそんで　いました。2年生が　6人　来(き)ました。校ていには、みんなで　何人(なんにん)　いるかを　考えます。

❶ だいきさんと　ほのかさんの　考えに　あう　しきを　線(せん)で　むすびましょう。

だいき
はじめに　校ていに　いた　人数(にんずう)を　先に　計算しよう。・　　　・ $8+(14+6)$

ほのか
先に　2年生の　人数を　まとめて　計算したいな。・　　　・ $(8+14)+6$

❷ 2人(ふたり)の　考えの　どちらかを　えらんで　計算しましょう。

あなたが　いいなと　思(おも)う　方(ほう)に　○を　つけよう。

だいきの　考え（　　）　ほのかの　考え（　　）

しき

答え　□人

2 赤い　テープを　12本、黄色(きいろ)い　テープを　16本　もって　いました。黄色い　テープを　4本　もらいました。テープは、ぜんぶで　何本に　なりましたか。

教科書　83ページ2

❶ (　　)を　つかって、2人の　考えに　あう　しきを　書きましょう。

ひまり
はじめに　もって　いた　テープの　数を　先に　計算しよう。
しき

ゆうま
黄色い　テープの　数を　先に　計算しよう。
しき

❷ 答えを　もとめましょう。

答え（　　　　）

おうちのかたへ
(　)を使った式の学習をします。(　)は、ひとまとまりの数をあらわし、先に計算することを学びます。たす順序をかえると、計算が簡単になることもあります。

べんきょうした 日　月　日

② たし算と ひき算の くふう

きほんのワーク

もくひょう
計算の しかたを くふうした たし算と ひき算を しよう。

おわったら シールを はろう

教科書 上 84ページ　答え 15ページ

きほん1 くふうして 計算が できますか。

☆ 38＋6の 計算の しかたを 考えます。
□に あてはまる 数を 書きましょう。

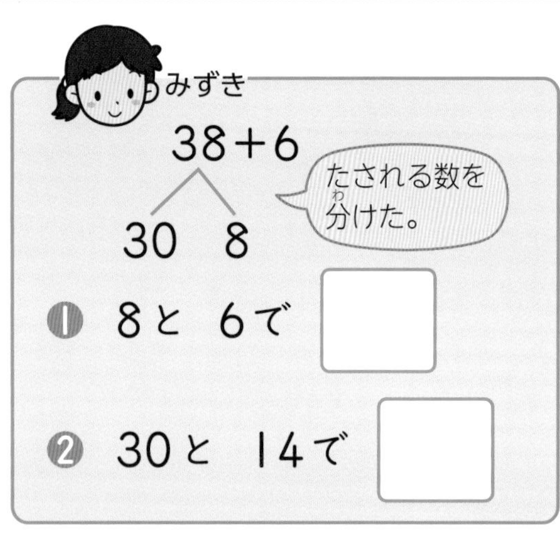

❶ 8と 6で □

❷ 30と 14で □

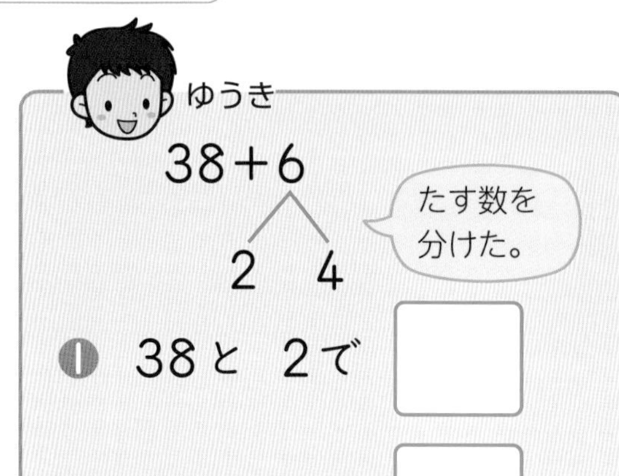

❶ 38と 2で □

❷ 40と 4で □

1 43－8の 計算の しかたを 考えます。
□に あてはまる 数を 書きましょう。 教科書 84ページ2

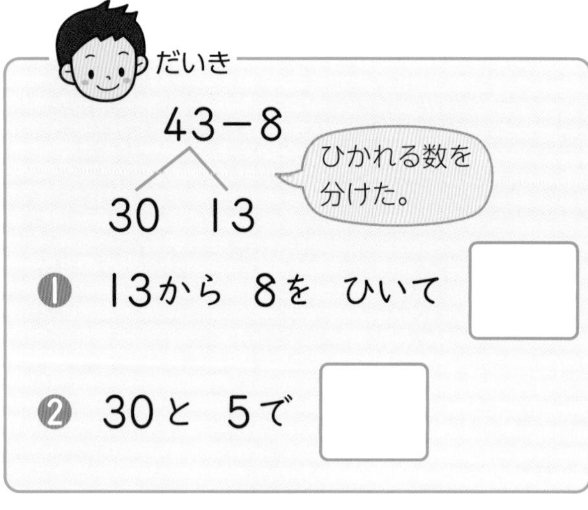

だいき
43－8
30　13
ひかれる数を
分けた。

❶ 13から 8を ひいて □

❷ 30と 5で □

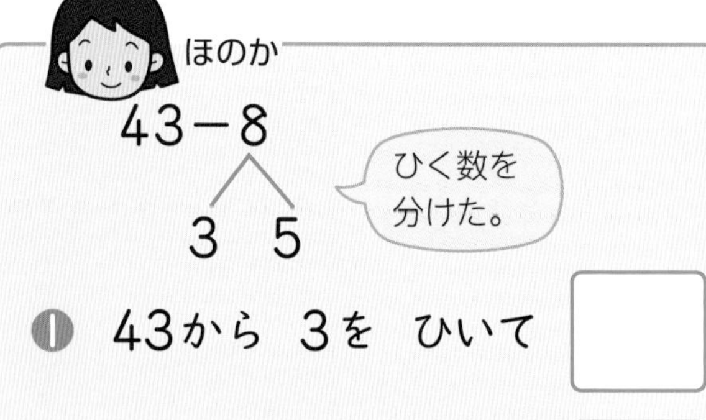

❶ 43から 3を ひいて □

❷ 40から 5を ひいて □

2 くふうして 計算しましょう。 教科書 84ページ1 2

❶ 53＋9　❷ 46＋8　❸ 7＋56　❹ 2＋48

❺ 75－6　❻ 63－8　❼ 41－4　❽ 30－7

おうちのかたへ
たし算とひき算を暗算でするための工夫をします。
数を分解して考える習慣が身につくと、計算の力が向上します。

まとめのテスト

時間 20分　とく点　/100点　おわったら シールを はろう

教科書 上 81～85ページ　答え 15ページ

1 そらさんは、15円の　あめと　30円の　えんぴつを　買いました。けしゴムを　買いわすれたので、店に　もどり、50円の　けしゴムを　買いました。ぜんぶで　いくら　つかいましたか。　1つ10〔30点〕

❶ (　)を　つかって、2とおりの　しきを　書きましょう。

㋐ はじめに　買った　分を　先に　計算する。

しき

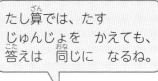

㋑ 文ぼうぐの　だい金を　先に　計算する。

しき

たし算では、たす
じゅんじょを　かえても、
答えは　同じに　なるね。

❷ 答えを　もとめましょう。　答え（　　　）

2 よく出る　くふうして　計算しましょう。　1つ10〔40点〕

❶ 7＋35＋5

❷ 9＋17＋3

❸ 6＋23＋14

❹ 8＋34＋12

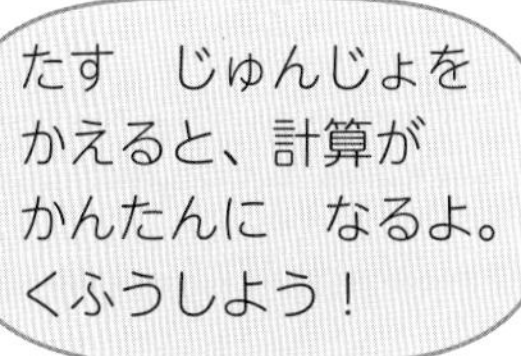

たす　じゅんじょを
かえると、計算が
かんたんに　なるよ。
くふうしよう！

3 くふうして　計算しましょう。　1つ5〔30点〕

❶ 34＋7　❷ 52－8　❸ 5＋76

❹ 43－6　❺ 69＋9　❻ 90－7

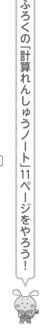

ふろくの「計算れんしゅうノート」11ページをやろう！

□(　)の　ある　計算の　しかたが　わかるかな？
□計算が　かんたんに　なるように、くふうできるかな？

べんきょうした 日 月 日

1 たし算の ひっ算
2 れんしゅう

きほんのワーク

もくひょう
百のくらいに くり上がりの ある たし算の ひっ算を 学ぼう。

おわったら シールを はろう

教科書 上 86～90ページ 答え 16ページ

きほん 1 くり上がりが 1回の たし算が できますか。

☆ 73＋54の ひっ算の しかたを 考えます。

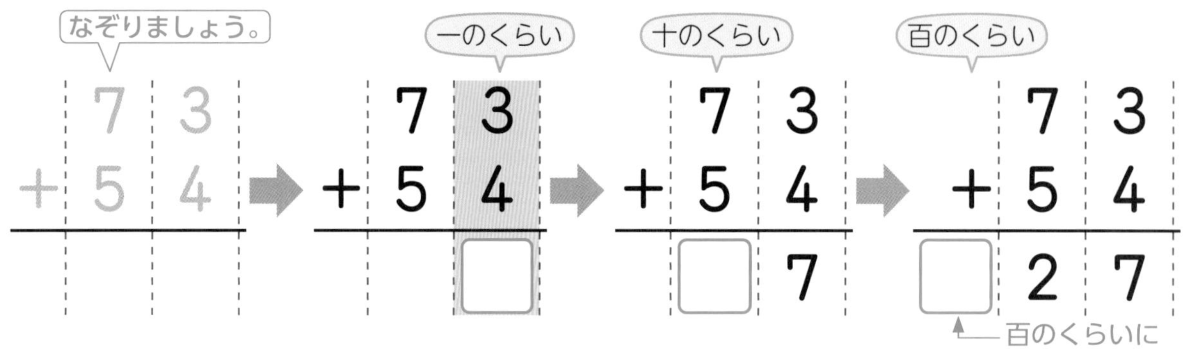

1 くらいを たてに そろえて 書く。

2 一のくらいの 計算 $3+4=$ □

3 十のくらいの 計算 $7+5=$ □

4 百のくらいに □ を 書く。

$73+54=$ □

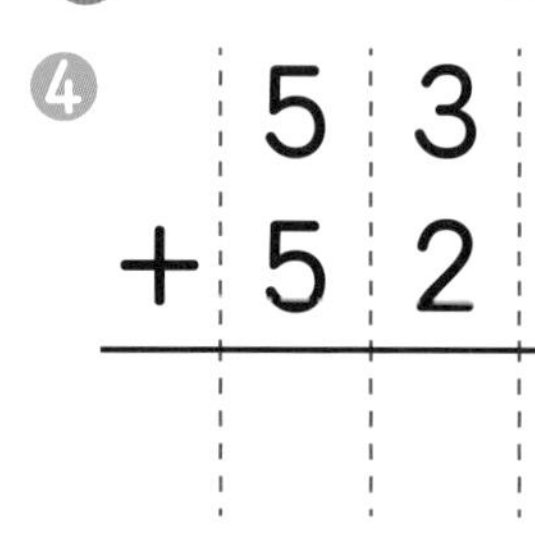

1 計算を しましょう。

教科書 88ページ 2

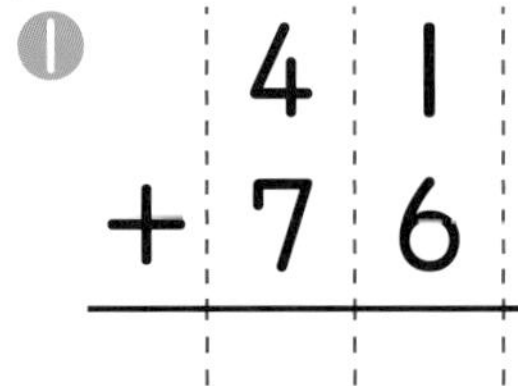

❶ $41+76$

❷ $26+93$

❸ $70+54$

❹ $53+52$

2 ひっ算で しましょう。

教科書 88ページ 2

❶ 36＋92

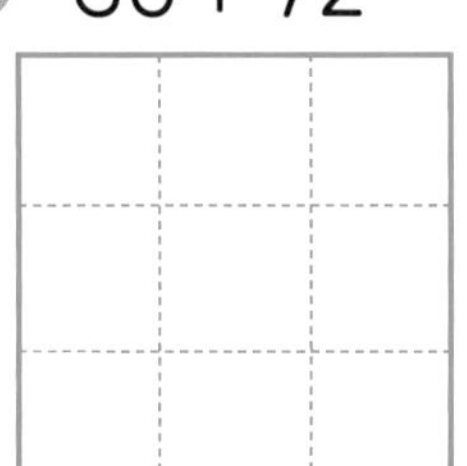

❷ 73＋85

❸ 30＋89

❹ 43＋64

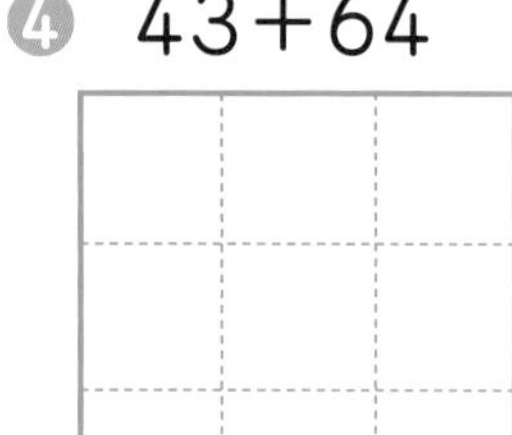

さんすうはかせ きみは ラッキー7と いう ことばを 聞いた ことが ないかな？ 7は せかいの いろいろな 国で 「聖なる 数字」と して 大切に されて いるんだって。

きほん2 くり上がりが　2回の　たし算が　できますか。

☆ 63＋89の　ひっ算の　しかたを　考えます。

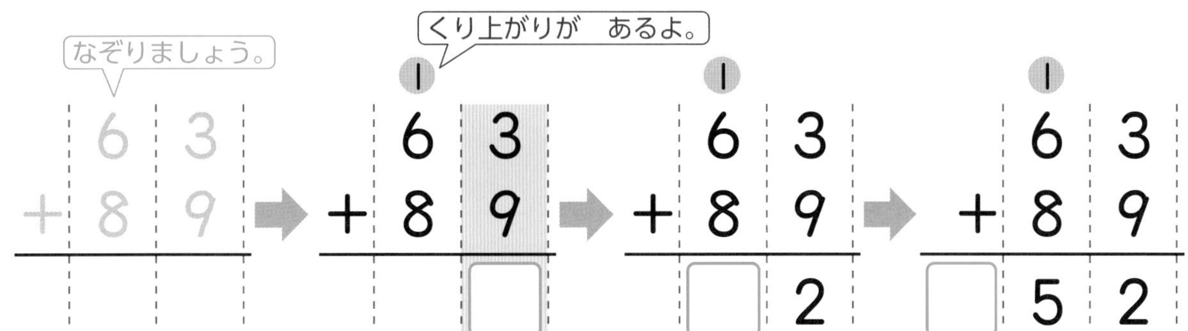

くり上がりが　あるよ。
なぞりましょう。

1 くらいを　たてに　そろえて　書く。　2 一のくらいの　計算　3 十のくらいの　計算　4 百のくらいに

3＋9＝□　　1＋6＋8＝□　　□を　書く。

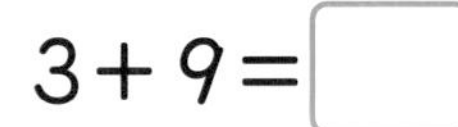

63＋89＝□

一のくらいにも　十のくらいにも　くり上がりが　あるね。

3 ひっ算で　しましょう。　教科書 89ページ3

❶ 68＋75　❷ 49＋84　❸ 52＋58　❹ 53＋77

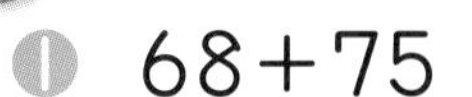

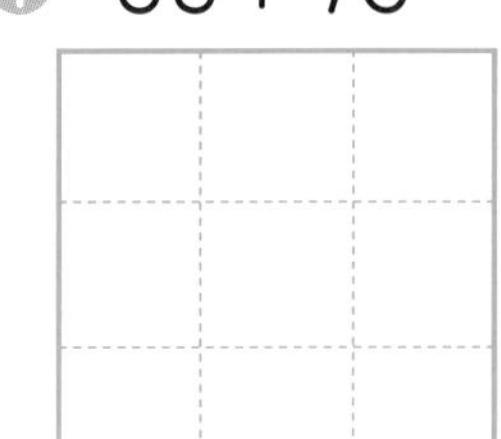

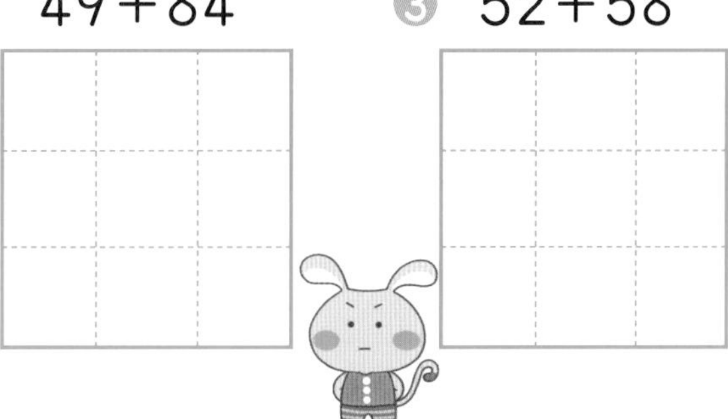

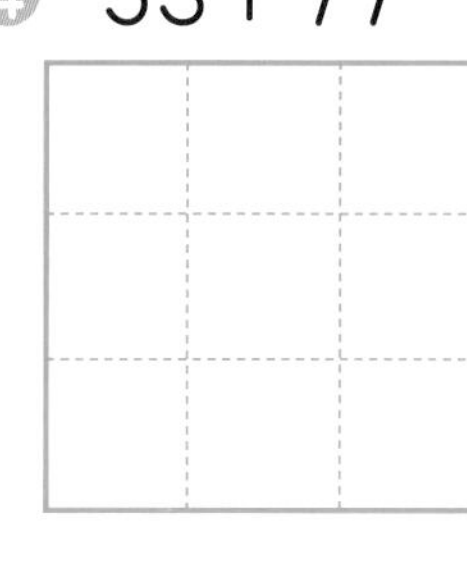

4 ひっ算で　しましょう。　教科書 89ページ4

❶ 65＋39　❷ 18＋82　❸ 97＋6　❹ 2＋98

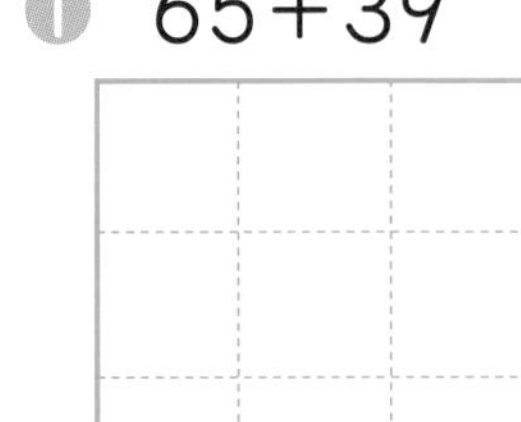

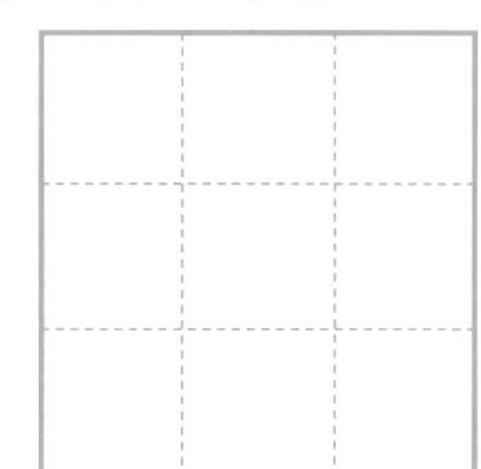

5 85円の　ノートと　58円の　えんぴつを　買(か)います。あわせて　何円(なんえん)ですか。

教科書 90ページ2

しき

答(こた)え（　　　）

ひっ算

おうちのかたへ　百の位にくり上がる計算を学習します。（２けた）＋（１けた）、（１けた）＋（２けた）のようなパターンは、筆算で数字を書く場所を間違えやすいので、注意しましょう。

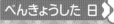

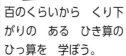

3 ひき算の ひっ算

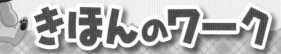

もくひょう
百のくらいから くり下がりの ある ひき算の ひっ算を 学ぼう。

おわったら シールを はろう

教科書 上 91〜95ページ　答え 16ページ

きほん1 くり下がりが 1回の ひき算が できますか。

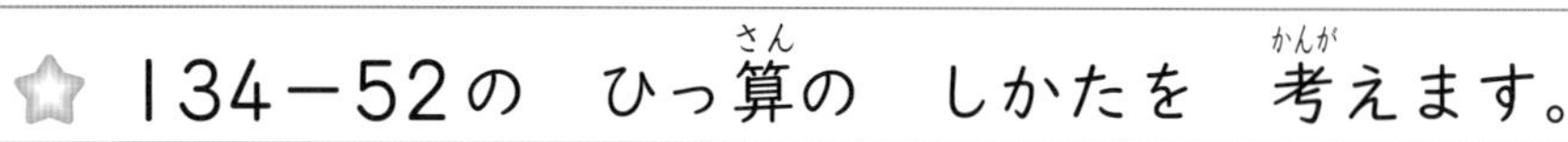

☆ 134−52の ひっ算の しかたを 考えます。

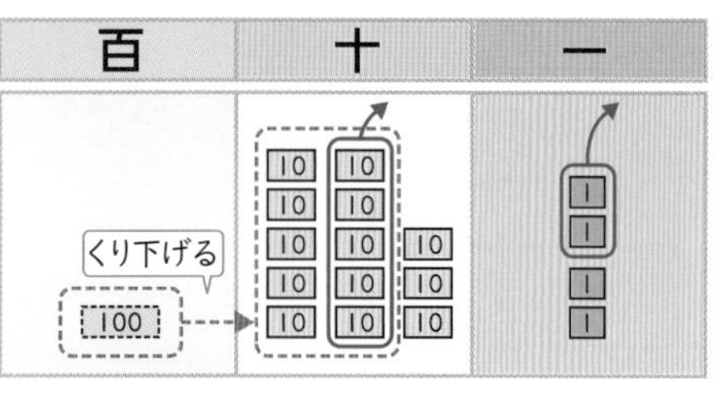

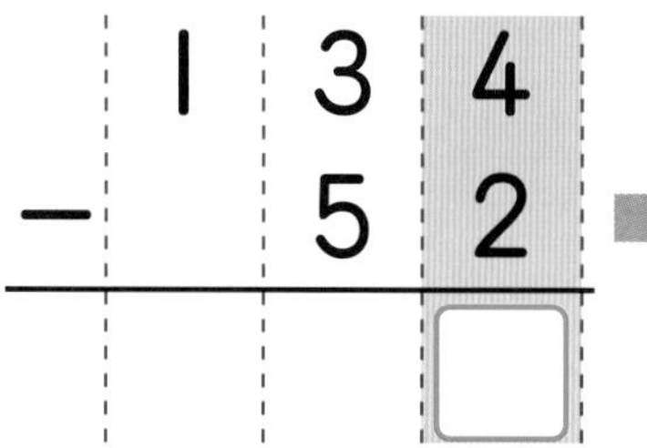

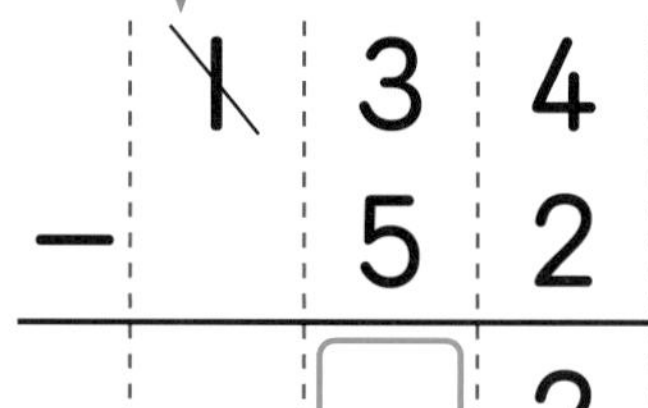

1 一のくらいの 計算

$4-2=\square$

2 十のくらいの 計算

3から 5は ひけないので、百のくらいから 1 くり下げる。

$13-5=\square$

ちゅうい
十のくらいの 計算で ひけない ときは、百のくらいから 1 くり下げて ひきます。

$134-52=\square$

1 計算を しましょう。

教科書 92ページ△2

❶
```
  1 4 8
−   6 5
```

❷
```
  1 2 6
−   7 3
```

❸
```
  1 1 7
−   8 0
```

2 ひっ算で しましょう。

教科書 92ページ△2

❶ 136−54

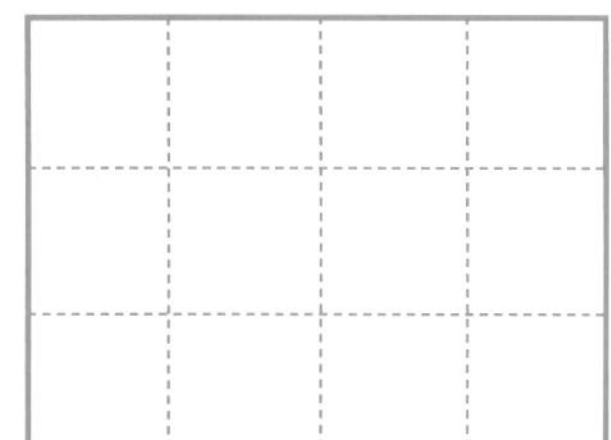

❷ 173−90

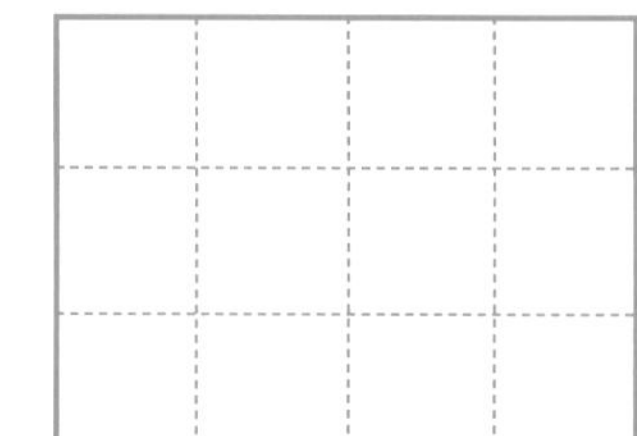

❸ 105−65

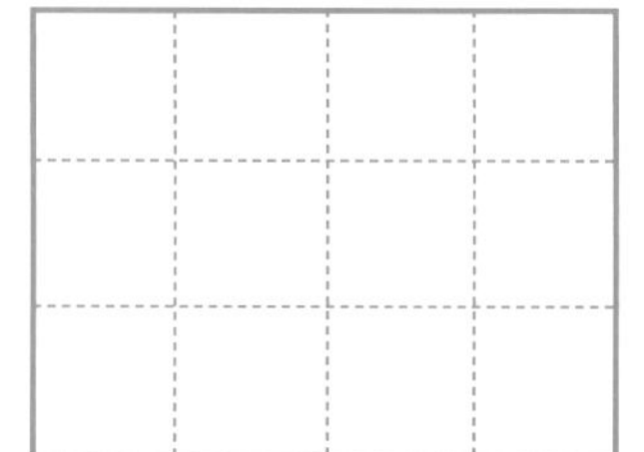

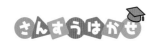

さんすうはかせ
日本では 8は 吉の 数です。八の 字が すえひろがりで えんぎの いい 数と されて いるんだ。でも えんぎの わるい 数と 思われて いる 国も あるよ。

きほん2 くり下がりが　2回の　ひき算が　できますか。

☆ つぎの　計算を　ひっ算で　しましょう。

❶ 145－78

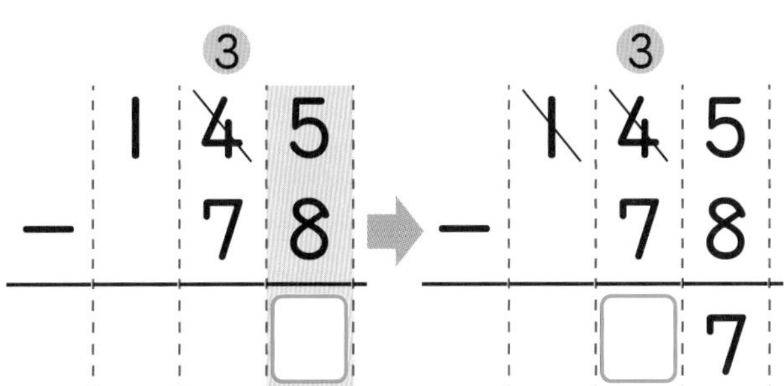

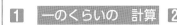

1 一のくらいの　計算
十のくらいから
1　くり下げて

15－8=□

2 十のくらいの　計算
1　くり下げたので　③
百のくらいから　1
くり下げて

13－7=□

❷ 103－67

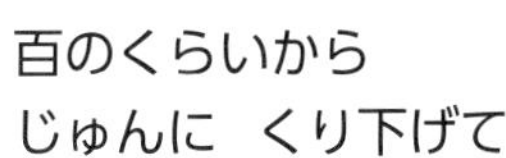

1 一のくらいの　計算
百のくらいから
じゅんに　くり下げて

13－7=□

2 十のくらいの　計算
1　くり下げたので　⑨

9－6=□

3 ひっ算で　しましょう。

教科書 93ページ△3

❶ 134－58　❷ 161－97　❸ 130－46

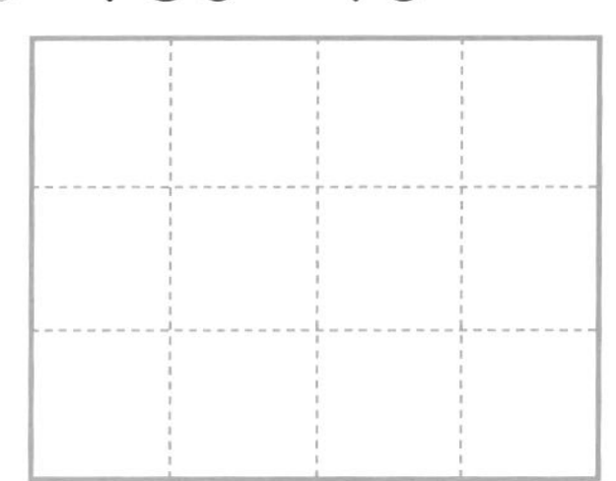

4 ひっ算で　しましょう。

教科書 95ページ△5

❶ 102－75　❷ 100－82　❸ 106－9

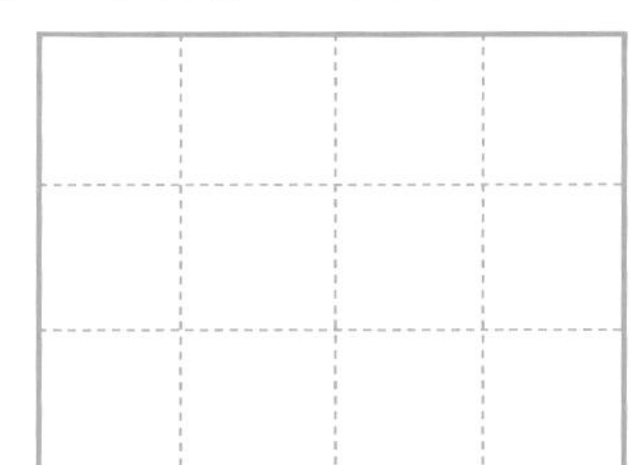

5 かいとさんは、カードを　105まい　もって　います。今日、弟に　18まい　あげました。カードは、何まい　のこって　いますか。

教科書 95ページ△6

しき

ひっ算

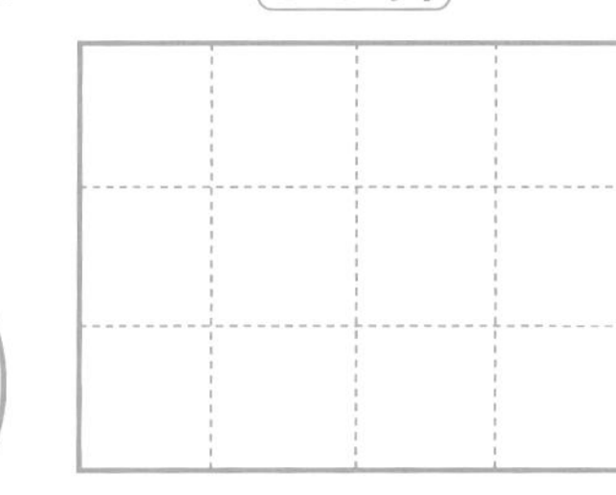

答え（　　　　）

おうちのかたへ　百の位からくり下がりのあるひき算です。ひけないときには、必ず1つ上の位からくり下げることを押さえましょう。ひかれる数の十の位が空位(0)の場合に間違いが目立ちます。

べんきょうした 日　　月　　日

4 大きい 数の ひっ算

もくひょう
3けたの　たし算と ひき算の　しかたを 学ぼう。

おわったら シールを はろう

教科書 上 96～97ページ　答え 17ページ

きほん 1　3けたの　数の　ひっ算が　できますか。

☆ つぎの　計算(けいさん)を　ひっ算で　しましょう。

❶ 325＋43

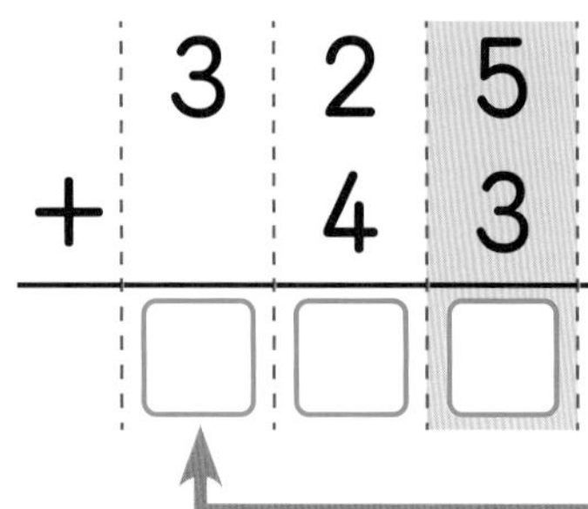

❷ 428－16

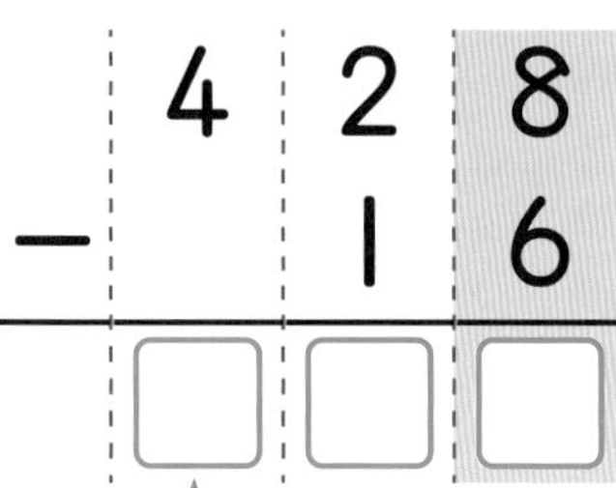

百のくらいを わすれずに 書(か)こう。

1 一のくらいの　計算

5＋3＝□

2 十のくらいの　計算

2＋4＝□

百のくらいは　□

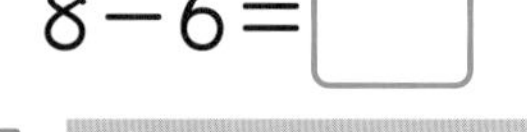

1 一のくらいの　計算

8－6＝□

2 十のくらいの　計算

2－1＝□

百のくらいは　□

3けたの　計算も 2けたの　計算と 同(おな)じように 計算すれば いいね。

1 ひっ算で　しましょう。　教科書 97ページ⚠1

❶ 423＋76　❷ 68＋403　❸ 308＋2

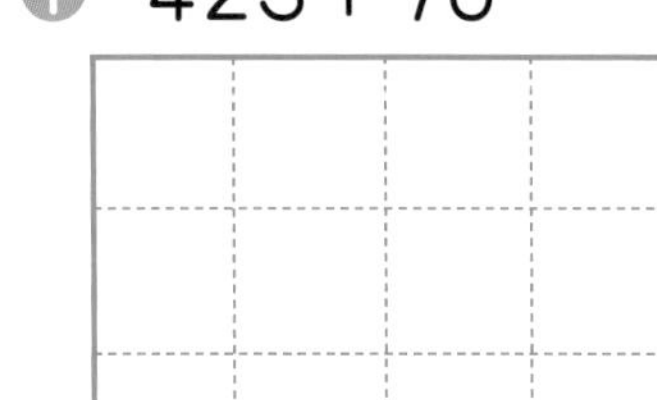

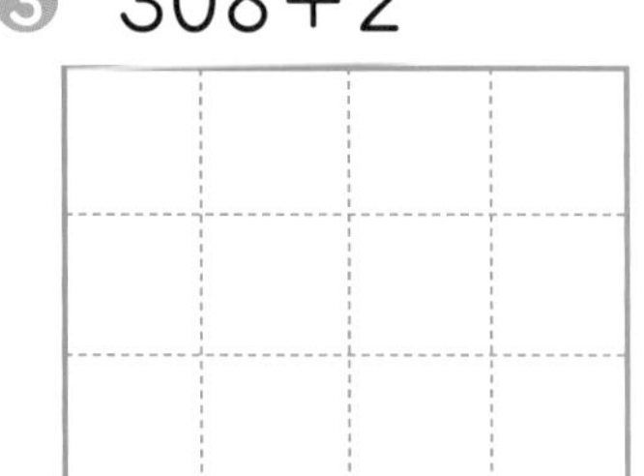

2 ひっ算で　しましょう。　教科書 97ページ⚠2

❶ 763－42　❷ 842－36　❸ 513－8

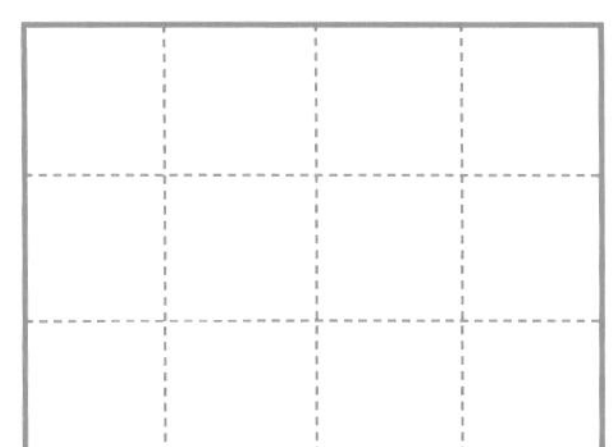

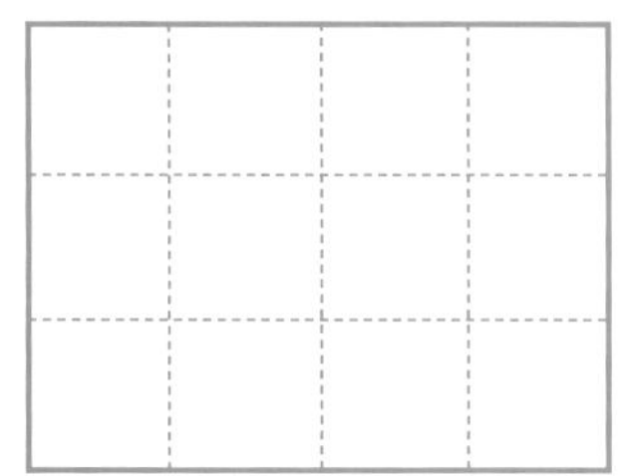

おうちのかたへ　(3けた)±(1けた・2けた)の筆算のしかたを学習します。けた数が大きくなっても「位をそろえて書き、一の位から順に計算する。」という原則は変わりません。

れんしゅうのワーク①

教科書 ㊤86～99ページ　答え 17ページ

できた 数 /14もん 中

おわったら シールを はろう

1 たし算と ひき算　ひっ算で しましょう。

❶ 36＋85

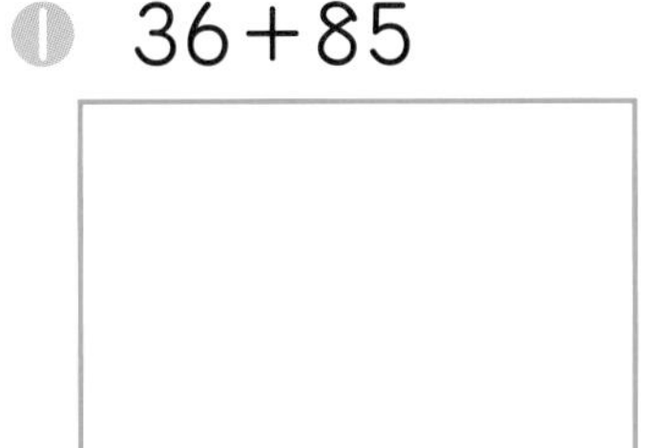

❷ 58＋72

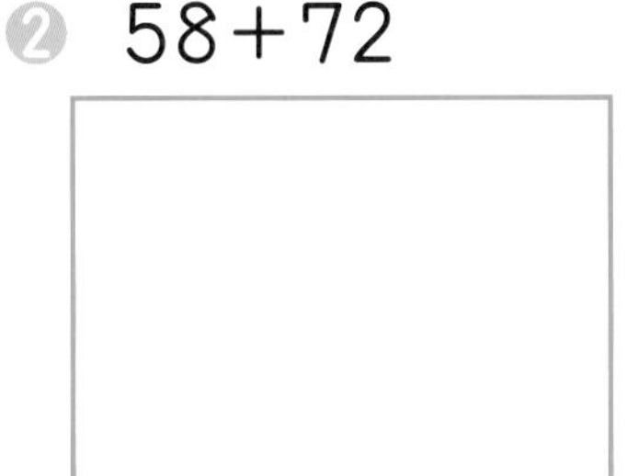

❸ 98＋2

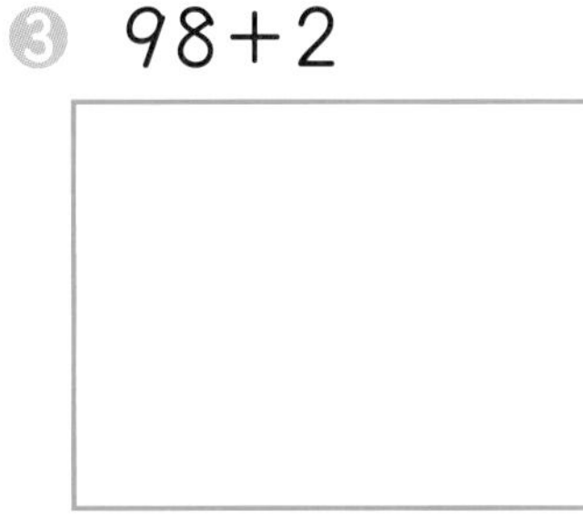

❹ 149－53

❺ 112－14

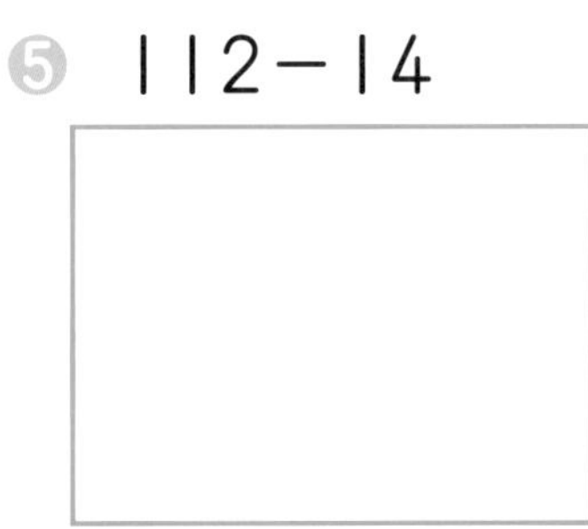

❻ 170－82

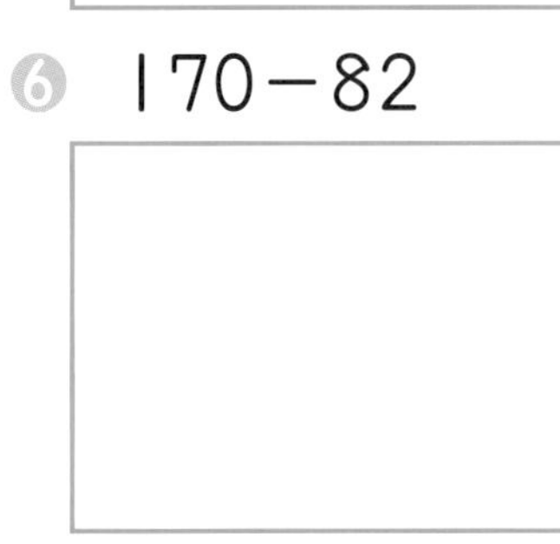

2 文しょうだい　なわとびを 今日(きょう) 84回(かい)、きのう 67回 とびました。あわせて 何回(なんかい) とびましたか。

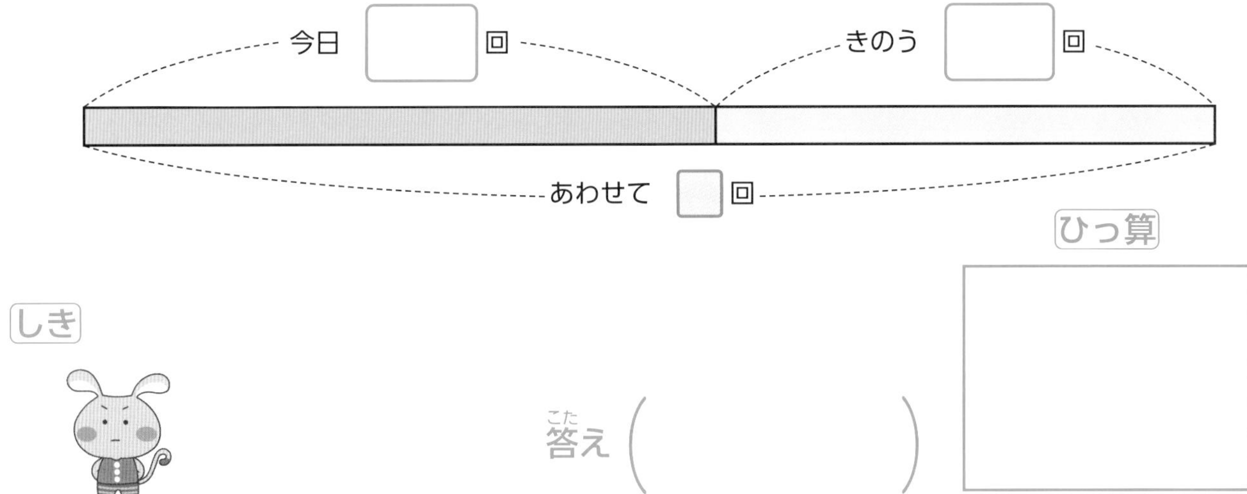

しき

ひっ算

答(こた)え（　　　　）

3 文しょうだい　65円の ゼリー1こと 37円の あめ1こを 買(か)います。100円で 買えますか、買えませんか。だい金を 計算して たしかめましょう。

しき

ひっ算

答え（　　　　）

できるナビ　ひっ算では、くり上げた 数(かず)や くり下げた 後(あと)の 数を くらいに そろえて メモするように しよう。まちがいが 少(すく)なく なるよ！

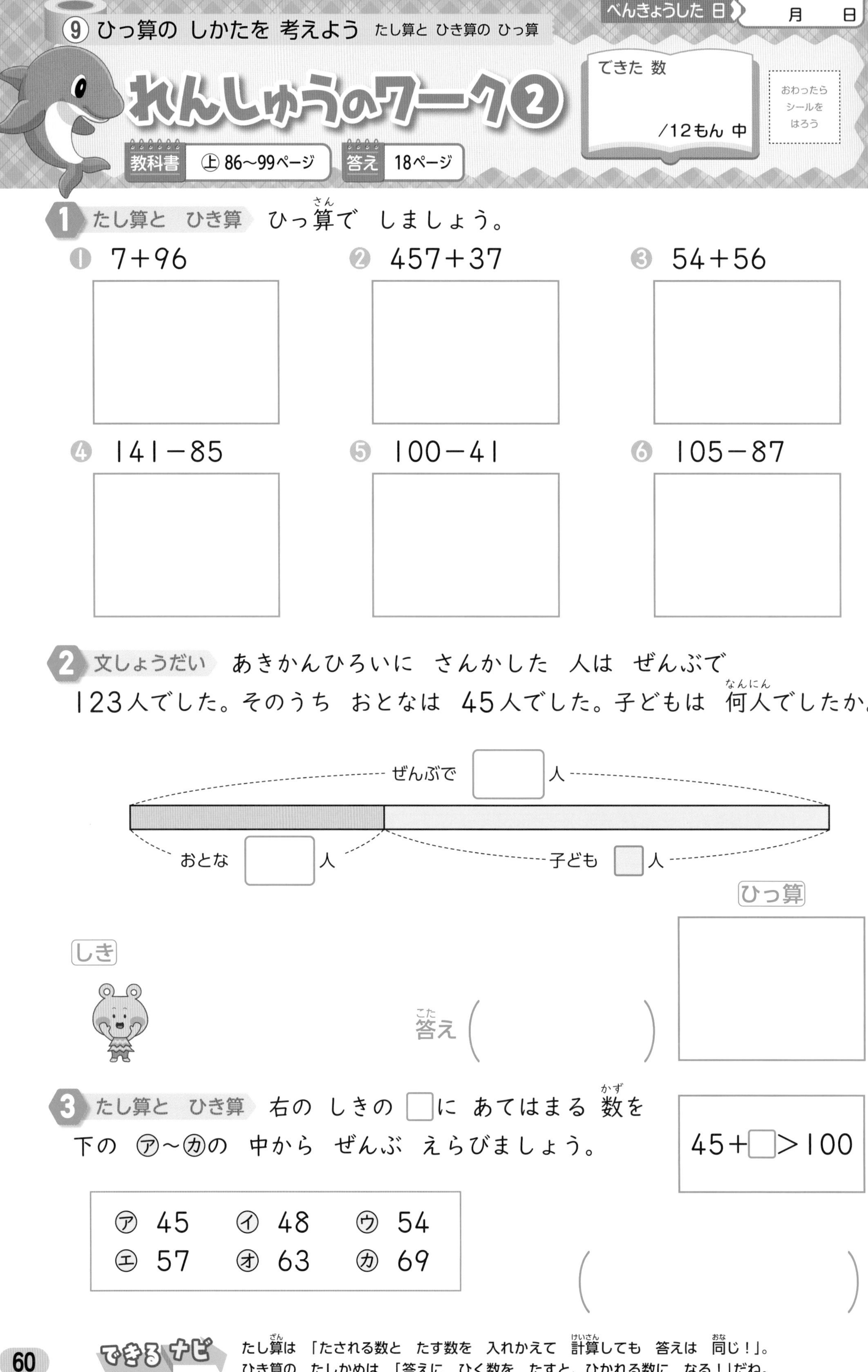

べんきょうした 日 月 日

れんしゅうのワーク②

教科書 上 86～99ページ　答え 18ページ

できた 数 /12もん 中

おわったら シールを はろう

1 たし算と ひき算　ひっ算で しましょう。

❶ 7+96　❷ 457+37　❸ 54+56

❹ 141－85　❺ 100－41　❻ 105－87

2 文しょうだい　あきかんひろいに さんかした 人は ぜんぶで 123人でした。そのうち おとなは 45人でした。子どもは 何人でしたか。

しき

ひっ算

答え（　　　）

3 たし算と ひき算　右の しきの □に あてはまる 数を 下の ㋐～㋕の 中から ぜんぶ えらびましょう。

45+□>100

㋐ 45	㋑ 48	㋒ 54
㋓ 57	㋔ 63	㋕ 69

（　　　）

できるナビ　たし算は 「たされる数と たす数を 入れかえて 計算しても 答えは 同じ！」。ひき算の たしかめは 「答えに ひく数を たすと、ひかれる数に なる！」だね。

まとめのテスト

時間 20分　とく点 /100点　おわったら シールを はろう

教科書 ㊤ 86〜99ページ　 答え 18ページ

1 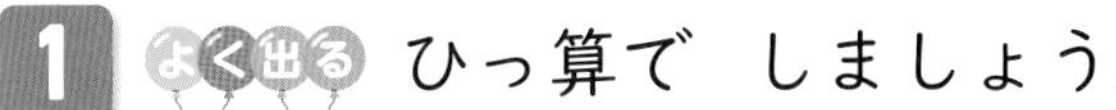 よく出る ひっ算で しましょう。　1つ10〔60点〕

❶ 58＋61

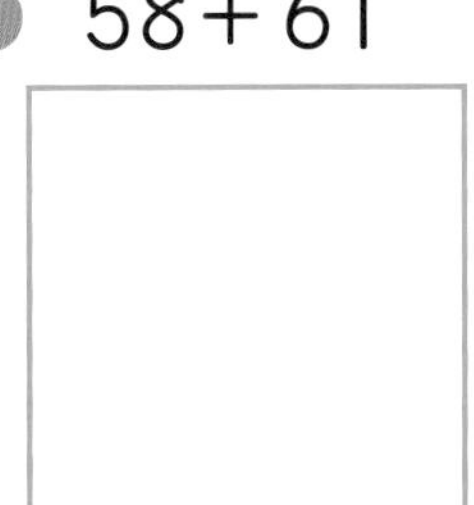

❷ 5＋97

❸ 4＋308

❹ 129－56

❺ 140－42

❻ 463－25

2 127－83の 計算を ひっ算で します。
下の しきの 中から、一のくらいの 計算、
十のくらいの 計算を それぞれ えらびましょう。　1つ5〔10点〕

	1	2	7
－		8	3

㋐ 7－2＝5	㋑ 11－8＝3	㋒ 7－3＝4
㋓ 12－8＝4	㋔ 13－8＝5	㋕ 10－8＝2

一のくらいの 計算（　　　）　十のくらいの 計算（　　　）

3 □に 数字（すうじ）を 入れて、しきを つくりましょう。　1つ5〔10点〕

10□－9□＝5

4 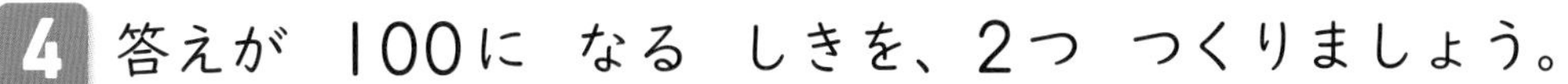 答えが 100に なる しきを、2つ つくりましょう。　1つ10〔20点〕

□＋□＝100　　□＋□＝100

ふろくの「計算れんしゅうノート」12〜17ページをやろう！

□ くり上がる たし算の ひっ算を まちがえずに できるかな？
□ くり下がる ひき算の ひっ算を まちがえずに できるかな？

べんきょうした 日 月 日

もくひょう
三角形と 四角形が どんな 形なのかを 知ろう。

おわったら シールを はろう

1 三角形と 四角形

きほんのワーク

教科書 上 100〜103ページ 答え 18ページ

きほん1 三角形と 四角形が わかりますか。

☆ ㋐、㋑の 形を 何と いいますか。

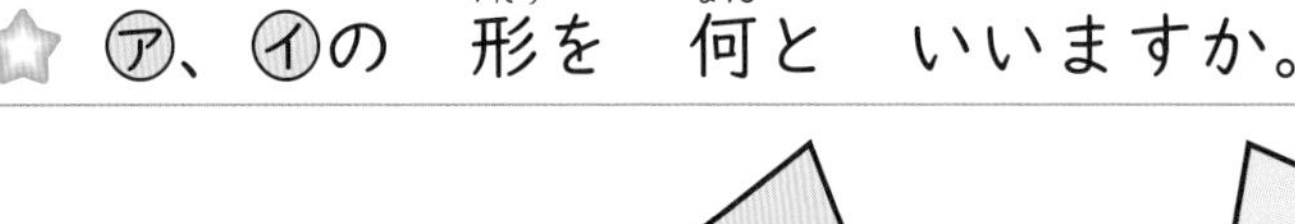
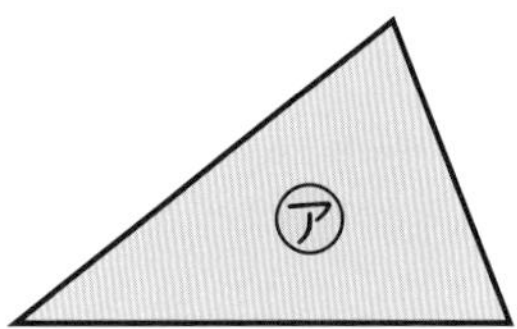
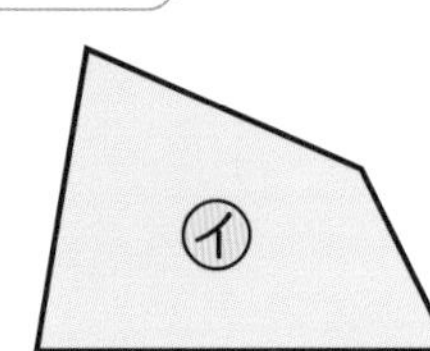

何本の
直線で
かこまれて
いるかな？

たいせつ
・ 3 本の 直線で かこまれた 形を、三角形 と いいます。
・ 4 本の 直線で かこまれた 形を、四角形 と いいます。

㋐の 形は [　　　] です。

㋑の 形は [　　　] です。

直線が
3本だから 三角形、
4本だから 四角形
と おぼえよう。

1 三角形と 四角形を 3つずつ 見つけて、㋐〜㋛で 答えましょう。

教科書 103ページ 1

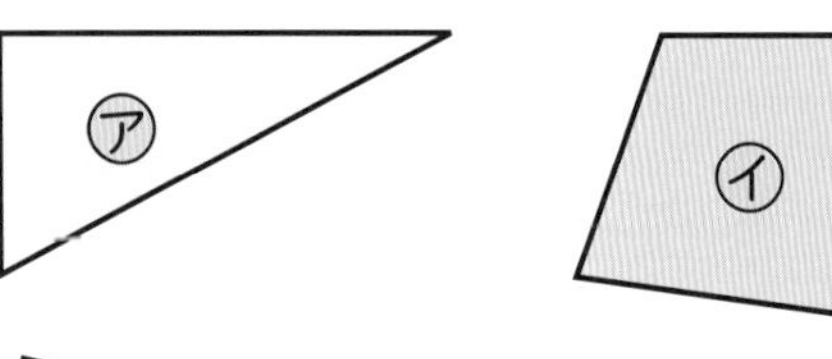
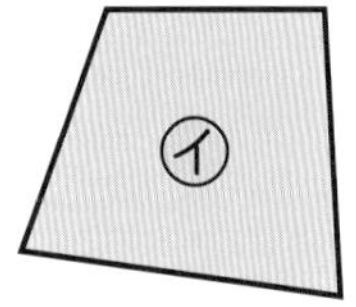

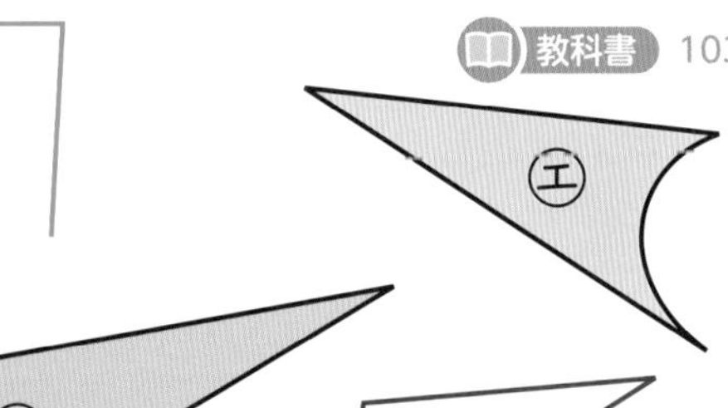
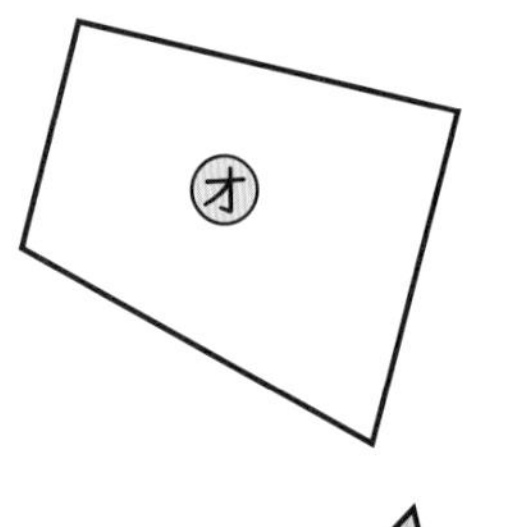
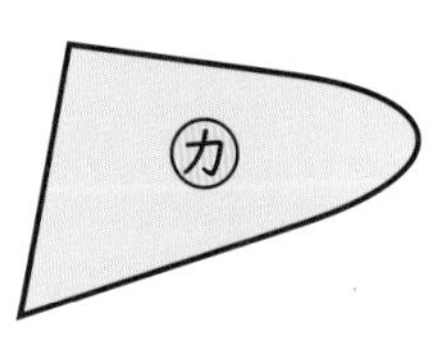
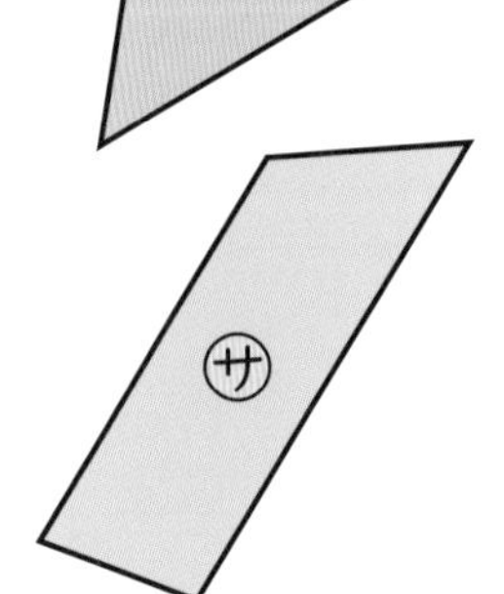

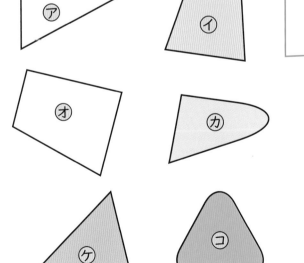

三角形…(　　)(　　)(　　)　四角形…(　　)(　　)(　　)

はってん さんすうはかせ
三角形は 3本の 直線で かこまれた 形、4本だと 四角形と いうよ。同じように、16本なら 十六角形、20本なら 二十角形と いうんだ。

きほん2 へんと ちょう点が わかりますか。

☆ 三角形、四角形には、へんと ちょう点(てん)が それぞれ いくつ ありますか。

たいせつ

・三角形や 四角形で 直線の ところを [へん] と いい、かどの 点を [ちょう点] と いいます。

直線の ところ

かどの 点

・三角形には へんが [ ] つ、ちょう点が [ ] つ あります。

・四角形には へんが [ ] つ、ちょう点が [ ] つ あります。

2 2つの へんを かきたして、三角形を かきましょう。 教科書 103ページ2

3 3つの へんを かきたして、四角形を かきましょう。 教科書 103ページ3

おうちのかたへ
三角形と四角形を学習します。何本の直線で囲まれているかによって、呼び名がかわることに着目しましょう。5本で五角形、6本で六角形、…となります。

べんきょうした 日　月　日

2 長方形と 正方形

きほんのワーク

もくひょう
長方形、正方形、直角三角形を知ろう。

おわったら シールを はろう

教科書 上 104～109ページ　答え 19ページ

きほん1 長方形と 正方形が わかりますか。

☆ ㋐、㋑の 四角形を 何と いいますか。

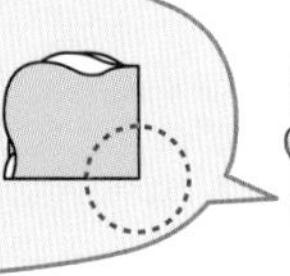

へりが かさなるように 紙を おった ときにできる かどの 形を **直角**というよ。

たいせつ

・4つの かどが、みんな 直角に なって いる 四角形を、長方形（ちょうほうけい） と いいます。

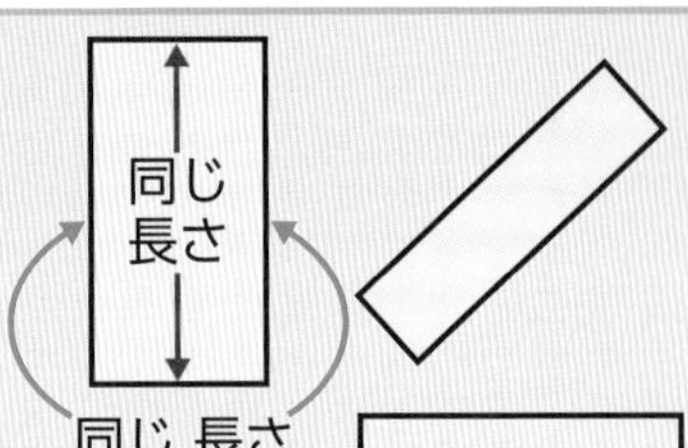

・4つの かどが みんな 直角で、4つの へんの 長さが みんな 同じに なって いる 四角形を、正方形（せいほうけい） と いいます。

㋐の 形は ＿＿＿ です。　㋑の 形は ＿＿＿ です。

1 直角を 2つ 見つけて、㋐～㋓で 答えましょう。

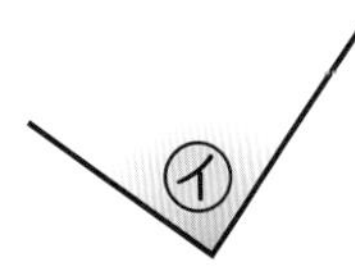

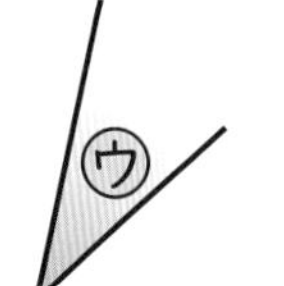

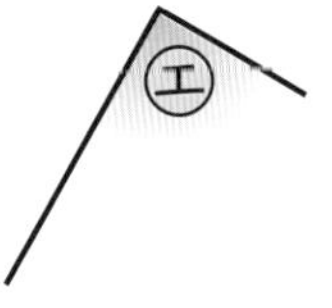

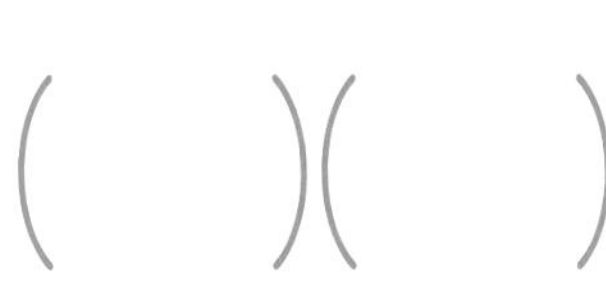

（　　）（　　）

2 正方形を 3つ 見つけて、㋐～㋘で 答えましょう。

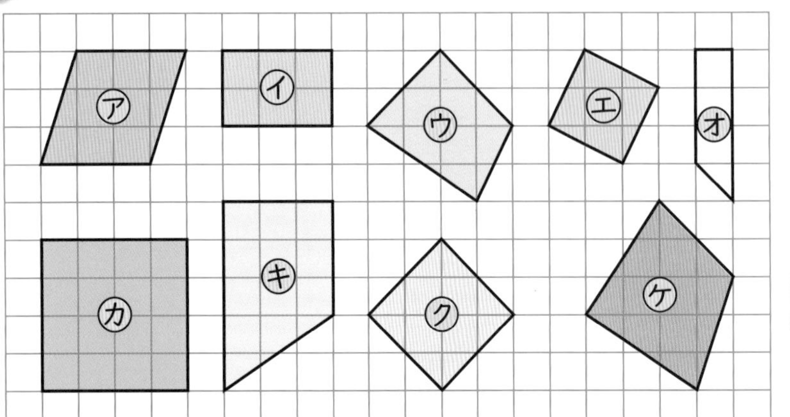

（　　）（　　）（　　）

コップや グラスの のみ口は どうして まるいのかな？ 四角や 三角の コップだと のむ ときに 口の よこから 水が こぼれて しまうよね。

きほん2 直角三角形が　わかりますか。

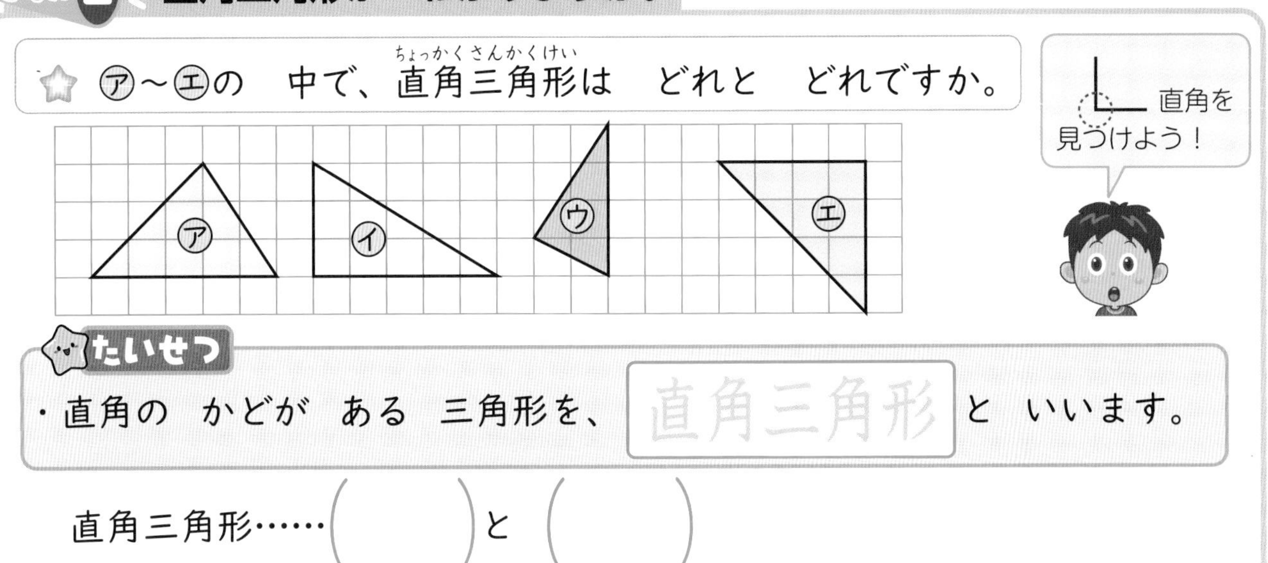

☆ ㋐～㋓の　中で、直角三角形は　どれと　どれですか。
㋐
㋑
㋒
㋓
直角を
見つけよう！
たいせつ
・直角の　かどが　ある　三角形を、直角三角形と　いいます。

直角三角形……（　　　）と（　　　）

3 右の　図の　中に　正方形と　直角三角形が　それぞれ　いくつ　ありますか。

教科書 108ページ5

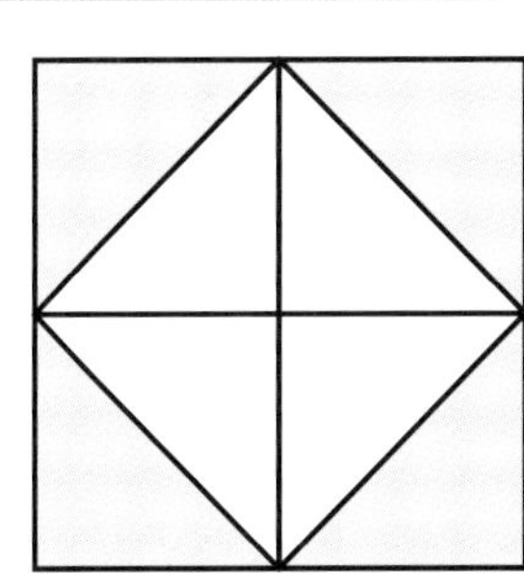

●正方形…（　　　）つ

●直角三角形…（　　　）

4 つぎの　形を　下の　方がん紙に　かきましょう。

教科書 109ページ5

❶ たて　2cm、よこ　4cmの　長方形
❷ 1つの　へんの　長さが　3cmの　正方形
❸ 2cmの　へんと　4cmの　へんの　間に、直角の　かどが　ある　直角三角形

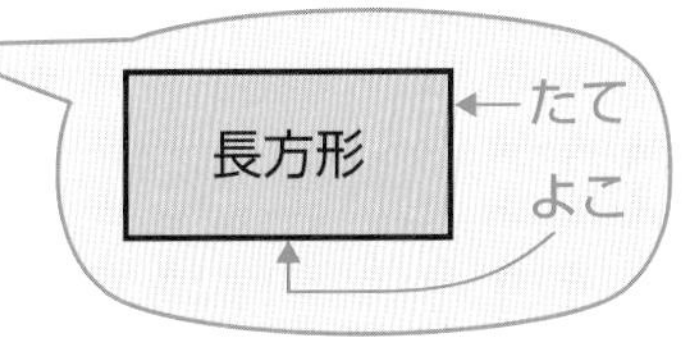

おうちのかたへ　直角の意味を知り、長方形、正方形、直角三角形を学習します。紙を折る、切る、…といった作業を行うことで、図形に親しみ、長方形の性質などを体得しましょう。

べんきょうした 日　　月　　日

教科書 ㊤100〜112ページ　答え 19ページ

できた 数　／13もん 中

おわったら シールを はろう

1 へんと ちょう点　□に あてはまる ことばや 数を 書きましょう。

❶

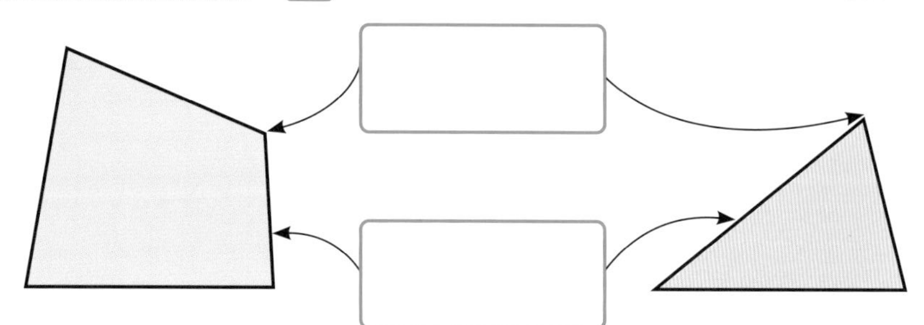

三角形と　四角形について　まとめよう。

❷ 三角形には　へんが □ つ、ちょう点が □ つ　あります。

❸ 四角形には　へんが □ つ、ちょう点が □ つ　あります。

2 長方形　右の　四角形は　長方形です。

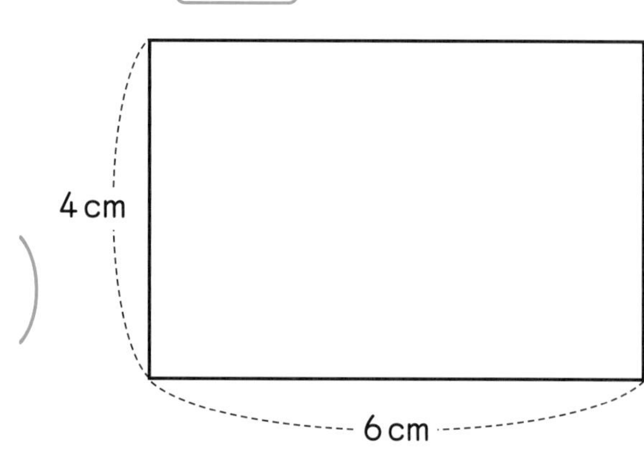

❶ すべての　直角の　かどに　○を　かきましょう。

❷ まわりの　長さは　何cmですか。

（　　　　）

❸ 直線を　１本　ひいて、２つの　直角三角形に　分けましょう。

3 正方形　右の　四角形は　正方形です。

❶❸

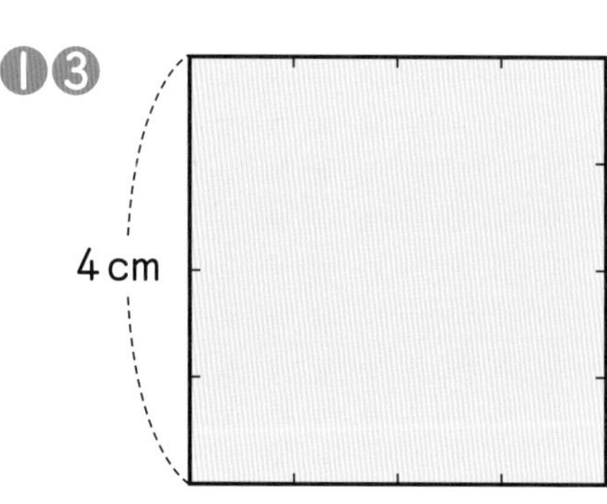

❶ すべての　直角の　かどに　○を　かきましょう。

❷ まわりの　長さは　何cmですか。

❸ 直線を　１本　ひいて、大きさの　同じ　２つの　長方形に　分けましょう。

❹

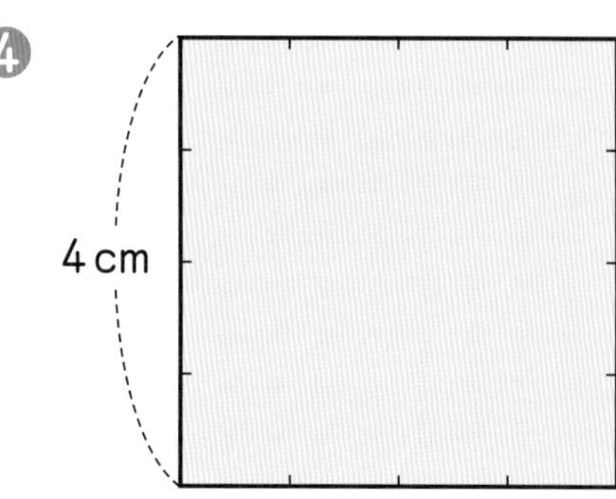

❹ 直線を　２本　ひいて、２つの　正方形と　２つの　長方形を　つくりましょう。

できるナビ　長方形は、４つの　かどが　みんな　直角です。
正方形は、４つの　かどが　みんな　直角で、４つの　へんの　長さが　みんな　同じです。

まとめのテスト

とく点　　/100点

おわったら シールを はろう

教科書 ㊤ 100〜112ページ

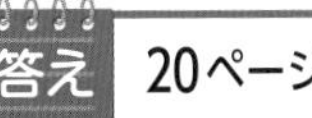

答え 20ページ

1 つぎの 形(かたち)を 何と いいますか。　1つ10〔30点〕

❶ 4つの かどが、みんな 直角に なって いる 四角形　(　　　)

❷ 直角の かどが ある 三角形　(　　　)

❸ 4つの かどが みんな 直角で、4つの へんの 長さが みんな 同じに なって いる 四角形　(　　　)

2 よく出る 正方形、直角三角形は どれですか。㋐〜㋘で 答(こた)えましょう。　1つ10〔40点〕

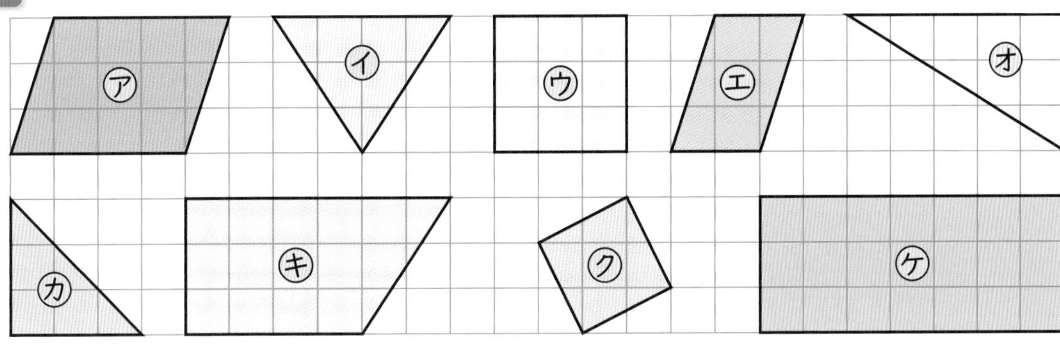

正方形(　　　)と(　　　)　直角三角形(　　　)と(　　　)

3 つぎの 形を 下の 方(ほう)がん紙(し)に かきましょう。　1つ10〔30点〕

❶ たて 3cm、よこ 4cmの 長方形

❷ 1つの へんの 長さが 2cmの 正方形

❸ 3cmの へんと 5cmの へんの 間(あいだ)に、直角の かどが ある 直角三角形

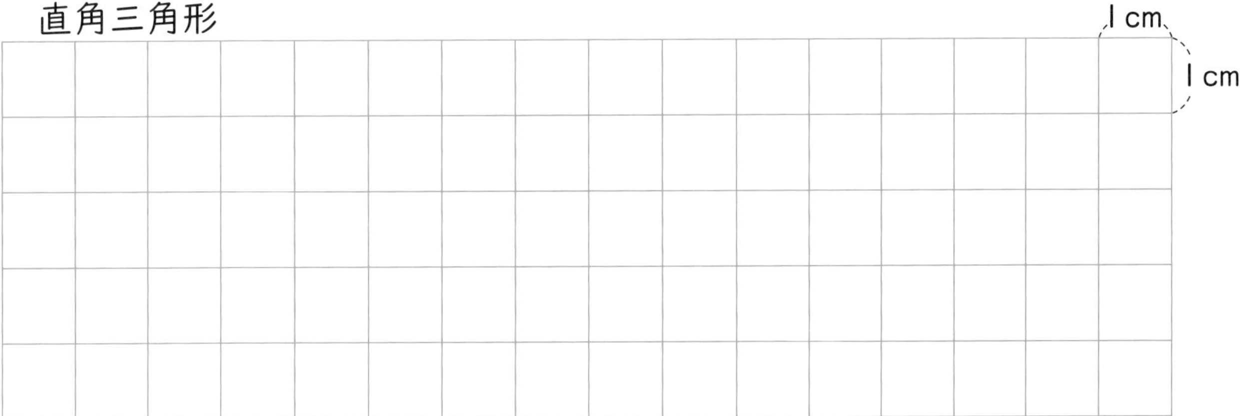

チェック✓
□ 三角形や 四角形の ちょう点の 数や へんの 数が いえるかな？
□ 長方形、正方形、直角三角形の とくちょうが いえるかな？

べんきょうした 日　月　日

[1] かけ算
[2] 5のだん、2のだんの 九九

もくひょう
かけ算の しきに 書くことや、5のだん、2のだんの 九九を 知ろう。

おわったら シールを はろう

きほんのワーク

教科書 下 2～16ページ　答え 20ページ

きほん1 かけ算の しきに 書く ことが できますか。

☆ みかんは ぜんぶで 何こ ありますか。
□と ○に あてはまる 数を 書きましょう。

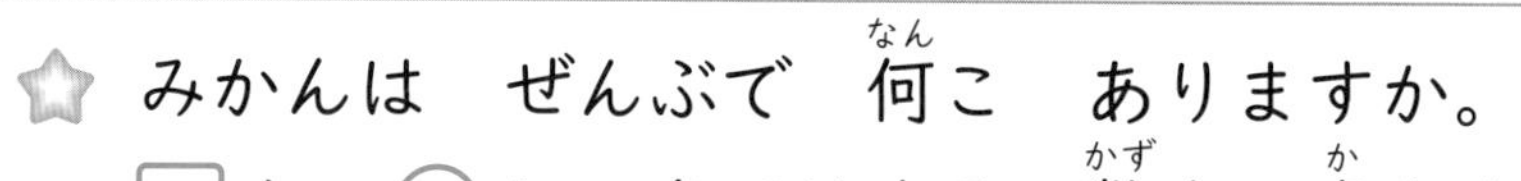

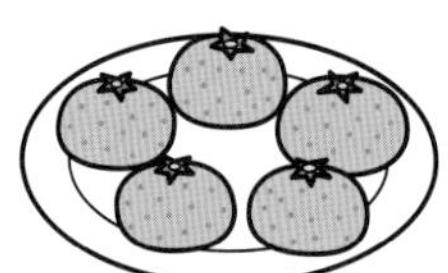

❶ 1さらに [5] こずつの ○ さら分で 20こ。

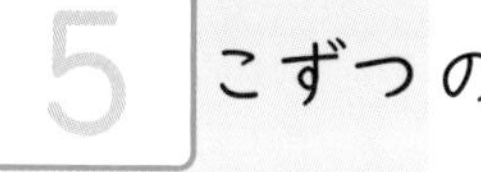
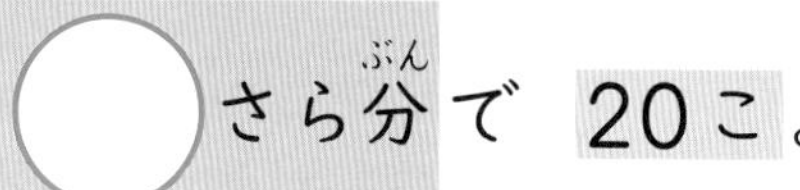

❷ □ × ○ ＝ [20]

1つ分の 数　いくつ分　ぜんぶの 数

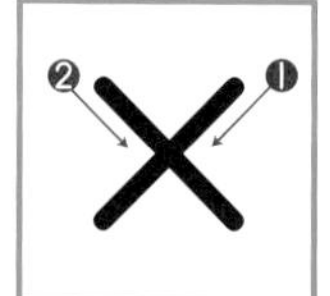

5×4のような 計算を、**かけ算**と いうよ。

❸ 5×4の 答えは、5＋5＋□＋□＝20で もとめられます。

5が 4こだね。

1 かけ算の しきに 書きましょう。　教科書 8ページ⚠1

❶

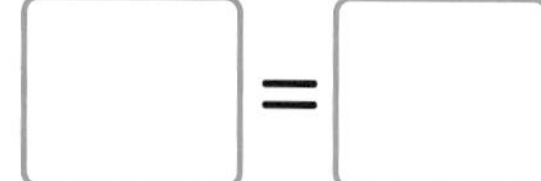

□ × □ ＝ □

❷
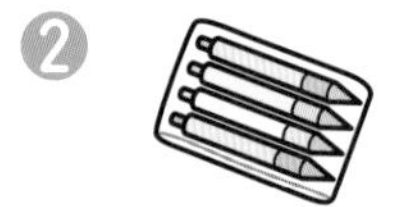
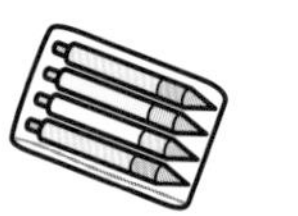

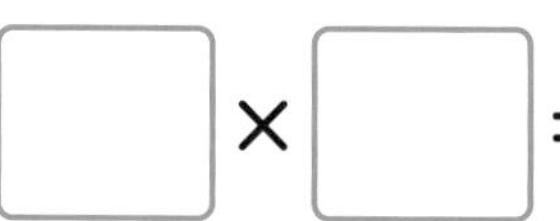

□ × □ ＝ □

2 かけ算の しきに 書いて、答えを もとめましょう。　教科書 10ページ⚠3⚠4

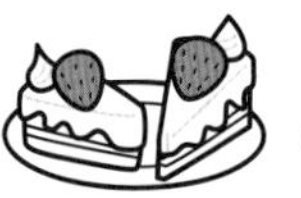

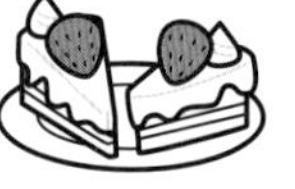

答えは たし算で もとめられるね。

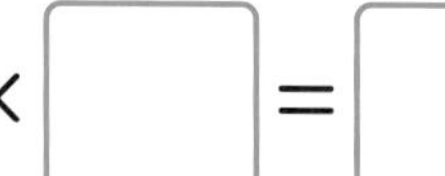

しき □ × □ ＝ □　答え（　　）

3 4cmの 2ばいの 長さは 何cmですか。　教科書 11ページ3

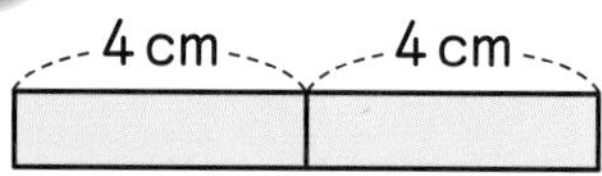

しき　答え（　　）

「×」の 記ごうは イギリスの 数学しゃ オートレッドが つかいはじめたと いわれて いるよ。キリスト教の 十字かを ななめに したとも いわれて いるんだ。

きほん2 5のだん、2のだんの　九九を　おぼえましたか。

☆ かけ算の　しきに　書きましょう。

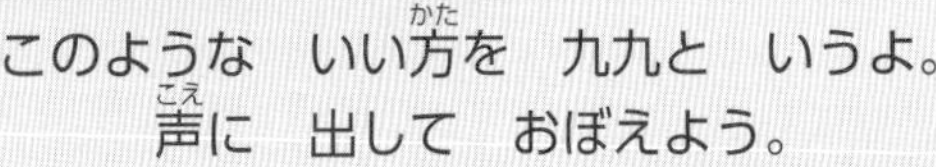

このような　いい方(かた)を　九九と　いうよ。
声(こえ)に　出して　おぼえよう。

❶ 

の　8はこ分

□ × □ = □

1つ分の 数　いくつ分　ぜんぶの 数

❷ 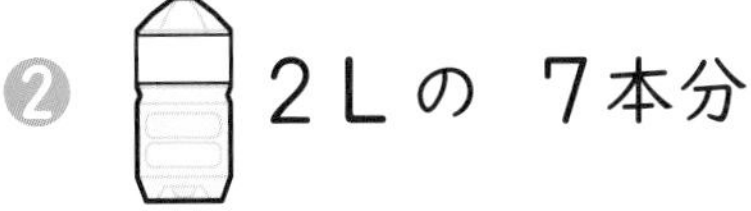
2Lの　7本分

□ × □ = □

5のだん		2のだん	
五一が（ごいち）	5（ご）	二一が（にいち）	2（に）
五二（ごに）	10（じゅう）	二二が（ににん）	4（し）
五三（ごさん）	15（じゅうご）	二三が（にさん）	6（ろく）
五四（ごし）	20（にじゅう）	二四が（にし）	8（はち）
五五（ごご）	25（にじゅうご）	二五（にご）	10（じゅう）
五六（ごろく）	30（さんじゅう）	二六（にろく）	12（じゅうに）
五七（ごしち）	35（さんじゅうご）	二七（にしち）	14（じゅうし）
五八（ごは）	40（しじゅう）	二八（にはち）	16（じゅうろく）
五九（ごっく）	45（しじゅうご）	二九（にく）	18（じゅうはち）

4 かけ算を　しましょう。

教科書 14ページ2 16ページ4

❶ 5×7　❷ 2×4　❸ 5×3

❹ 2×6　❺ 5×2　❻ 2×9

❼ 5×6　❽ 2×5　❾ 5×8

5 ドーナツが　5こずつ　入った　はこが、5はこ　あります。ドーナツは、ぜんぶで　何こ　ありますか。

教科書 14ページ1

しき

答え（　　　）

6 2こで　1パックに　なって　いる　プリンを、6パック　買(か)いました。

教科書 16ページ3

❶ プリンは、ぜんぶで　何こ　ありますか。

しき

答え（　　　）

❷ もう　1パック　買うと、プリンは　何こ　ふえますか。
また、ぜんぶで　何こに　なりますか。

（　　　）こ　ふえる。ぜんぶで（　　　）こ。

おうちのかたへ　かけ算の式に表すことを学習します。（1つ分の数）×（いくつ分）＝（全部の数）と考えられることをしっかりと押さえましょう。5の段、2の段の九九から学習をはじめます。

べんきょうした 日　月　日

③ 3のだん、4のだんの 九九

もくひょう
3のだん、4のだんの九九を おぼえよう。

おわったら シールを はろう

きほんのワーク

教科書 ㊦17～20ページ　答え 20ページ

きほん1 3のだんの 九九を おぼえましたか。

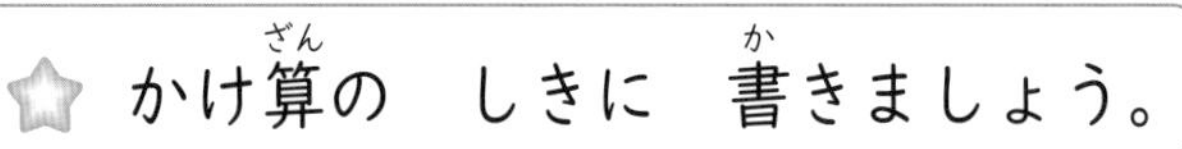

声(こえ)に 出して おぼえよう。

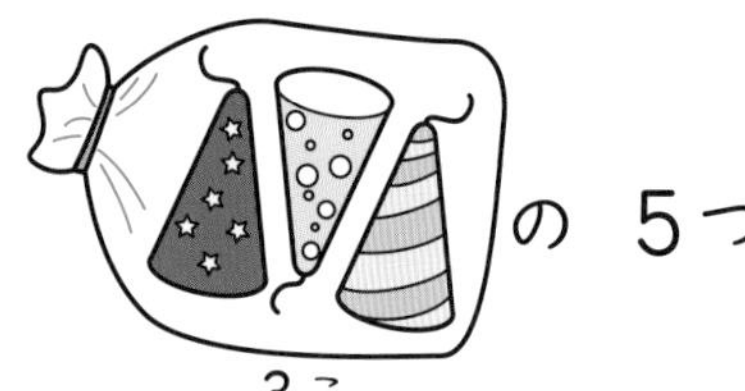

の 5つ分(ぶん)

3×5の しきで、

3を かけられる数 と いい、

5を かける数 と いいます。

3×1＝ 3	三一(さんいち)が 3(さん)
3×2＝ 6	三二(さんに)が 6(ろく)
3×3＝ 9	三三(さざん)が 9(く)
3×4＝12	三四(さんし) 12(じゅうに)
3×5＝15	三五(さんご) 15(じゅうご)
3×6＝18	三六(さぶろく) 18(じゅうはち)
3×7＝21	三七(さんしち) 21(にじゅういち)
3×8＝24	三八(さんぱ) 24(にじゅうし)
3×9＝27	三九(さんく) 27(にじゅうしち)

1 かけ算を しましょう。　教科書 18ページ2

❶ 3×8　❷ 3×1　❸ 3×6

❹ 3×2　❺ 3×4　❻ 3×9

❼ 3×7　❽ 3×3　❾ 3×5

2 えんぴつを 1人(ひとり)に 3本ずつ、8人に くばります。　教科書 18ページ⚠1

❶ えんぴつは 何本(なんぼん) いりますか。

しき　答(こた)え（　　　）

❷ 1人 ふえて、9人に くばる ことに しました。
えんぴつは ぜんぶで 何本 いりますか。

しき　答え（　　　）

九九は むかし(奈良時代(ならじだい)) 中国(ちゅうごく)から つたえられたよ。中国から つたわった ときに 九九81から じゅんに となえたから 「九九」と いわれるように なったんだ。

きほん2 4のだんの　九九を　おぼえましたか。

☆ かけ算の　しきに　書きましょう。

の　3グループ分

□ × □ = □

1つ分の 数　いくつ分　ぜんぶの 数

4のだんの　九九では、
かけ る数が　1　ふえると、
答えは  ふえます。

声に　出して　おぼえよう。

4×1＝　4	四一（しいち）が　4（し）
4×2＝　8	四二（しに）が　8（はち）
4×3＝12	四三（しさん）　12（じゅうに）
4×4＝16	四四（しし）　16（じゅうろく）
4×5＝20	四五（しご）　20（にじゅう）
4×6＝24	四六（しろく）　24（にじゅうし）
4×7＝28	四七（ししち）　28（にじゅうはち）
4×8＝32	四八（しは）　32（さんじゅうに）
4×9＝36	四九（しく）　36（さんじゅうろく）

3 かけ算を　しましょう。　教科書 20ページ4

1. 4×3　　2. 4×5　　3. 4×8
4. 4×6　　5. 4×2　　6. 4×9
7. 4×4　　8. 4×7　　9. 4×1

4 1はこ　4こ入りの　ケーキが　7はこ　あります。　教科書 20ページ3

1. ケーキは　何こ　ありますか。

しき　　　　答え（　　　）

2. はこが　1はこ　ふえると、ケーキは　何こ　ふえますか。

（　　　）

5 □に　あてはまる　数を　書きましょう。　教科書 20ページ4

1. 4×2と　答えが　同（おな）じに　なる、2のだんの　九九は
2×□です。

2. 4×5と　答えが　同じに　なる、5のだんの　九九は
5×□です。

おうちのかたへ　3の段、4の段の九九の学習を通して、かける数が1増えると、答えはかけられる数だけ増えることを学びます。また、1つ分の数は何かをきちんととらえるようにしましょう。

べんきょうした 日 月 日

れんしゅうのワーク

教科書 下 2～26ページ　答え 21ページ

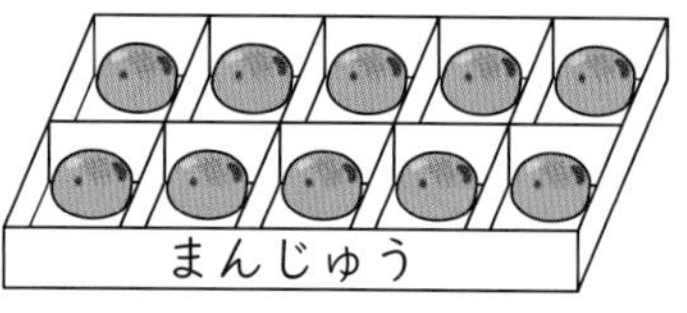

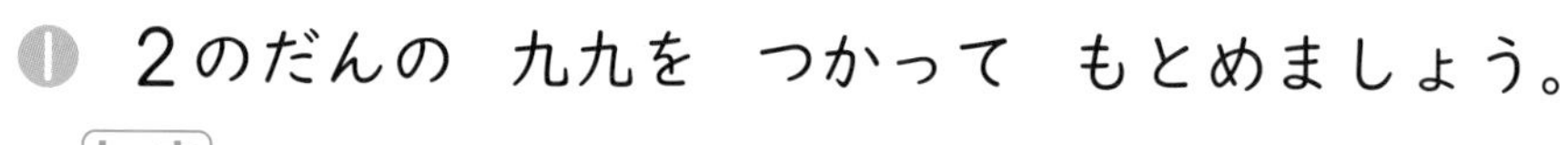

1 5のだん、2のだんの 九九　おまんじゅうは 何こ ありますか。

まんじゅう

❶ 2のだんの 九九を つかって もとめましょう。

しき

答え（　　）

❷ 5のだんの 九九を つかって もとめましょう。

しき

答え（　　）

2 3のだん、4のだんの 九九　◎の 数を かけ算で もとめます。しきを 2とおり 書きましょう。

しき ・

・

答え（　　）

3 かけ算の きまり　□に あてはまる 数を 書きましょう。

❶ 4のだんの 九九の 答えは、□ずつ ふえます。

❷ 4×5の 答えは、4×□の 答えより 4 ふえます。また、4×5の 答えは、4×□の 答えより 4 へります。

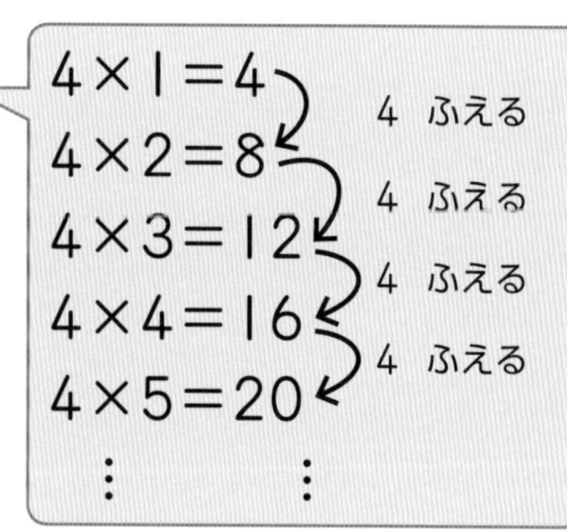

4 まわりの 長さ　1つの へんの 長さが 5cmの 正方形の、まわりの 長さは 何cmですか。

しき

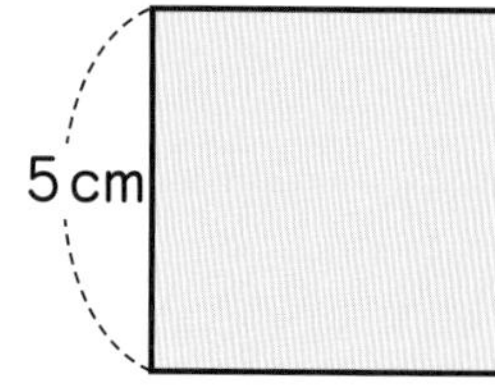

答え（　　）

できるナビ
❷かけられる数と かける数を 入れかえても、答えは 同じに なって いるね。
❸かける数が 1 ふえると、答えは かけられる数だけ ふえて いるね。

まとめのテスト

とく点　　/100点

おわったら シールを はろう

教科書 下2～26ページ　答え 22ページ

1 よく出る かけ算を　しましょう。　　1つ5〔45点〕

❶ 4×6　　❷ 3×8　　❸ 2×9

❹ 5×2　　❺ 2×4　　❻ 4×7

❼ 4×4　　❽ 5×9　　❾ 3×5

2 □に　あてはまる　数を　書きましょう。　　1つ5〔20点〕

❶ 3のだんの　九九の　答えは、□ずつ　ふえます。

❷ 5×7の　答えは、5×6の　答えより　□　ふえます。

❸ 2cmの　8つ分(ぶん)の　ことを、2cmの　□ばいと　いいます。

❹ 4cmの　9ばいの　長さは　□cmです。

3 色紙(いろがみ)を　1人(ひとり)に　4まいずつ、6人に　くばります。　　1つ5〔20点〕

❶ 色紙は　何まい　いりますか。

しき　　　　答え（　　　　）

❷ 1人　ふえて、7人に　くばる　ことに　なりました。色紙は、あと何まい　いりますか。また、ぜんぶで　何まい　いりますか。

あと（　　　　）まい、ぜんぶで（　　　　）まい

4 長いすが　7つ　あります。1つの　長いすに　5人ずつ　すわると、みんなで　何人　すわれますか。　　しき10、答え5〔15点〕

しき　　　　答え（　　　　）

ふろくの「計算れんしゅうノート」18～19ページをやろう！

□5、2、3、4のだんの　九九を　ぜんぶ　いえるかな？
□かけ算の　しきを　書く　ことが　できるかな？

1 6のだん、7のだんの 九九

もくひょう
6のだん、7のだんの九九を おぼえよう。

おわったら シールを はろう

教科書 ㊦27～30ページ　答え 22ページ

きほん1 6のだんの 九九を つくる ことが できますか。

☆ 6のだんの 九九を、くふうして つくりましょう。

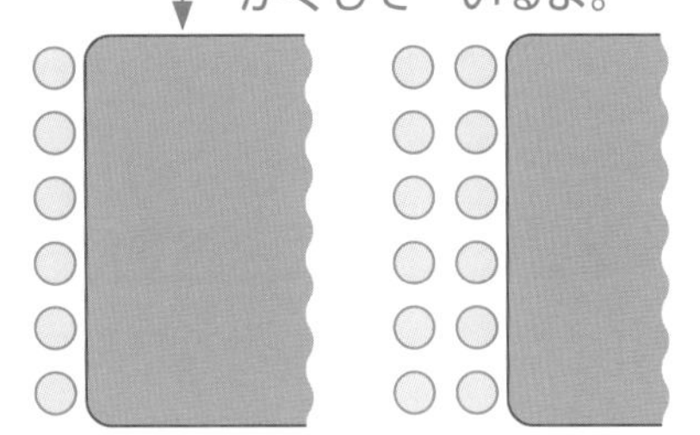

6×1＝6
　6 ふえる
6×2＝12 ・・・・・ 6＋6
　6 ふえる
6×3＝18 ・・・・・ 12＋6
　6 ふえる
6×4＝□ ・・・・・ 18＋6
⋮　　　　　　⋮

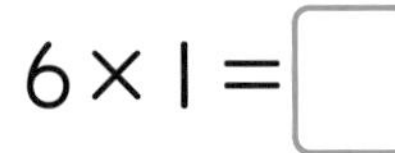
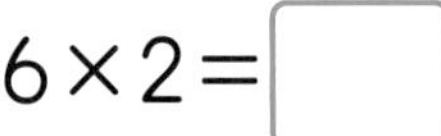
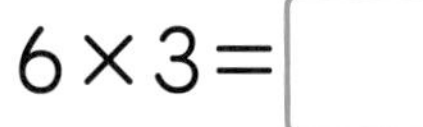
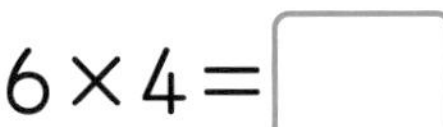
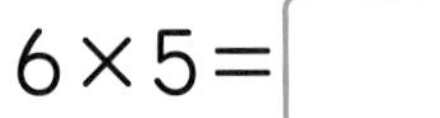

6×1＝□
6×2＝□
6×3＝□
6×4＝□
6×5＝□
6×6＝□
6×7＝□
6×8＝□
6×9＝□

六一(ろくいち)が	6(ろく)
六二(ろくに)	12(じゅうに)
六三(ろくさん)	18(じゅうはち)
六四(ろくし)	24(にじゅうし)
六五(ろくご)	30(さんじゅう)
六六(ろくろく)	36(さんじゅうろく)
六七(ろくしち)	42(しじゅうに)
六八(ろくは)	48(しじゅうはち)
六九(ろっく)	54(ごじゅうし)

1 □に あてはまる 数(かず)を 書(か)きましょう。

❶ 6×3＝□×6
答(こた)えが 18に なる 九九は？

❷ 6×5＝□

□×5＝20
□×5＝10

2 ケーキの 入った はこが 4はこ あります。
ケーキは、1はこに 6こ 入って います。

教科書 28ページ⚠1

❶ ケーキは、ぜんぶで 何(なん)こ ありますか。

しき

答え（　　　）

❷ もう 1はこ ふえると、ケーキは 何こ ふえますか。

（　　　）

さんすうはかせ 九九には 「二二(ににん)が 4」のように、間(あいだ)に 「が」を 入れる ときと 入れない ときが あるよね。「が」を 入れるのは、答えが 1けたの ときだよ。

きほん2　7のだんの　九九を　つくる　ことが　できますか。

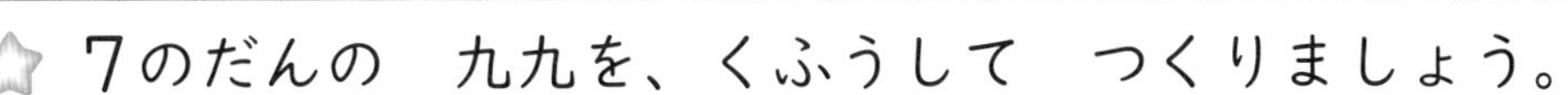

☆ 7のだんの　九九を、くふうして　つくりましょう。

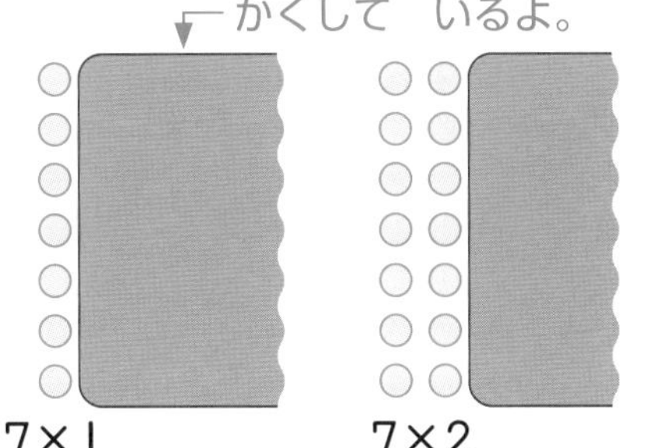

7×1＝7
　7　ふえる
7×2＝14 ……… 7＋7
　7　ふえる
7×3＝21 ……… 14＋7
　7　ふえる
7×4＝□ ……… 21＋7
⋮　　　　　⋮

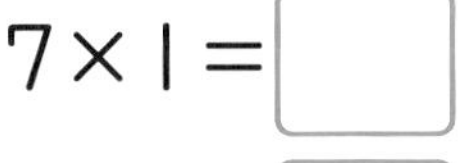

7×1＝□

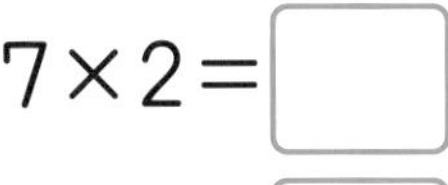

7×2＝□
7×3＝□
7×4＝□
7×5＝□
7×6＝□
7×7＝□
7×8＝□
7×9＝□

七一（しちいち）が	7（しち）
七二（しちに）	14（じゅうし）
七三（しちさん）	21（にじゅういち）
七四（しちし）	28（にじゅうはち）
七五（しちご）	35（さんじゅうご）
七六（しちろく）	42（しじゅうに）
七七（しちしち）	49（しじゅうく）
七八（しちは）	56（ごじゅうろく）
七九（しちく）	63（ろくじゅうさん）

3 □に　あてはまる　数を　書きましょう。　教科書 30ページ4

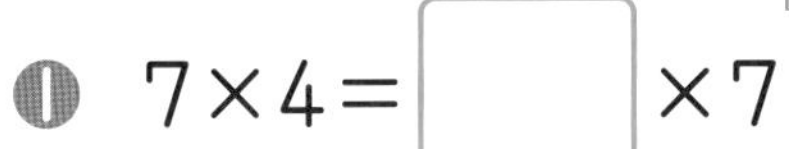

❶ 7×4＝□×7
　（答えが　28に　なる　九九は？）

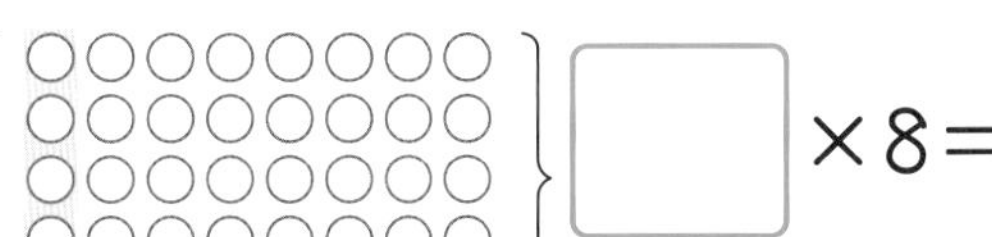

❷ 7×8＝□　□×8＝40　□×8＝16

4 7cmの　リボンの　3ばいの　長（なが）さは、何cmですか。　教科書 30ページ2

7cm

しき

答え（　　　）

5 えんぴつを、7本ずつ　5人に　くばります。
えんぴつは、ぜんぶで　何本　いりますか。

教科書 30ページ3

しき

答え（　　　）

おうちのかたへ
6の段、7の段の九九を学習します。2年生の多くがつまずくのが7の段の九九といわれています。声に出して、何度もいうことで、自然に身につくようにしましょう。

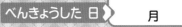

2 8のだん、9のだん、1のだんの 九九

きほんのワーク

もくひょう
8のだん、9のだん、1のだんの 九九を おぼえよう。

おわったら シールを はろう

教科書 下 31～35ページ　答え 22ページ

きほん1 8のだん、9のだんの 九九を つくる ことが できますか。

☆ 8のだん、9のだんの 九九を つくりましょう。

声(こえ)に 出して おぼえよう。

8×1=□
8×2=□
8×3=□
8×4=□
8×5=□
8×6=□
8×7=□
8×8=□
8×9=□

八一が（はちいち）	8（はち）
八二（はちに）	16（じゅうろく）
八三（はちさん）	24（にじゅうし）
八四（はちし）	32（さんじゅうに）
八五（はちご）	40（しじゅう）
八六（はちろく）	48（しじゅうはち）
八七（はちしち）	56（ごじゅうろく）
八八（はっぱ）	64（ろくじゅうし）
八九（はっく）	72（しちじゅうに）

9×1=□
9×2=□
9×3=□
9×4=□
9×5=□
9×6=□
9×7=□
9×8=□
9×9=□

九一が（くいち）	9（く）
九二（くに）	18（じゅうはち）
九三（くさん）	27（にじゅうしち）
九四（くし）	36（さんじゅうろく）
九五（くご）	45（しじゅうご）
九六（くろく）	54（ごじゅうし）
九七（くしち）	63（ろくじゅうさん）
九八（くは）	72（しちじゅうに）
九九（くく）	81（はちじゅういち）

1 8cmの 紙(かみ)テープの 3ばいの 長(なが)さは、何(なん)cmですか。 教科書 32ページ2

8cm

しき

答(こた)え（　　）

2 1はこ 9こ入りの おかしが 6はこでは、おかしは 何こですか。

教科書 34ページ3

しき

答え（　　）

3 8つの チームで やきゅうを します。1チームは 9人です。みんなで 何人 いますか。 教科書 34ページ4

しき

答え（　　）

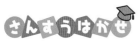

さんすうはかせ　9のだんの 九九の 答えは、一のくらいの 数(かず)と 十のくらいの 数を たすと、ぜんぶ 9に なるよ。9、1+8=9、2+7=9、3+6=9、… たしかめて ごらん。

きほん2 1のだんの　九九を　つくる　ことが　できますか。

☆ いちごと　プリンの　数を　しらべましょう。

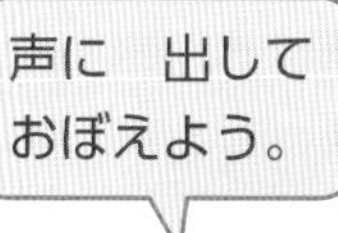

❶ いちごの　数を　もとめる　しきを　書(か)きましょう。

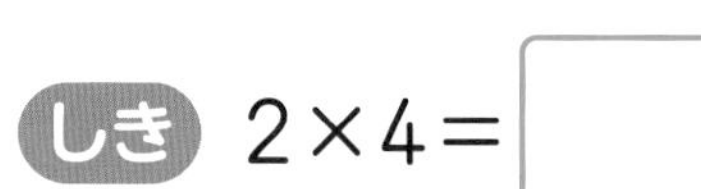

しき　2×4=□

答え　8こ

❷ プリンの　数を　もとめる　しきを　書きましょう。

しき　□×4=□

1のだんの　九九だね。

答え　4こ

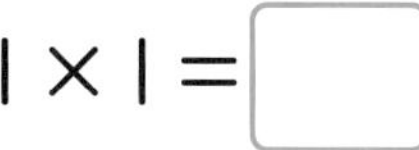

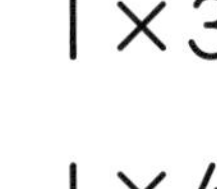

1×1=□
1×2=□
1×3=□
1×4=□
1×5=□
1×6=□
1×7=□
1×8=□
1×9=□

一一(いんいち)が	1(いち)
一二(いんに)が	2(に)
一三(いんさん)が	3(さん)
一四(いんし)が	4(し)
一五(いんご)が	5(ご)
一六(いんろく)が	6(ろく)
一七(いんしち)が	7(しち)
一八(いんはち)が	8(はち)
一九(いんく)が	9(く)

4 ／と　●と　🍤の　数を　しらべましょう。

教科書　35ページ5

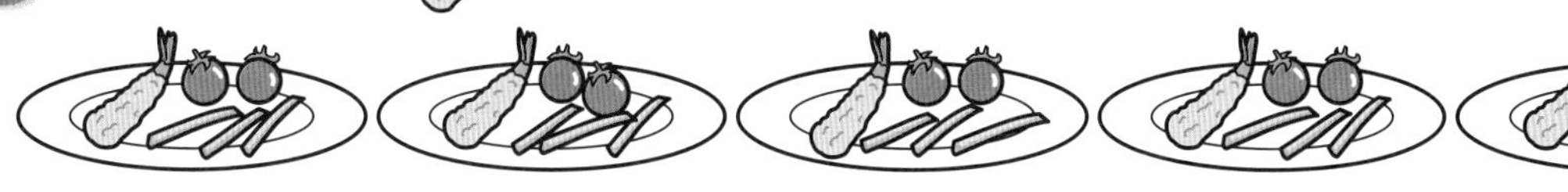

❶ ／は　何こ　ありますか。

しき　　　　答え（　　　）

❷ ●は　何こ　ありますか。

しき　　　　答え（　　　）

❸ 🍤は　何こ　ありますか。

しき　　　　答え（　　　）

5 ゆいさんは、1週間(しゅうかん)に　1さつずつ　本を　読(よ)んで　います。4週間では、何さつ　読む　ことに　なりますか。

教科書　35ページ5

しき　　　　答え（　　　）

おうちのかたへ　8の段、9の段、1の段の九九を学習します。8の段、9の段の九九はやや覚えにくいので、何度も練習しましょう。1の段の意味もしっかり押さえましょう。

べんきょうした 日　月　日

3 九九の ひょうと きまり [その1]

もくひょう 九九の ひょうを つくって、きまりを まとめよう。

おわったら シールを はろう

きほんのワーク

教科書 下 37～38ページ　答え 23ページ

きほん 1 九九の ひょうを つくる ことが できますか。

☆ あいて いる ところを うめて、九九の ひょうを かんせいさせましょう。

かける数 →　かけられる数 ↓

	1	2	3	4	5	6	7	8	9
1	1	2	3	4	5	6	7	8	9
2	2	4	6	8	10		14	16	18
3		6	9		15	18	21		27
4	4	8		16		24			
5	5	10	15	20			35		45
6	6	12			30				54
7		14					49		
8	8	16		32		48			72
9	9		27		45				81

3のだんでは、かける数が 1 ふえると、答えは 3 ふえるね。ほかの だんでは どうなのかな？

2×3の 答えと 3×2の 答えは、同じに なるね。

たいせつ

① かける数が 1 ふえると、答えは [かけられる数] だけ ふえます。

$3\times8=3\times7+\square$

かけられる数		かける数		答え
3	×	7	=	21
		1 ふえる → ↓		↓
3	×	8	=	24

② かけられる数と [かける数] を 入れかえて 計算しても、答えは 同じに なります。

$3\times4=4\times\square$

3×4　4×3

さんすうはかせ　かけ算九九の ひょうの 中に 1回しか 出て こない 数を さがして みよう。見つかったかな？ 1、25、49、64、81の 5つだね。

1 □に あてはまる 数を 書きましょう。

❶ 4×7＝4×6＋□　　❷ 8×5＝8×4＋□

❸ 5×9＝9×□　　❹ 7×3＝3×□

きほん2 九九の ひょうを 正しく 見る ことが できますか。

☆ 右の 九九の ひょうを 見て、答えましょう。

❶ 4のだんの 九九に 色を ぬりましょう。

❷ 5×4の 答えを ○で かこみましょう。

❸ 答えが 12に なって いる ところを △で かこみましょう。

かける数（横）／かけられる数（縦）

	1	2	3	4	5	6	7	8	9
1	1	2	3	4	5	6	7	8	9
2	2	4	6	8	10	12	14	16	18
3	3	6	9	12	15	18	21	24	27
4	4	8	12	16	20	24	28	32	36
5	5	10	15	20	25	30	35	40	45
6	6	12	18	24	30	36	42	48	54
7	7	14	21	28	35	42	49	56	63
8	8	16	24	32	40	48	56	64	72
9	9	18	27	36	45	54	63	72	81

2 答えが 下の 数に なる 九九を ぜんぶ 見つけましょう。 教科書 38ページ2

❶ 8 （　　　）

❷ 15 （　　　）

❸ 18 （　　　）

❹ 36 （　　　）

❺ 56 （　　　）

3 3のだんの 答えと 4のだんの 答えを たすと、何のだんの 答えに なりますか。 教科書 37ページ1

（　　　）

おうちのかたへ　九九の表をまとめながら、九九のきまりを押さえましょう。九九の表を見て、気づいたことを自由に言ってみると良いでしょう。

べんきょうした 日 月 日

3 九九の ひょうと きまり [その2]
4 ばいと かけ算

きほんのワーク

もくひょう
九九の ひょうを 広げよう。ばいの 長さを 考えよう。

おわったら シールを はろう

教科書 下 39～40ページ 答え 24ページ

きほん1 九九の ひょうを 広げる ことが できますか。

☆ 右の 九九の ひょうを 見て、答えましょう。

かける数 / かけられる数

	1	2	3	4	5	6	7	8	9	10	11	12
1	1	2	3	4	5	6	7	8	9			
2	2	4	6	8	10	12	14	16	18			
3	3	6	9	12	15	18	21	24	27		㋐	
4	4	8	12	16	20	24	28	32	36			㋒
5	5	10	15	20	25	30	35	40	45			
6	6	12	18	24	30	36	42	48	54			
7	7	14	21	28	35	42	49	56	63			
8	8	16	24	32	40	48	56	64	72			
9	9	18	27	36	45	54	63	72	81			
10												
11			㋑									
12				㋓								

10のだん
11のだん
12のだんも
できるかな。

❶ ㋐に 入る 数は □×□ と あらわせます。

❷ ㋐に 入る 数を もとめると、□ に なります。

❸ ㋑に 入る 数は □×□ と あらわせます。

❹ □×11＝11×□ だから、
㋐に 入る 数と ㋑に 入る 数は、同じに なります。

❺ ㋑に 入る 数は □ に なります。

さんすうはかせ かけ算九九の ひょうの 中で よく 出て くる 数は 6、8、12、18、24で、5つとも 4回ずつ 出て くるよ。たしかめて ごらん。

1 左の　九九の　ひょうを　見て、答えましょう。　教科書 39ページ2

❶ ㋒に　入る　数を　もとめましょう。　（　　）

❷ ㋓に　入る　数を　もとめましょう。　（　　）

きほん2　ばいの　長さが　わかりますか。

☆ ㋐、㋑の　テープの　3ばいの　長さに、それぞれ　色を　ぬりましょう。

㋐

㋑

3ばいは
3つ分って
ことだね。

2 きほん2 の　㋐の　テープの　長さは　2cm、㋑の　テープの　長さは　3cmです。色を　ぬった　ところの　長さは、それぞれ　何cmですか。

❶ ㋐の　テープの　3ばいの　長さ　教科書 40ページ1

しき

答え　□ cm

❷ ㋑の　テープの　3ばいの　長さ

しき

答え　□ cm

3 下の　図を　見て　答えましょう。　教科書 40ページ⚠1

㋒
㋓
㋔
㋕
㋖

❶ ㋒の　5ばいの　長さの　テープは　どれですか。　（　　）

❷ ㋓の　5ばいの　長さの　テープは　どれですか。　（　　）

おうちのかたへ
10以上の数を含むかけ算を、九九を使って考えます。
また、倍の長さをとりあげ、倍もかけ算で求められることを学びます。

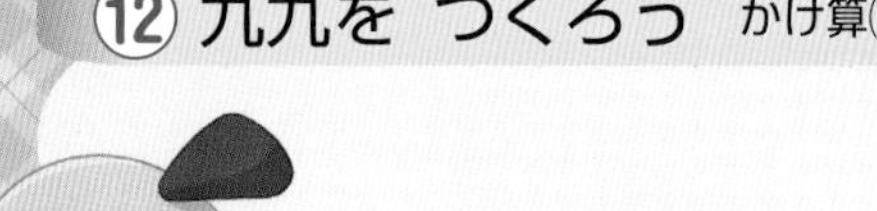

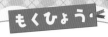

べんきょうした 日　月　日

5 もんだい

きほんのワーク

もくひょう
いろいろな もとめ方を くふうしよう。

おわったら シールを はろう

教科書 下 41～43ページ　答え 24ページ

きほん1 もとめ方を くふうする ことが できますか。

☆ はこの 中の おまんじゅうは、ぜんぶで 何こ ありますか。

❶ 9この 5つ分と 考えて しきを 書きましょう。

しき

❷ 5この 9つ分と 考えて しきを 書きましょう。

しき

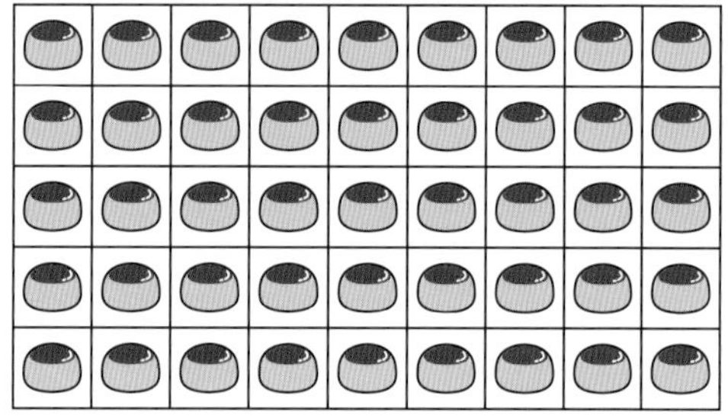

答え 45こ

1 ●の 数の もとめ方を 考えて います。考え方と あう しきを えらんで、線で むすびましょう。

教科書 41ページ1

㋐

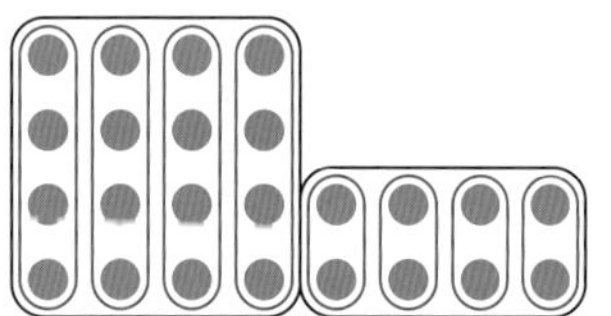

㋑

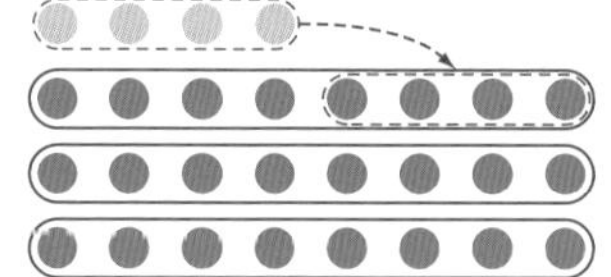

㋒

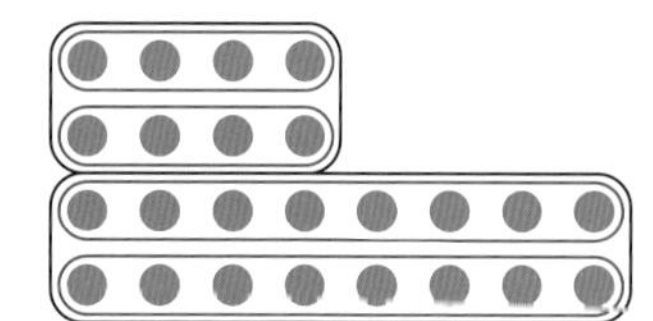

8×3=24	4×2=8、8×2=16 8+16=24	4×4=16、2×4=8 16+8=24

2 ●の 数を くふうして もとめましょう。

教科書 43ページ⚠1

しき

答え（　　　）

おうちのかたへ
縦1列の何列分、横1段の何段分というように、数を入れかえて計算したり、●の数を工夫して求めたりすることで、多面的な考え方を身につけましょう。

べんきょうした 日　　月　　日

まとめのテスト

とく点　　/100点

おわったら シールを はろう

教科書 下 27〜48ページ　答え 25ページ

1 よく出る かけ算を しましょう。　1つ5〔30点〕

❶ 6×7　❷ 8×6　❸ 7×8

❹ 1×4　❺ 6×9　❻ 9×9

2 □に あてはまる 数を 書きましょう。　1つ7〔28点〕

❶ 6×2の かける数が 1 ふえると、答えは  ふえます。

❷ 7のだんの 九九では、かける数が 1 ふえると、答えは  ふえます。

❸ 9×4＝4×□　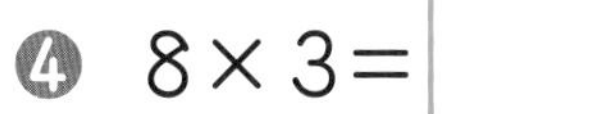 ❹ 8×3＝□×8

3 えんぴつを 1人に 6本ずつ、8人に くばります。　1つ6〔18点〕

❶ えんぴつは 何本 いりますか。

しき　　答え（　　）

❷ 1人 ふえて、9人に くばる ことに なりました。
えんぴつは、あと 何本 いりますか。

（　　）

4 ㋐の テープの 長さは 何cmですか。　1つ6〔12点〕

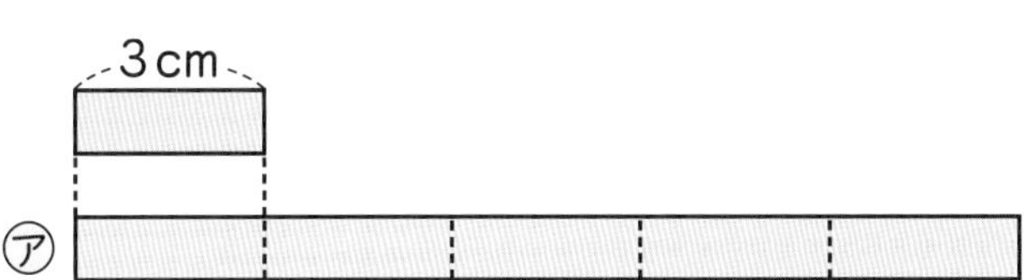

しき　　答え（　　）

5 ○の 数を くふうして もとめましょう。　1つ6〔12点〕

しき　　答え（　　）

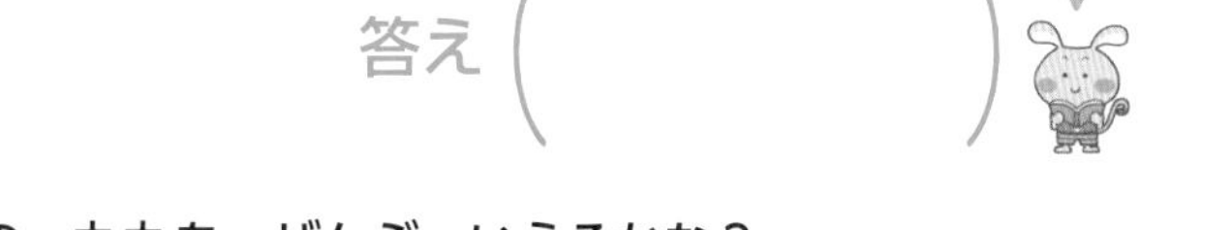

ふろくの「計算れんしゅうノート」20〜24ページをやろう！

□6、7、8、9、1のだんの 九九を ぜんぶ いえるかな？
□九九の ひょうの きまりを うまく りようできるかな？

べんきょうした 日 月 日

1000より 大きい 数を しらべよう [その1]

きほんのワーク

もくひょう
1000より 大きい 数の 読み方や 書き方を 学ぼう。

おわったら シールを はろう

教科書 下 50～55ページ 答え 25ページ

きほん1 1000より 大きい 数の 書き方が わかりますか。

☆ 二千四百三十五を 数字で 書きましょう。

千のくらい	百のくらい	十のくらい	一のくらい
1000 1000	100 100 100 100	10 10 10	1 1 1 1 1
2	4	3	5

二千四百三十五は、□と 書きます。

2435の 千のくらいの 数字は □、百のくらいの 数字は □、十のくらいの 数字は □、一のくらいの 数字は □です。

1 いくつですか。数字で 書きましょう。 教科書 53ページ⚠1

10 1 100 1000 1000 1 1000 1000 1000 100 1 1000 10 10 10 1 10 1000 100 1 1 1 10 1000

（　　　）

2 つぎの 数を 読みましょう。← かん字で 書こう。 教科書 53ページ⚠2

❶ 1961 （　　　） ❷ 3094 （　　　） ❸ 7003 （　　　）

3 数字で 書きましょう。 教科書 53ページ⚠3

❶ 千四百二十九 （　　　） ❷ 八千 （　　　） ❸ 六千五 （　　　）

はってん さんすうはかせ
日本の 数の 数え方は、一、十、百、千、万までは 10ばいごとに いいかたが かわるね。でも、万より 大きく なると 1万ばいごとに 新しい 名前が つくよ。

きほん2 1000より 大きい 数の あらわし方が わかりますか。

☆ □に あてはまる 数を 書きましょう。

❶ 1000を 3こ、100を 6こ、1を 7こ あわせた 数は、

□ です。

❷ 6035は、1000を □ こ、10を □ こ、1を □ こ

あわせた 数です。

4 □に あてはまる 数を 書きましょう。 教科書 55ページ5 6

❶ 1000を 7こ、100を 2こ、10を 4こ、1を 6こ あわせた

数は、□ です。

❷ 3060は、1000を □ こ、10を □ こ あわせた 数です。

❸ 千のくらいの 数字が 4、百のくらいの 数字が 5、十のくらいの

数字が 8、一のくらいの 数字が 9の 数は、□ です。

❹ 千のくらいの 数字が 2、百のくらいの 数字が 0、十のくらいの

数字が 3、一のくらいの 数字が 8の 数は、□ です。

5 の 文を しきに あらわしましょう。 教科書 55ページ7

2730は、2000と 700と 30を あわせた 数です。

2730＝□＋□＋□

6 つぎの しきを 文に あらわしましょう。 教科書 55ページ8

4000＋60＋7＝4067

□ と □ と □ を あわせた 数は、

□ です。

おうちのかたへ 1000より大きい数の表し方を学習します。4けたの数の表し方と読み方ができるようにします。空位(0)にとまどうお子さんが多く見られますので、注意しましょう。

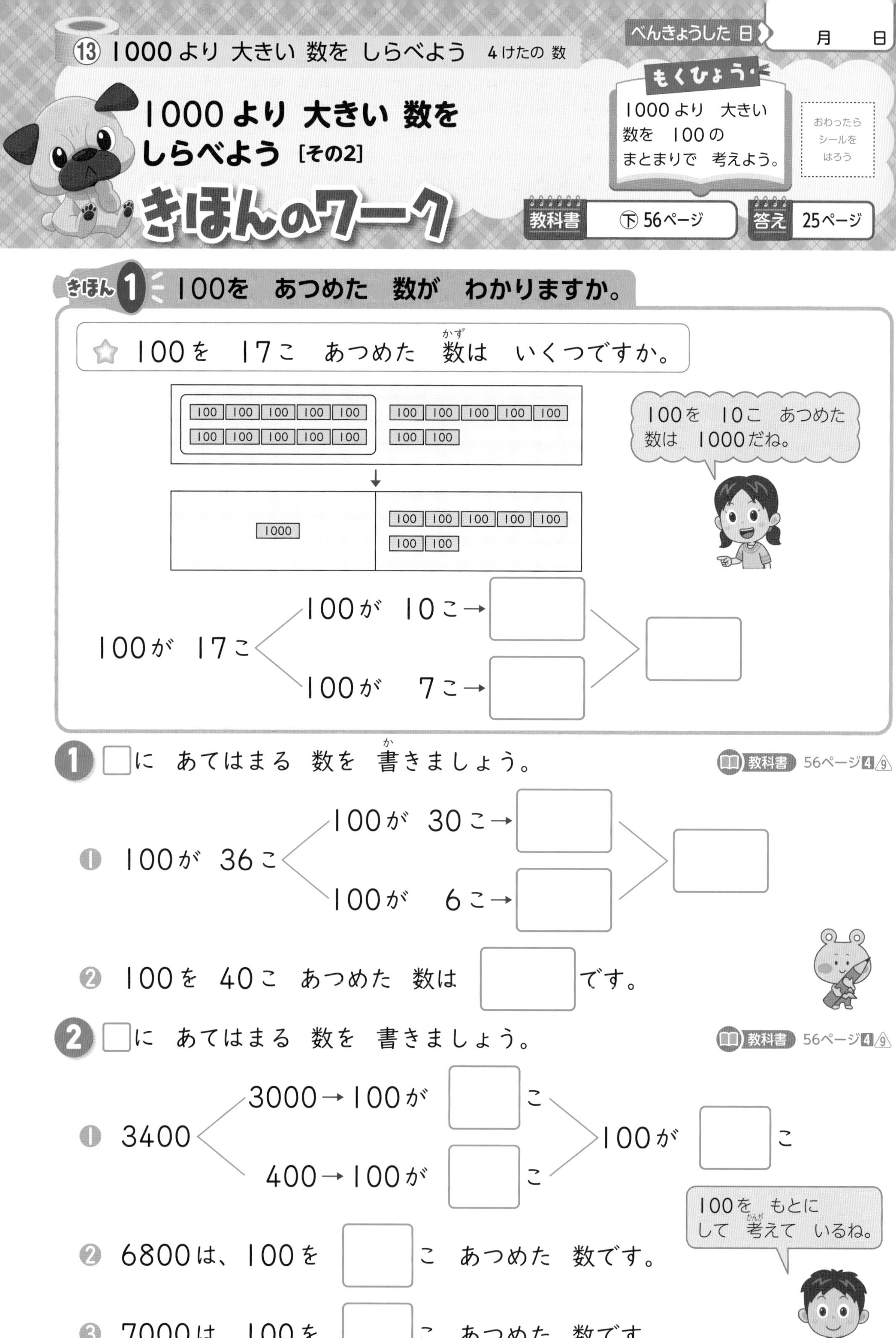

べんきょうした 日　月　日

1000より 大きい 数を しらべよう [その2]

きほんのワーク

もくひょう
1000より 大きい 数を 100の まとまりで 考えよう。

おわったら シールを はろう

教科書 下 56ページ　答え 25ページ

きほん1 100を あつめた 数が わかりますか。

☆ 100を 17こ あつめた 数(かず)は いくつですか。

100が 17こ
- 100が 10こ→□
- 100が 7こ→□

→□

1 □に あてはまる 数を 書(か)きましょう。　教科書 56ページ4

❶ 100が 36こ
- 100が 30こ→□
- 100が 6こ→□

→□

❷ 100を 40こ あつめた 数は □です。

2 □に あてはまる 数を 書きましょう。　教科書 56ページ4

❶ 3400
- 3000→100が □こ
- 400→100が □こ

→100が □こ

❷ 6800は、100を □こ あつめた 数です。

❸ 7000は、100を □こ あつめた 数です。

はってん さんすうはかせ　1万(まん)の 1万ばいが 億(おく)、1億の 1万ばいが 兆(ちょう)。億や 兆も 聞(き)いた ことが あるかな。日本の 人口は 1億人よりも 多(おお)いよ。

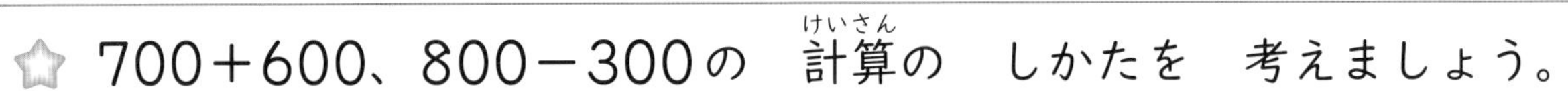

きほん 2 100が 何こかを 考えて 計算できますか。

☆ 700＋600、800－300の 計算の しかたを 考えましょう。

❶ 700＋600

(100)の 何こ分で 考えると、

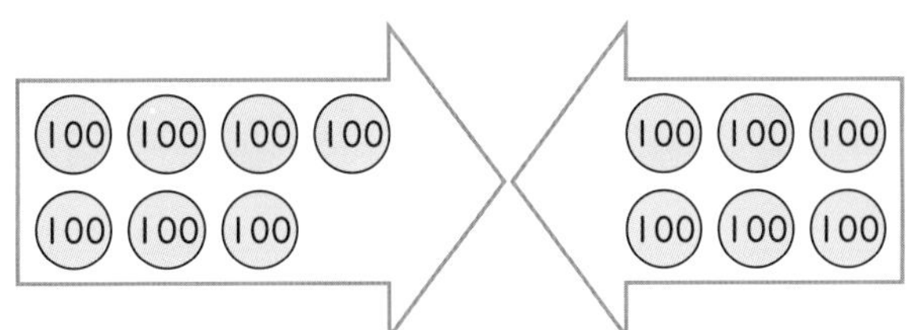

7＋□＝13

700＋600＝□

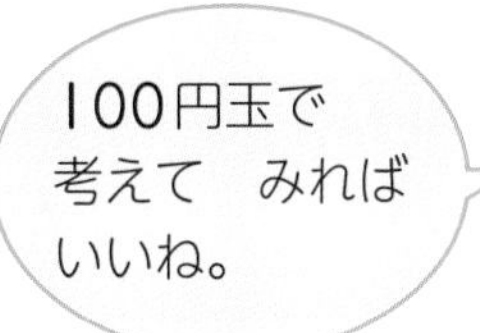

❷ 800－300

(100)の 何こ分で 考えると、

8－□＝5

800－300＝□

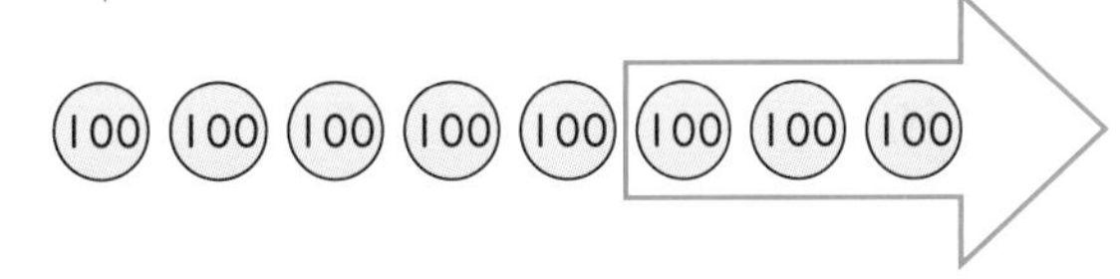

3 計算を しましょう。

❶ 800＋400

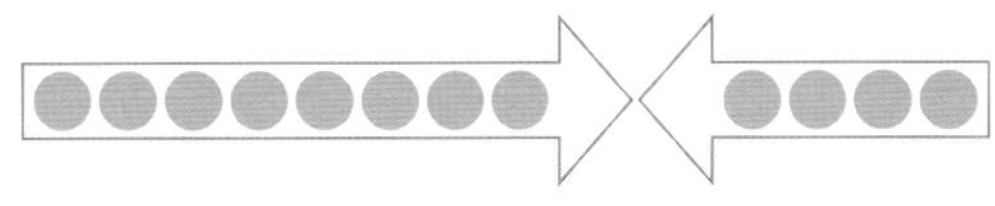

❷ 600＋600

❸ 200＋900

❹ 900＋700

❺ 600－200

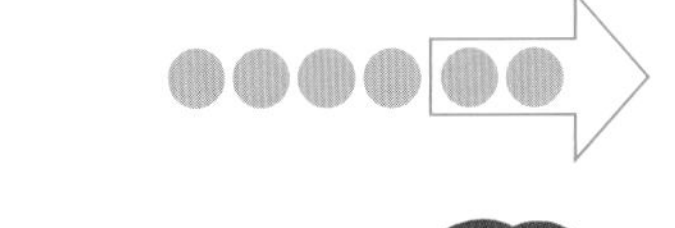

❻ 700－600

100の 何こ分で
考えれば わかるね。

❼ 900－300

❽ 1000－700

おうちのかたへ
100のまとまりがいくつかを考えます。100円玉で何こになるかと考えると、800＋400の計算は8＋4と見ることができるので、理解しやすくなるでしょう。

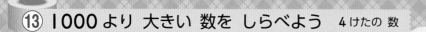

べんきょうした 日　月　日

1000より 大きい 数を しらべよう [その3]

きほんのワーク

もくひょう
数の線の 見方や、10000を 知ろう。

おわったら シールを はろう

教科書 下 57～60ページ　答え 26ページ

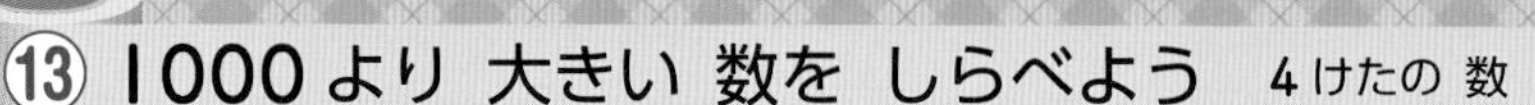

きほん1 数の線の よみ方が わかりますか。

☆ 下の 数の線を 見て 答えましょう。

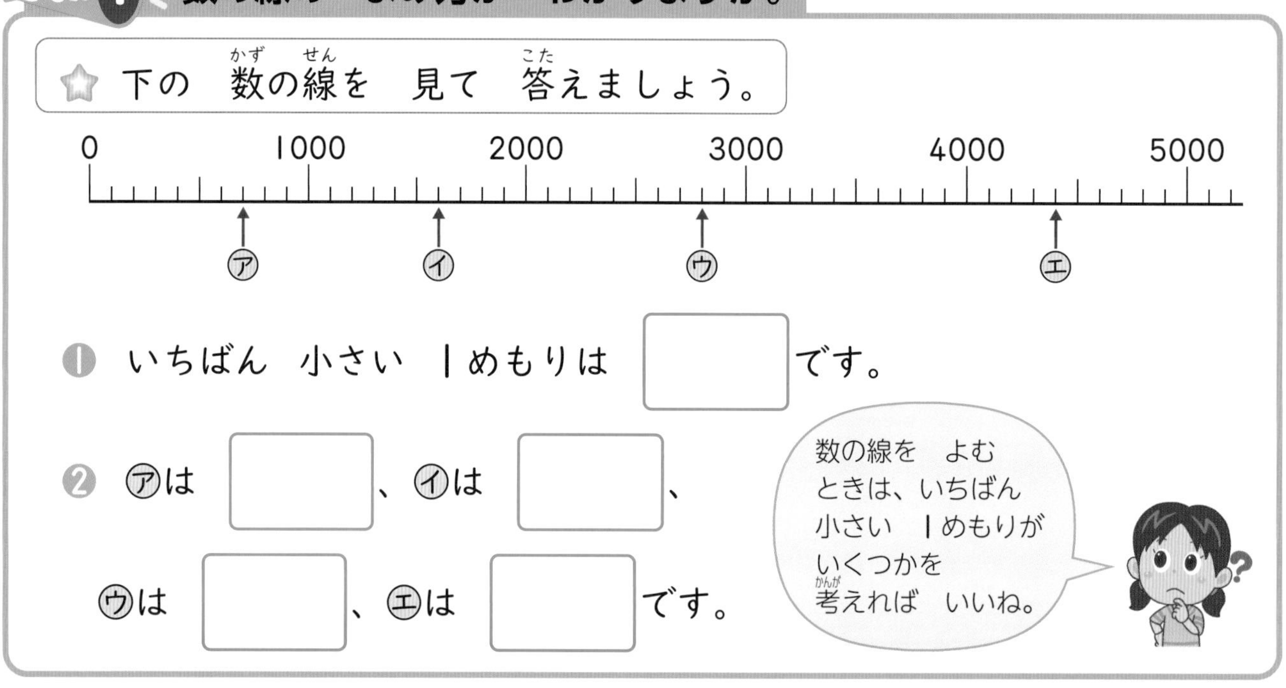

❶ いちばん 小さい 1めもりは □ です。

❷ アは □、イは □、
ウは □、エは □ です。

1 □に あてはまる 数を 書きましょう。

教科書 57ページ5

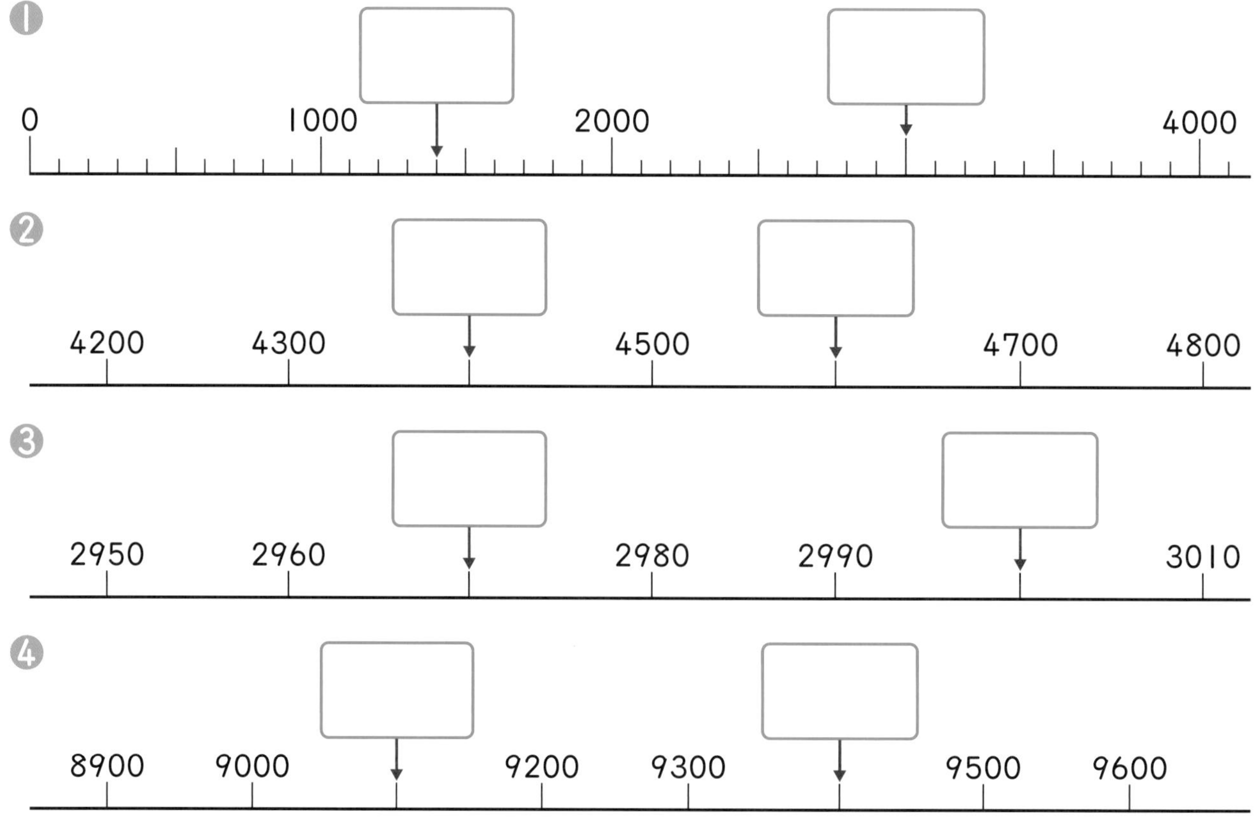

さんすうはかせ
数の線の ことを 「数直線」とも いうよ。数は 数直線の 上に あらわす ことが できるんだ。数直線では 右に いくほど 数が 大きく なって いくよ。

きほん2 10000と いう 数が わかりますか。

☆ □に あてはまる 数を 書きましょう。

1000	1000	1000	1000	1000	1000	1000	1000	1000	1000

(100)が 10こ…④のヒント

① 1000を 10こ あつめた 数を 一万（いちまん）と いい、［10000］と 書きます。

② 9000は、あと □ で 10000に なります。

③ 10000より 1 小さい 数は □ です。

④ 10000は、(100)を □ こ あつめた 数です。

1000が
10こで
10000、
100が
100こで
10000だね。

2 □に あてはまる ＞、＜を 書きましょう。 教科書 59ページ13

① 7000 □ 6990　　② 4089 □ 4098

3 □に あてはまる 数を 書きましょう。 教科書 59ページ14

5000　5500　6000　□　7000　7500　8000　8500　□　9500　10000

4 4800に ついて、□に あてはまる 数を 書きましょう。 教科書 60ページ7

① 4800は、□ と 800を あわせた 数です。この ことを しきに あらわすと、4800＝□＋□です。

② 4800は、5000より □ 小さい 数です。

③ 4800は、100を □ こ あつめた 数です。

おうちのかたへ　数直線の表し方を学習します。一番小さい1目盛りがいくつを表しているかをもとに考えます。また、10000という数について学習します。10000を超える数については、3年生で学習します。

べんきょうした 日　月　日

れんしゅうのワーク

教科書 ㊦50～63ページ　答え 27ページ

できた 数　/12もん 中

おわったら シールを はろう

1 数の 大小　□に あてはまる ＞、＜を 書きましょう。

❶ 8000 □ 7998　❷ 4000 □ 3000＋800

❸ 6389 □ 6398　❹ 10000 □ 6000＋500

2 数の あらわし方　□に あてはまる 数を 書きましょう。

❶ 9400は、□ と 400を あわせた 数です。

❷ 9400は、□ より 600 小さい 数です。

❸ 9400は、100を □ こ あつめた 数です。

チャレンジ!

3 1000より 大きい 数　0、1、2、3、4の 5まいの カードから、4まい えらんで、いろいろな 数を つくりましょう。(0の カードを 千のくらいに おく ことは できません。)

千のくらい	百のくらい	十のくらい	一のくらい
□	□	□	□

❶ いちばん 小さい 数　□□□□

❷ 2ばんめに 大きい 数　□□□□

❸ 3ばんめに 小さい 数　□□□□

❹ 2000に いちばん 近い 数　□□□□

❺ 3500に いちばん 近い 数　□□□□

できるナビ　大きい くらいの 数字が 小さいほど、数は 小さく なります。
大きい くらいの 数字が 大きいほど、数は 大きく なります。

まとめのテスト

時間 20分　とく点 /100点　おわったら シールを はろう

教科書 ㊦50～63ページ　答え 27ページ

1 よく出る つぎの 数を 数字で 書きましょう。　1つ8〔16点〕

①
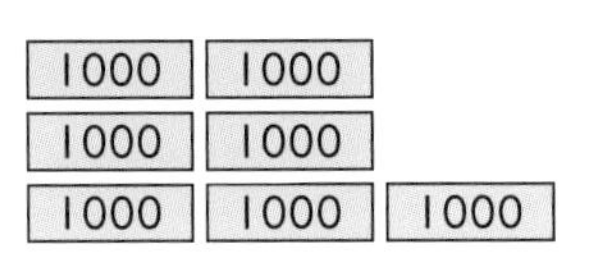
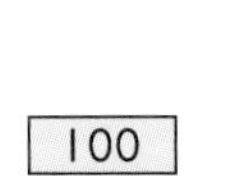
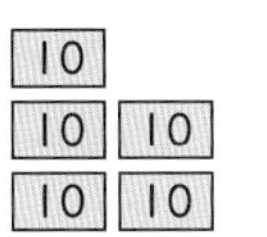
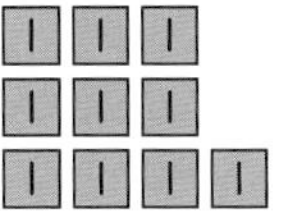

②
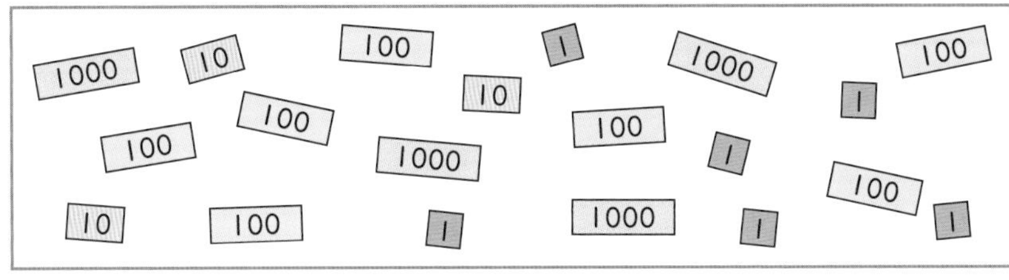
（　　　　）

2 の 文を しきに あらわしましょう。　1つ7〔42点〕

① 3480は、3000と 400と 80を あわせた 数です。

3480＝□＋□＋□

② 6000と 300と 9を あわせた 数は、6309です。

□＋□＋□＝6309

3 □に あてはまる 数を 書きましょう。　1つ7〔42点〕

① 千のくらいの 数字が 4、百のくらいの 数字が 2、十のくらいの 数字が 0、一のくらいの 数字が 8の 数は、□です。

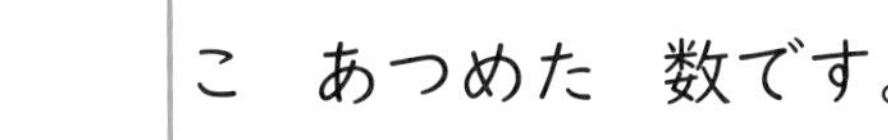
② 5600は、100を □こ あつめた 数です。

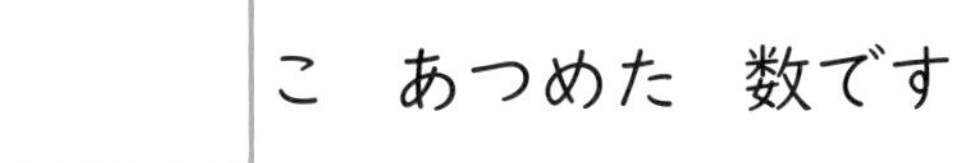
③ 6700は、10を □こ あつめた 数です。

④ 100を 100こ あつめた 数は □です。

⑤
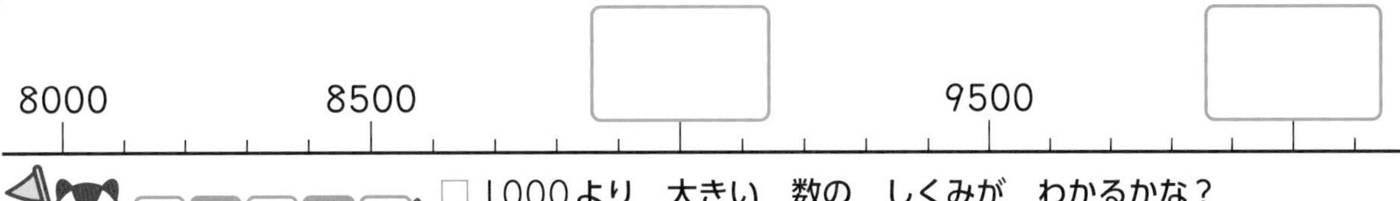

ふろくの「計算れんしゅうノート」25～26ページをやろう！

チェック
□ 1000より 大きい 数の しくみが わかるかな？
□ 10000が どんな 大きさの 数か わかるかな？

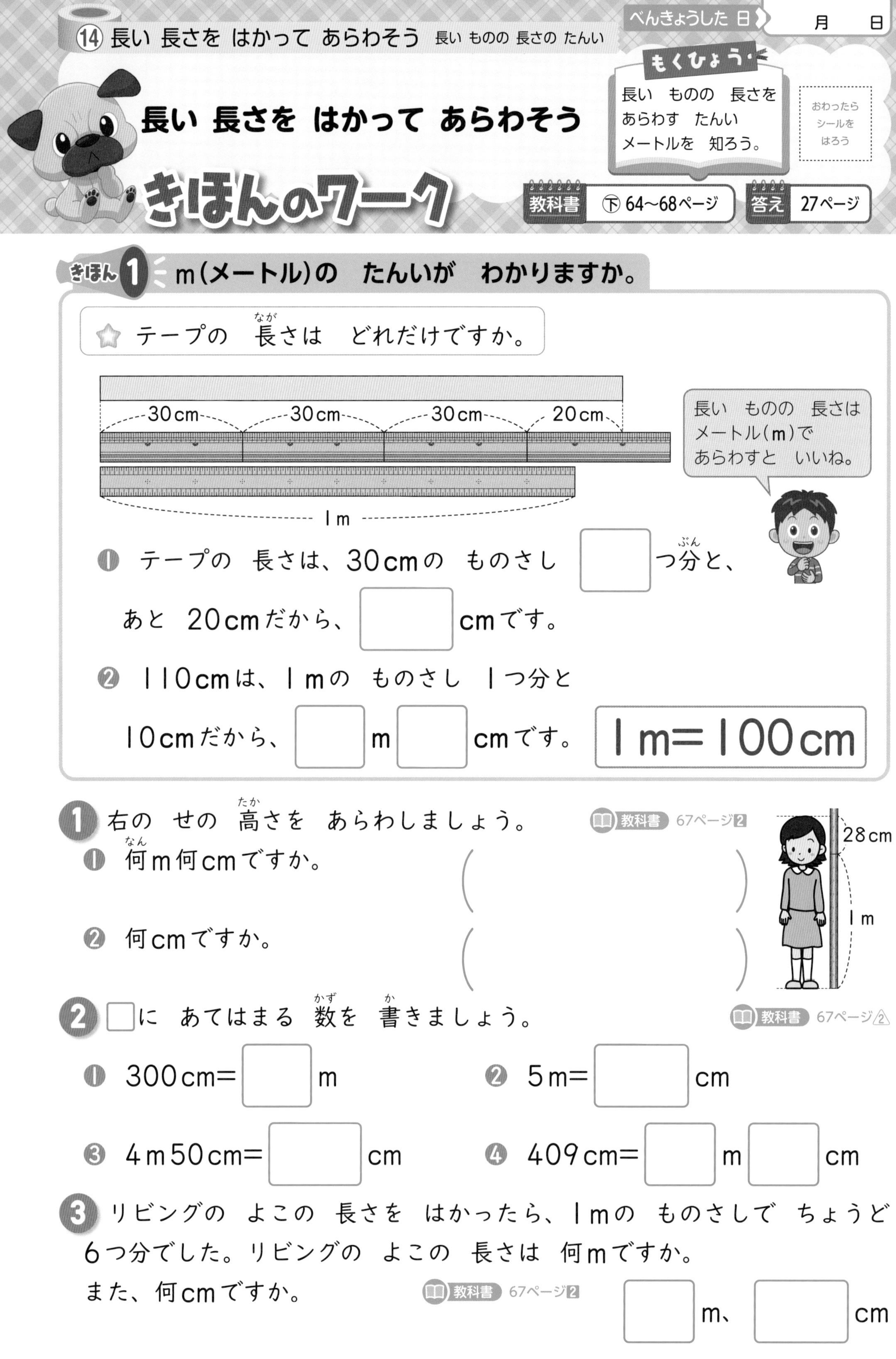

べんきょうした 日　月　日

長い 長さを はかって あらわそう

きほんのワーク

もくひょう
長い ものの 長さを あらわす たんい メートルを 知ろう。

おわったら シールを はろう

教科書 ㊦64～68ページ　答え 27ページ

きほん 1　m(メートル)の たんいが わかりますか。

☆ テープの 長さは どれだけですか。

❶ テープの 長さは、30cmの ものさし □ つ分と、あと 20cmだから、□ cmです。

❷ 110cmは、1mの ものさし 1つ分と 10cmだから、□ m □ cmです。

1m=100cm

1 右の せの 高さを あらわしましょう。　教科書 67ページ2

❶ 何m何cmですか。　(　　　)

❷ 何cmですか。　(　　　)

2 □に あてはまる 数を 書きましょう。　教科書 67ページ△2

❶ 300cm= □ m　❷ 5m= □ cm

❸ 4m50cm= □ cm　❹ 409cm= □ m □ cm

3 リビングの よこの 長さを はかったら、1mの ものさしで ちょうど 6つ分でした。リビングの よこの 長さは 何mですか。また、何cmですか。　教科書 67ページ2

□ m、□ cm

さんすうはかせ メートルと いう 名前は、ギリシャの 国の 「ものさし」や 「はかる こと」と いう ことばから きて いるよ。かん字で 書くと 「米」に なるよ。

きほん2 長さの 計算を する ことが できますか。

☆ 絵を 見て 答えましょう。

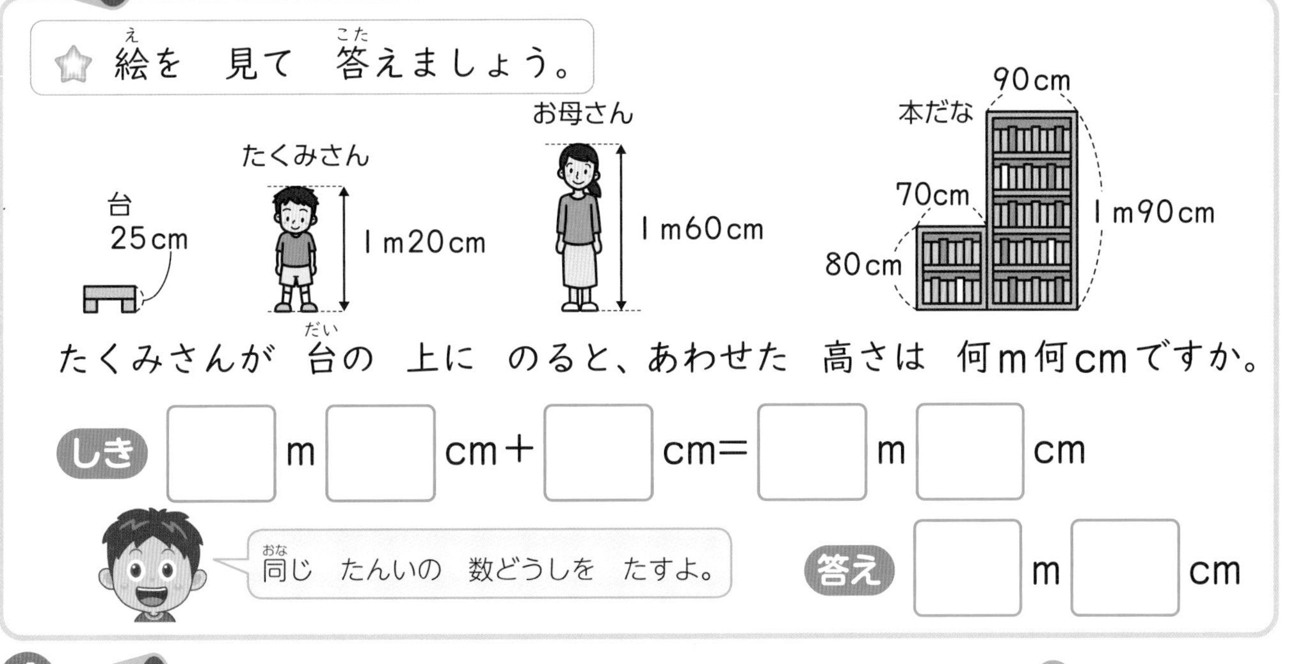

たくみさんが 台の 上に のると、あわせた 高さは 何m何cmですか。

しき □m□cm＋□cm＝□m□cm

答え □m□cm

4 きほん2の 絵を 見て 答えましょう。

❶ お母さんと たくみさんの せの 高さの ちがいは、何cmですか。

しき □m□cm－□m□cm＝□cm

答え □cm

❷ 本だなの よこの 長さを あわせると、何m何cmに なりますか。

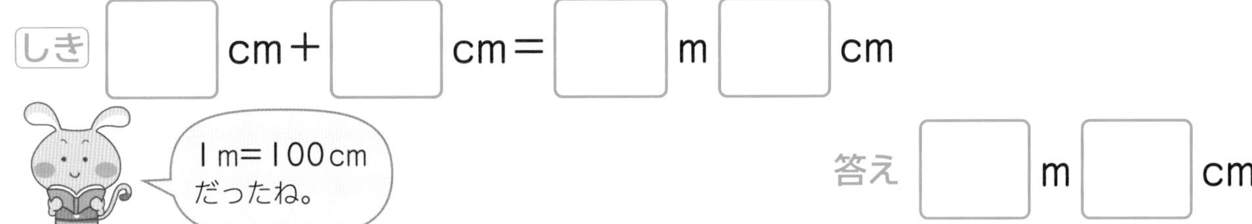

しき □cm＋□cm＝□m□cm

答え □m□cm

❸ 本だなの 高さの ちがいは、何m何cmですか。

しき □m□cm－□cm＝□m□cm

答え □m□cm

5 計算を しましょう。

教科書 67ページ3

❶ 3m50cm＋2m＝□m□cm

❷ 4m10cm－3m＝□m□cm

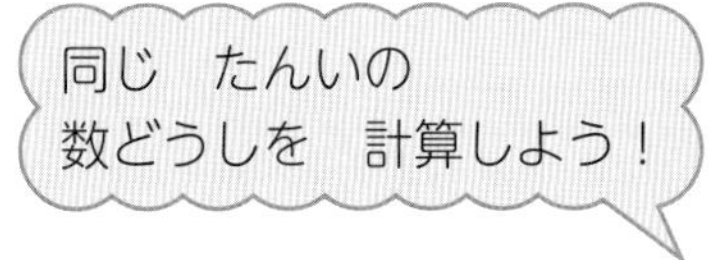

同じ たんいの
数どうしを 計算しよう！

おうちのかたへ cm、mmに続き、mの単位を学びます。1mという長さを確かめておくことで、長さに対する量感を養います。身のまわりにあるもので確かめておきましょう。

べんきょうした 日　月　日

れんしゅうのワーク

教科書 ㊦64～71ページ　答え 28ページ

できた 数 /9もん 中

おわったら シールを はろう

1 長さの たんい （　）に あてはまる、長さの たんいを 書きましょう。

❶ 黒ばんの よこの 長さ

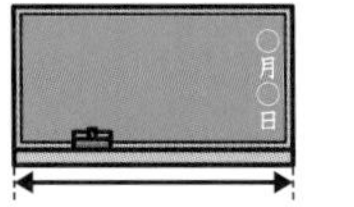

3（　　）

❷ くつの サイズ

20（　　）

❸ テントウムシの 体の 長さ

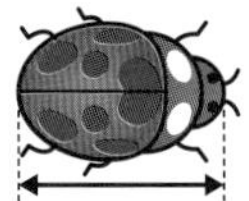

8（　　）

2 長さの たんい □に あてはまる 数を 書きましょう。

❶ 100cm＝□m　　❷ 3m7cm＝□cm

3 長さの 計算 4人の なわとびの 長さを くらべます。だいきさんの なわとびの 長さは 1m80cmでした。

❶ ほかの 3人の なわとびの 長さは 何m何cmですか。

ぼくのは だいきさんの なわとびより 10cm 長かったです。

（　　）

わたしのは だいきさんの なわとびより 20cm みじかかったです。

（　　）

わたしのは だいきさんの なわとびより 15cm 長かったです。

（　　）

❷ 長い じゅんに、（　）に 名前を 書きましょう。

（　　→　　→　　→　　）

できるナビ 長さを たしたり ひいたり する ときは、同じ たんいの 数どうしを たしたり ひいたり すれば いいんだね！

べんきょうした 日　　月　　日

まとめのテスト

時間 20分

とく点　/100点

おわったら シールを はろう

教科書 ㊦64～71ページ　答え 28ページ

1 よく出る 下の テープの 長さは 何cmですか。また、何m何cmですか。

1つ5〔15点〕

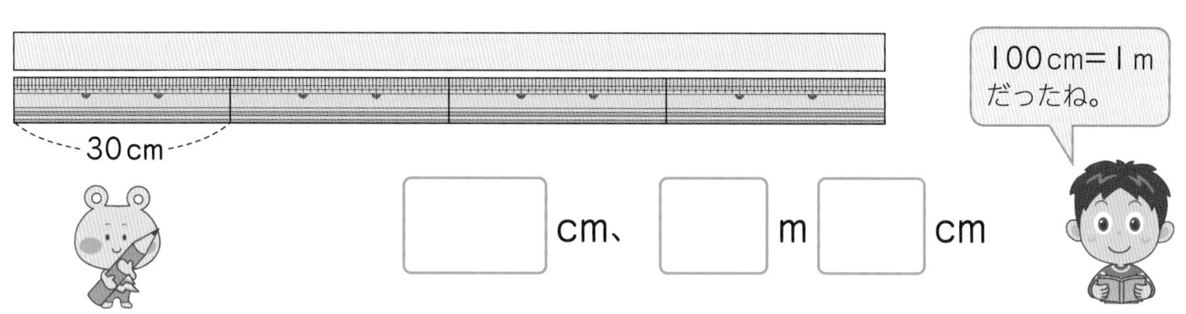
30cm
100cm=1m
だったね。

□cm、□m□cm

2 □に あてはまる 数を 書きましょう。

1つ5〔55点〕

❶ 1mの 3つ分(ぶん)の 長さは □m、8つ分の 長さは □mです。

❷ 2mと 50cmを あわせると、□m□cmで、□cmです。

❸ 106cmは □m□cm、1m60cmは □cmです。

❹ 1m40cmより 45cm 長い 長さは □m□cmです。

また、1m40cmより 35cm みじかい 長さは □cmです。

3 計算(けいさん)を しましょう。

1つ6〔12点〕

❶ 4m30cm＋2m　　❷ 5m7cm－3m

4 ( )に あてはまる、長さの たんいを 書きましょう。

1つ6〔18点〕

❶ ノートの あつさ …………………… 4( )

❷ えんぴつの 長さ ……………………16( )

❸ ろうかの はば ……………………… 4( )

どの たんいが ぴったりかな。

ふろくの「計算れんしゅうノート」27ページをやろう！

チェック

□mと cmの かんけいが わかるかな？
□mや cmで、長さを あらわす ことが できるかな？

べんきょうした 日　　月　　日

図を つかって 考えよう [その1]

もくひょう
図に あらわして どんな 計算に なるか 考えよう。

おわったら シールを はろう

きほんのワーク

教科書 ㊦72～75ページ　答え 28ページ

きほん 1 図に あらわして 考える ことが できますか。

☆ たまごが 12こ あります。何こか 買って きたので、ぜんぶで 26こに なりました。買って きた たまごは 何こですか。□に あてはまる 数を 書きましょう。

❶ たまごが 12こ あります。何こか 買って きたので、

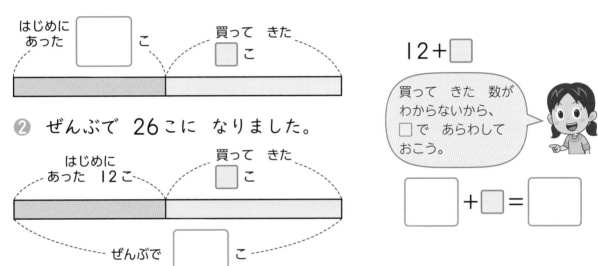

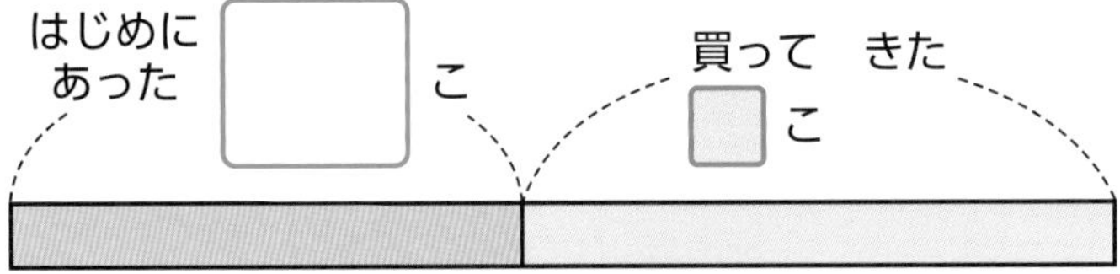

12＋□

買って きた 数が わからないから、□で あらわして おこう。

❷ ぜんぶで 26こに なりました。

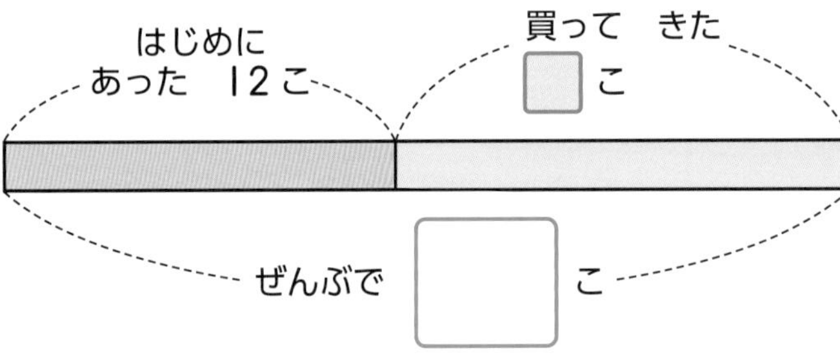

□＋□＝□

❸ 買って きた たまごの 数を もとめる しきと、答えを 書きましょう。

しき □－□＝□　　答え □こ

1 色紙が 14まい あります。何まいか もらったので、ぜんぶで 30まいに なりました。もらった 色紙は 何まいですか。 教科書 73ページ1

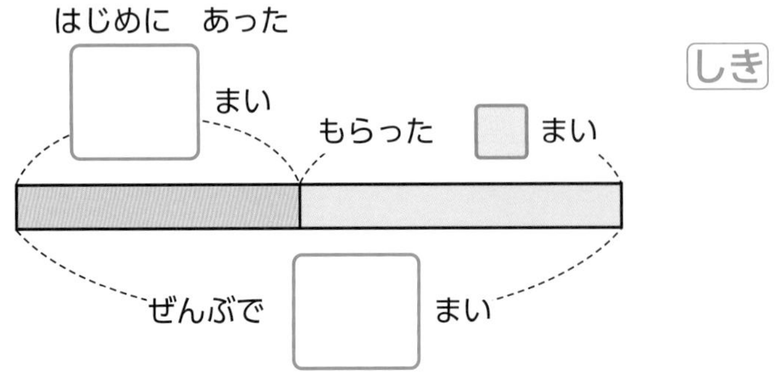

しき

答え（　　　）

さんすうはかせ
1から 10までの 数の 読み方は、せかいの 国々に よって さまざまだよ。でも、0は えい語でも、フランス語でも、イタリア語でも 「ゼロ」と はつ音するんだって。

きほん2 図に あらわして 考える ことが できますか。

☆ えんぴつが 何本か あります。27本 くばったので、のこりが 9本に なりました。えんぴつは、はじめ 何本 ありましたか。□に あてはまる 数を 書きましょう。

❶ えんぴつが 何本か あります。27本 くばったので、

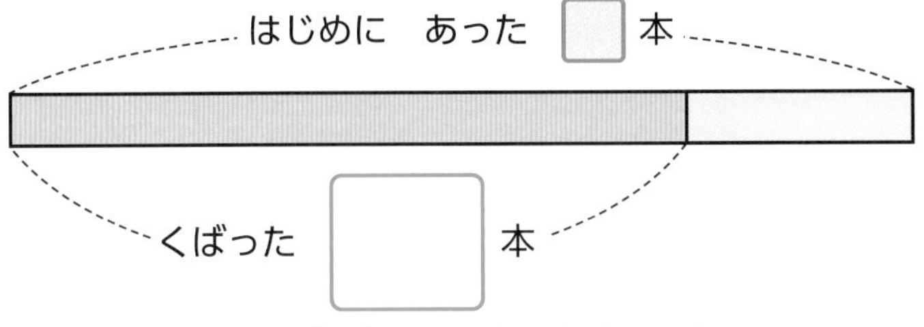

□－27

❷ のこりが 9本に なりました。

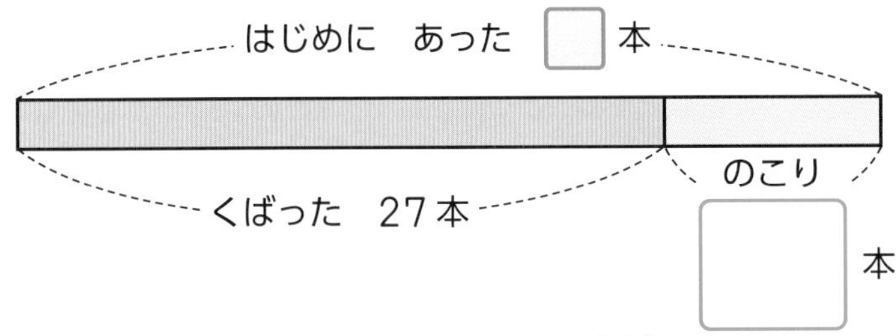

□－□＝□

❸ はじめの えんぴつの 本数(ほんすう)を もとめる しきと、答えを 書きましょう。

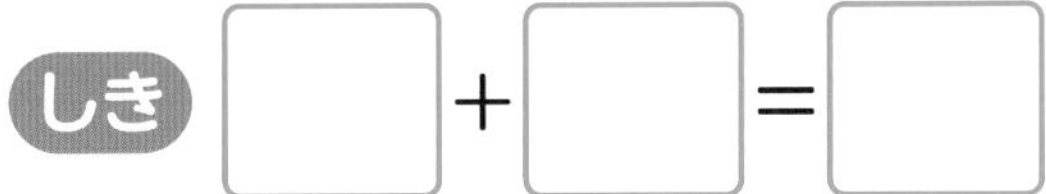

2 リボンを 何mか 買って きました。そのうち、15m つかいました。まだ、7m のこって います。買って きた リボンは 何mですか。

教科書 75ページ2

❶ □に あてはまる 数を 書きましょう。

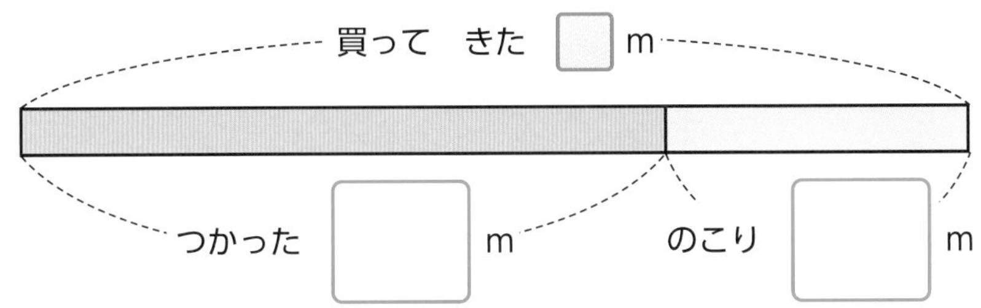

❷ 買って きた リボンの 長さを もとめる しきと、答えを 書きましょう。

しき

答え（　　　）

おうちのかたへ　図を見て、答えを求める式をつくることを学習します。わかっている数とわからない数（求める数）を図に表して、論理的に考える習慣を身につけることがねらいです。

べんきょうした 日　月　日

図を つかって 考えよう ［その2］

もくひょう
ぜんたいと ぶぶんに ちゅう目して、もんだいを とこう。

おわったら シールを はろう

きほんのワーク

教科書 ㊦76〜77ページ　答え 29ページ

きほん1 図に あらわして 考える ことが できますか。

☆ バスに 何人か のって います。後から 16人 のって きたので、みんなで 30人に なりました。はじめに 何人 のって いましたか。

❶ 後から 16人 のって きたので、

はじめに のって いた □人　後から のって きた □人

❷ みんなで 30人に なりました。

はじめに のって いた □人　後から のって きた 16人
みんなで □人

❸ はじめに バスに のって いた 人数を もとめる しきと、答えを 書きましょう。

しき □－□＝□　　答え □人

1 シールを 何まいか もって います。後から お兄さんに 12まい もらったので、ぜんぶで 20まいに なりました。はじめに 何まい もって いましたか。

教科書 76ページ3

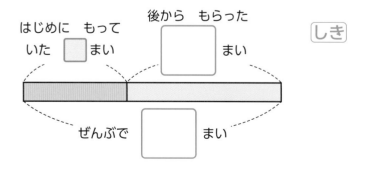

はじめに もって いた □まい　後から もらった □まい
ぜんぶで □まい

しき

答え（　　　）

わからない 数を □に して 図に あらわすと、どこを もとめたら いいのか はっきり わかるね！

きほん2 図に　あらわして　考える　ことが　できますか。

☆ みかんが　32こ　あります。何こか　食べて、まだ　26こ　のこって　います。食べた　みかんは　何こですか。

❶ みかんが　32こ　あります。何こか　食べて、

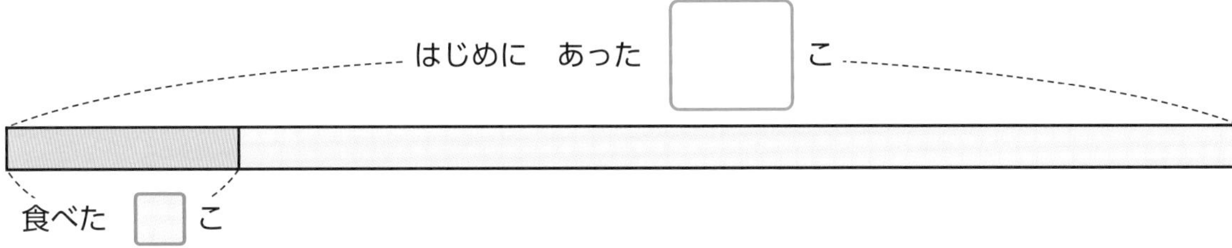

❷ まだ　26こ　のこって　います。

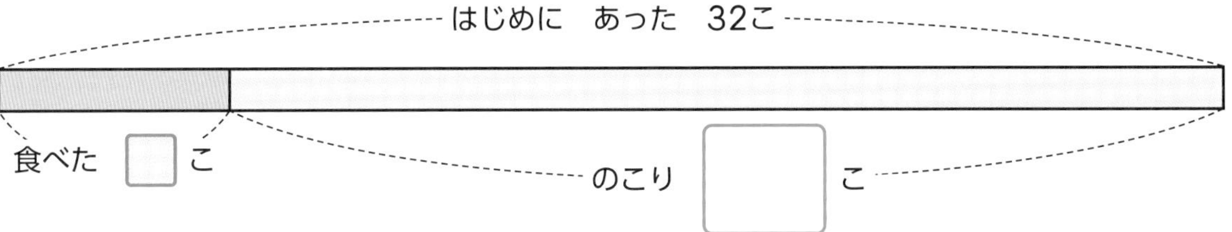

❸ 食べた　みかんの　数を　もとめる　しきと、答えを　書きましょう。

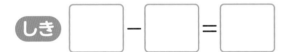

2 ジュースが　25L　あります。何Lか　あげて、まだ　16L　のこって　います。あげた　ジュースは　何Lですか。

教科書 77ページ4

❶ □に　あてはまる　数を　書きましょう。

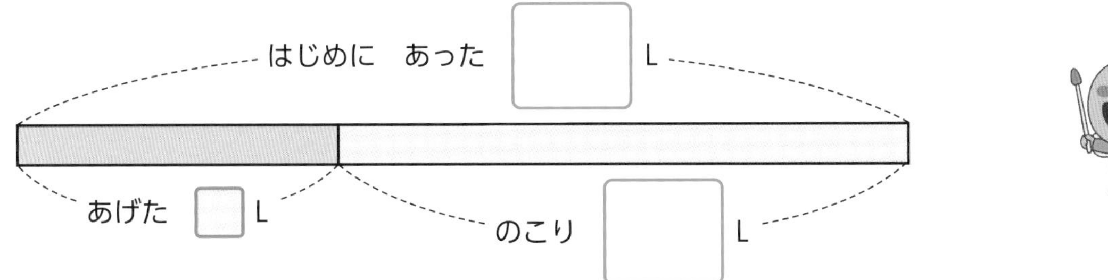

❷ あげた　ジュースの　かさを　もとめる　しきと、答えを　書きましょう。

しき

答え（　　　　）

おうちのかたへ　最終的には、お子さん自身がテープ図をかけるようになることが重要です。初めのうちは、上の図を真似してそのままうつすことから練習しましょう。

れんしゅうのワーク

教科書 下 72～79ページ　答え 30ページ

できた 数　/8もん 中

おわったら シールを はろう

1 文しょうだい　ちゅう車じょうに 車が 7台 とまって います。後から 何台か 入って きたので、ぜんぶで 19台に なりました。
後から 入って きたのは 何台ですか。

はじめに とまって いた 7台　後から 入って きた □台

ぜんぶで 19台

しき　　　　答え（　　　）

2 文しょうだい　ちゅう車じょうに 車が 何台か あります。
8台 出て いったので、のこりが 12台に なりました。
車は はじめ 何台 ありましたか。

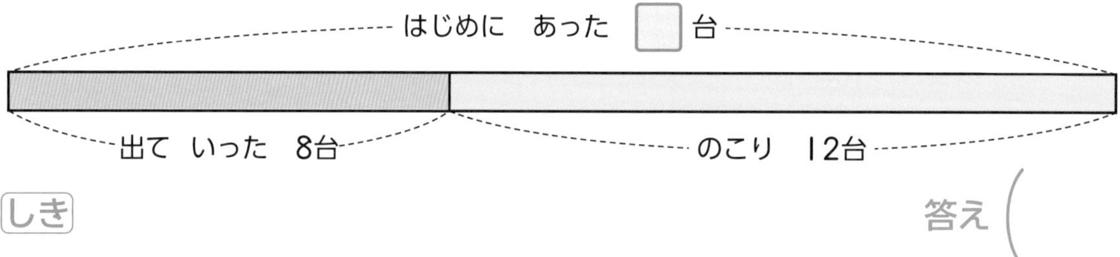

しき　　　　答え（　　　）

3 文しょうだい　かきが 30こ あります。何こか あげて、
まだ 9こ のこって います。あげた かきは 何こですか。

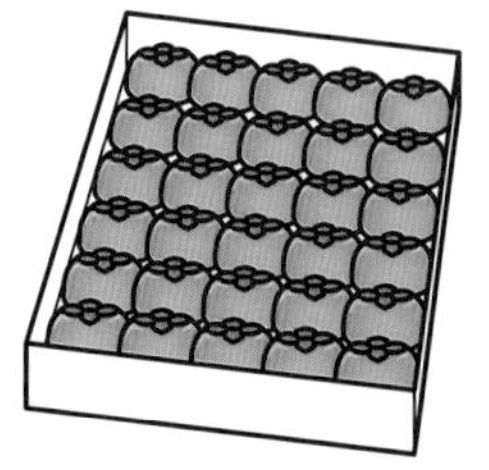

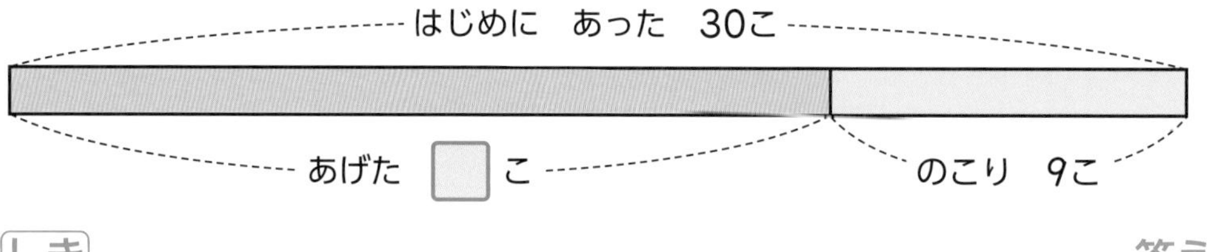

しき　　　　答え（　　　）

4 文しょうだい　かきが 何こか あります。後から 23こ もらったので、ぜんぶで 50こに なりました。かきは はじめに 何こ ありましたか。

はじめに あった □こ　後から もらった 23こ

ぜんぶで 50こ

しき　　　　答え（　　　）

図を 見ながら しきを 考えよう。

できるナビ　図に あらわした とき、ぜんたいを もとめるには たし算、ぶぶんを もとめるには ひき算に なるよ！

べんきょうした 日　　月　　日

まとめのテスト

時間 20分　　とく点 /100点　　おわったら シールを はろう

教科書 ㊦72～79ページ　　答え 30ページ

1 よく出る カードが 24まい あります。何まいか 買って きたので、ぜんぶで 52まいに なりました。買って きた カードは 何まいですか。

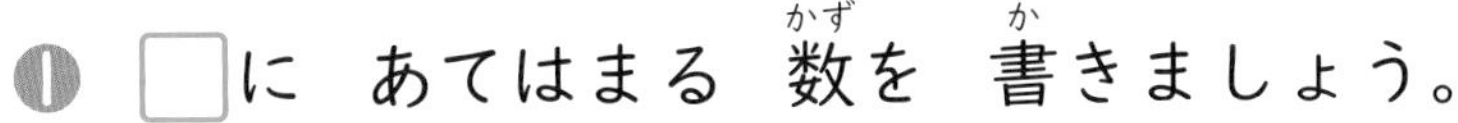

❶ □に あてはまる 数を 書きましょう。　　❶1つ10、❷1つ15〔50点〕

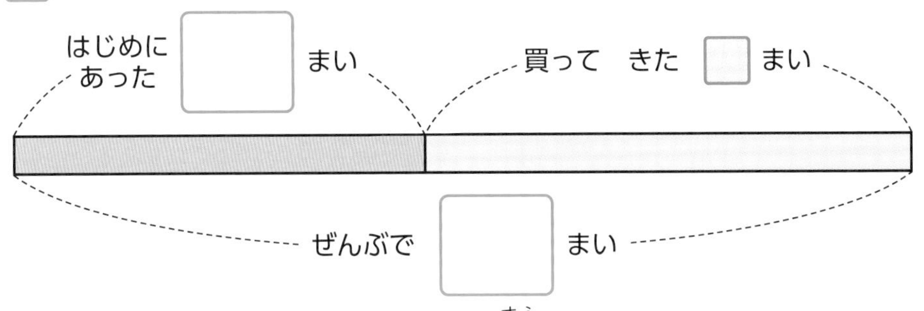

❷ 買って きた カードの まい数を もとめましょう。

しき

答え（　　　）

2 きのう、わかざりを 何こか 作りました。今日、わかざりを 15こ 作ったので、ぜんぶで 35こに なりました。
きのう 作った わかざりは 何こですか。　　❶1つ10、❷1つ15〔50点〕

❶ □に あてはまる 数を 書きましょう。

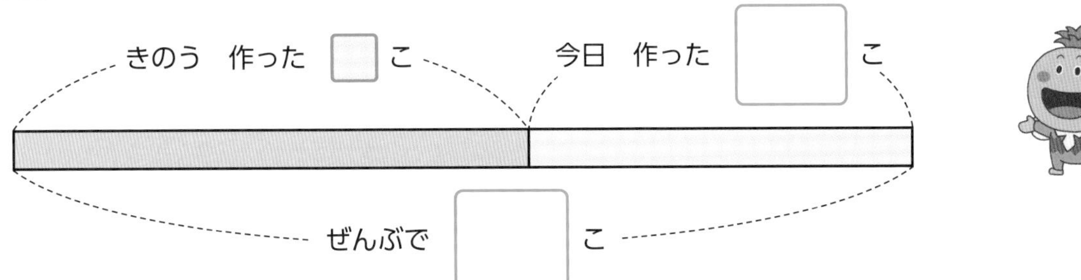

❷ きのう 作った わかざりの 数を もとめましょう。

しき

答え（　　　）

□図に もんだいの 数を しっかり あらわせるかな？
□図を 見て、しきや 答えを 書く ことが できるかな？

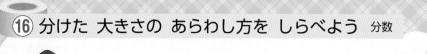

1 分数

きほんのワーク

もくひょう
分けた 大きさの あらわし方を 知ろう。

おわったら シールを はろう

教科書 下 80〜85ページ　答え 31ページ

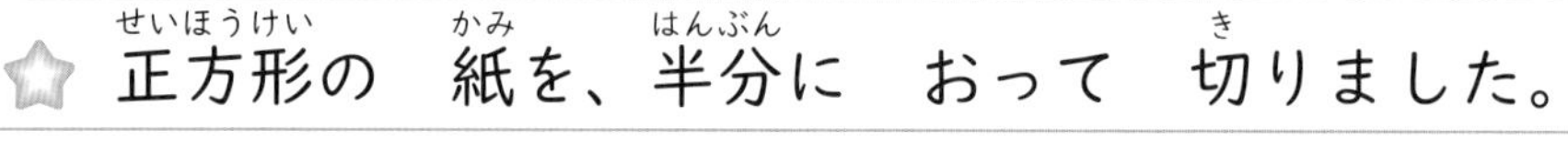

きほん 1 分数の あらわし方が わかりますか。

☆ 正方形の 紙を、半分に おって 切りました。

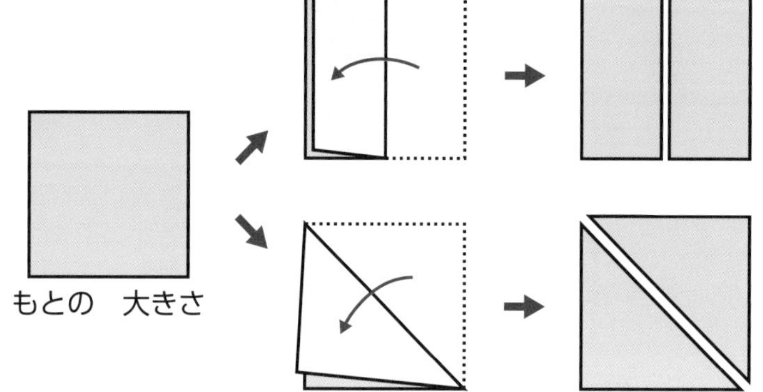

同じ 大きさに 2つに 分けた 1つ分を、もとの 大きさの

[二]分の一と いい、$\frac{1}{\square}$ と 書きます。

$\frac{1}{2}$ のように あらわした 数を 分数と いうよ。

1 正方形の 紙を 半分に 切りました。切った 1つ分に 色を ぬって、もとの 大きさの 何分の一かを 分数で あらわしましょう。 教科書 82ページ△1

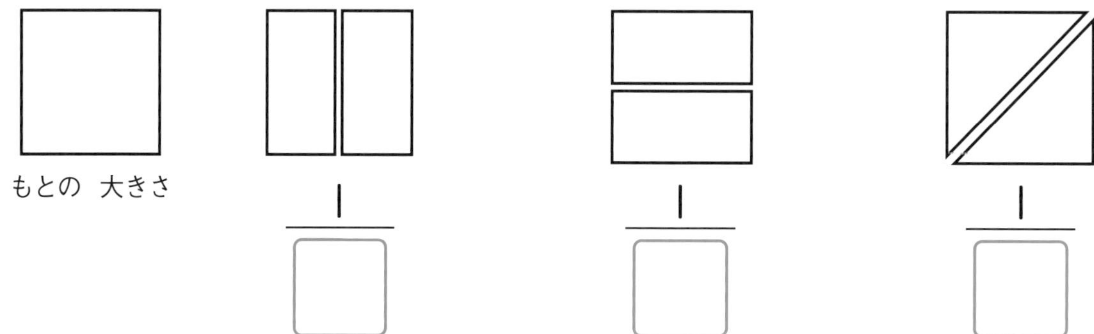

$\frac{1}{\square}$　$\frac{1}{\square}$　$\frac{1}{\square}$

2 もとの 大きさの $\frac{1}{2}$ なのは ㋐と ㋑の どちらですか。 

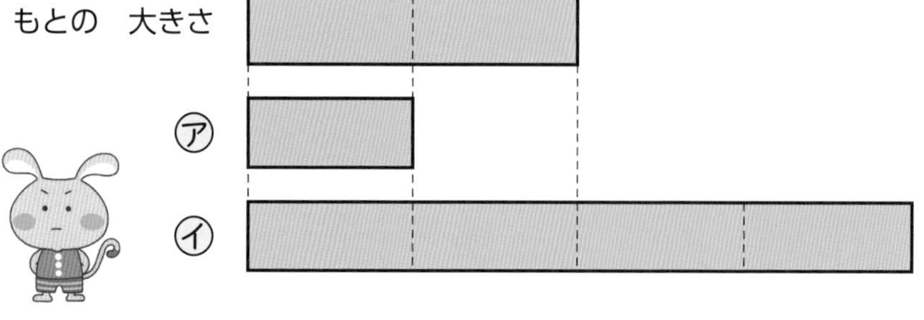

(　　　)

さんすうはかせ まるい ケーキや パンケーキを 半分に 切ると、同じ 大きさの ケーキが 2つ できるね。もとの 大きさの 半分と 二分の一は 同じ ことだよ。

きほん2　4つに　分けた　大きさを　あらわせますか。

☆ 長方形(ちょうほうけい)の　紙を　半分に　おって、それを　また　半分に　おって　切りました。

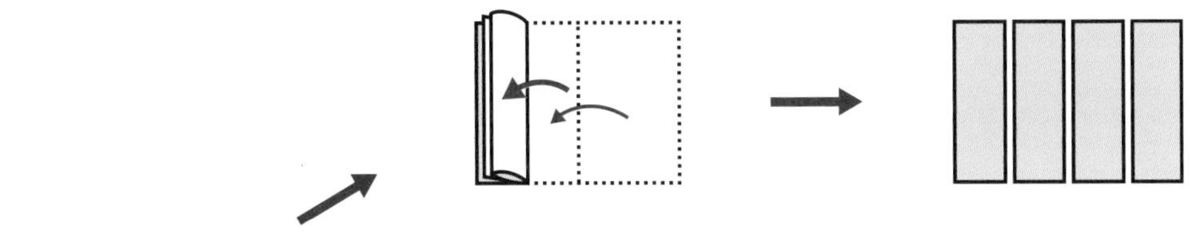

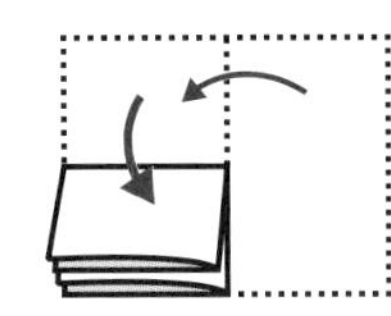

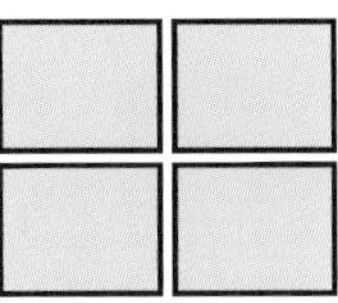

もとの　大きさ

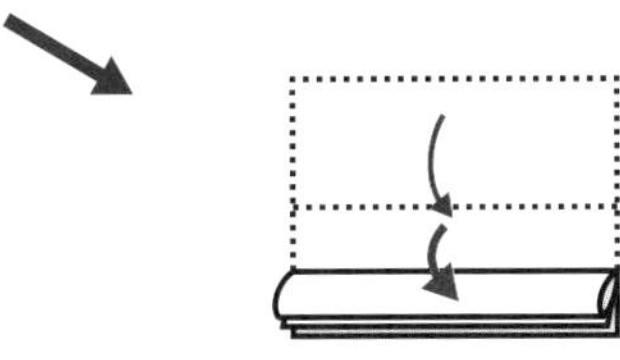

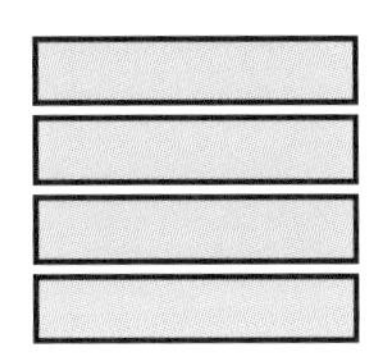

同じ　大きさに　4つに　分けた　1つ分を、もとの　大きさの

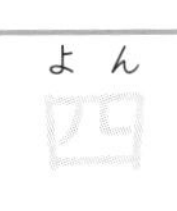
よん
四

分(ぶん)の一(いち)と　いい、$\frac{1}{\square}$と　書きます。

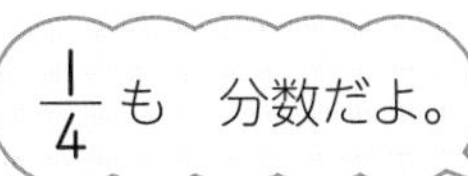
$\frac{1}{4}$も　分数だよ。

3　色を　ぬった　ところの　大きさは、もとの　大きさの　何分の一ですか。

教科書 83ページ2　84ページ3/4

❶ $\frac{1}{\square}$

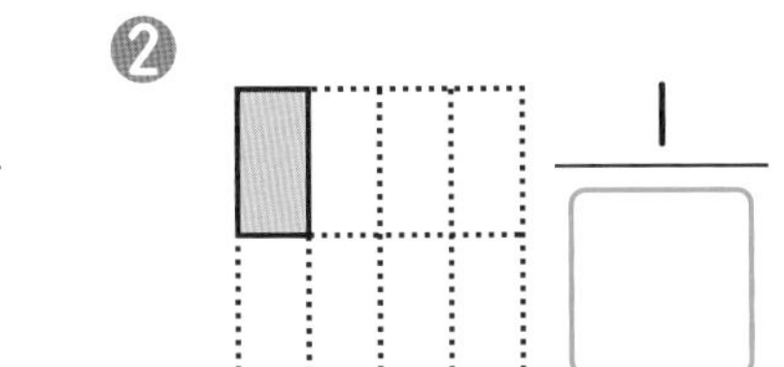

❷ $\frac{1}{\square}$

❸ $\frac{1}{\square}$

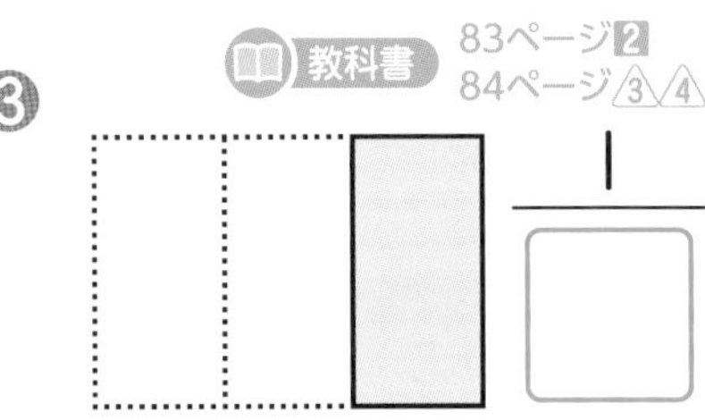

4　□に　あてはまる　数を　書きましょう。

教科書 85ページ3

❶ 6この　$\frac{1}{2}$は　□こです。

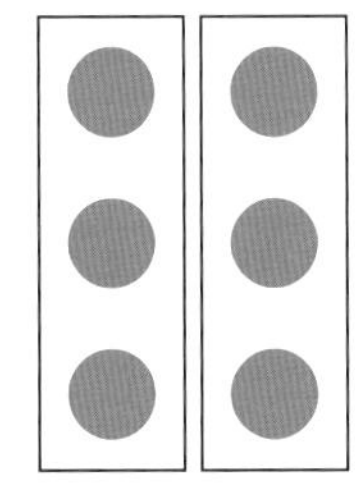

❷ 6この　$\frac{1}{\square}$は　2こです。

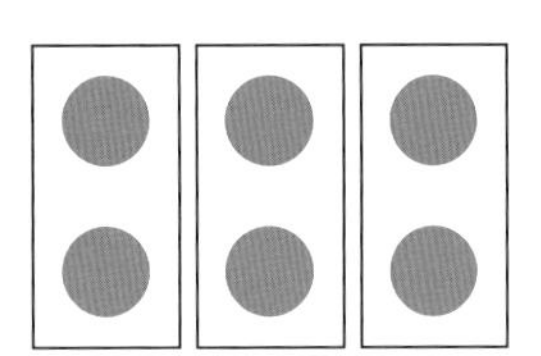

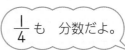

おうちのかたへ
分数は、多くのお子さんが苦手としてしまう学習項目です。
ここの段階ではそのようなことはほぼありませんが、何事も初めが肝心です。

月 日

2 ばいと 分数

もくひょう

ばいと 分数の かんけいを 知ろう。

おわったら シールを はろう

きほんのワーク

教科書 下 86～87ページ　答え 31ページ

きほん1 ばいと 分数の かんけいが わかりますか。

☆ 2つの テープの 長さを くらべましょう。

❶ ㋑の テープの 長さは、

㋐の テープの 長さの □ ばい。

❷ ㋐の テープの 長さは、

㋑の テープの 長さの $\frac{1}{\square}$。

1 4つの テープの 長さを くらべます。 教科書 86ページ1

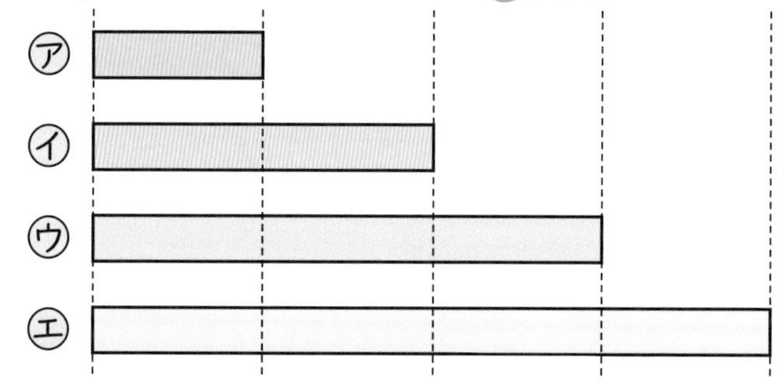

❶ ㋒の テープの 長さは、㋐の テープの 長さの 何ばいですか。

（　　　）

❷ ㋐の テープの 長さは、㋒の テープの 長さの 何分の一ですか。

（　　　）

❸ ㋓の テープの 長さは、㋑の テープの 長さの 何ばいですか。

（　　　）

❹ ㋐の テープの 長さは、㋓の テープの 長さの 何分の一ですか。

（　　　）

おうちのかたへ　「㋑が㋐の2倍であれば、㋐は㋑の$\frac{1}{2}$である。」ということが、感覚的に理解できるとよいでしょう。

まとめのテスト

教科書 ㊦80〜88ページ　答え 31ページ

1 よく出る 正方形の 紙を、おって 切りました。切った １つ分の 大きさは、もとの 大きさの 何分の一ですか。　1つ12〔36点〕

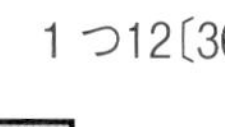

もとの 大きさ

㋐ 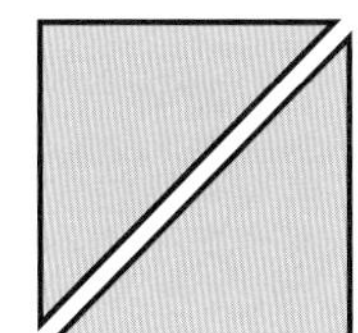
㋑ 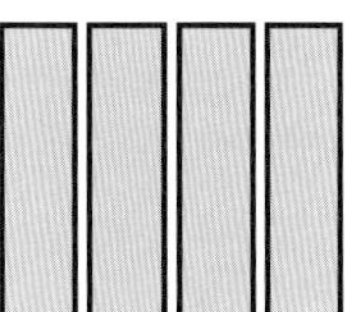
㋒ 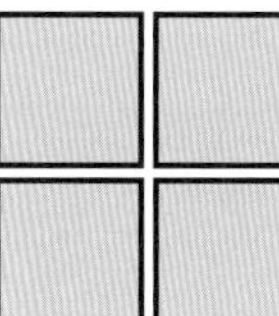

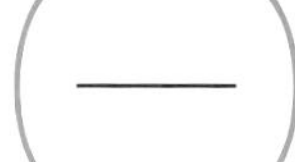

（―）　（―）　（―）

2 色を ぬった ところは、もとの 長さの 何分の一ですか。　1つ12〔36点〕

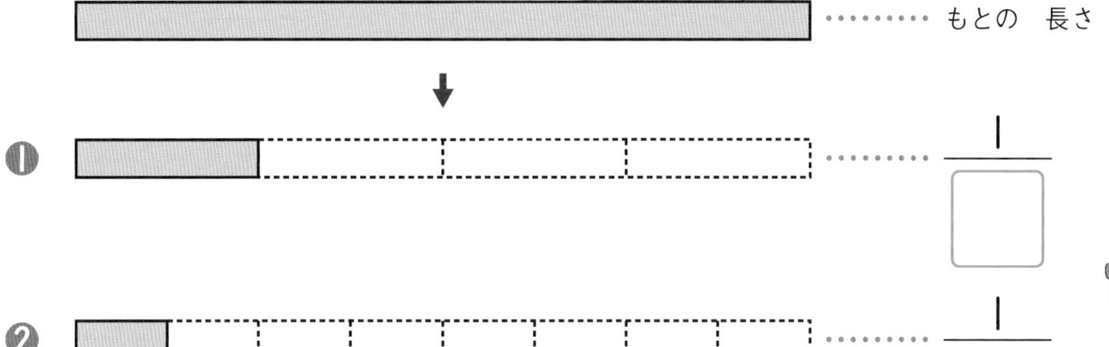

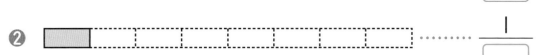

3 2つの テープの 長さを くらべます。　1つ14〔28点〕

❶ ㋑の テープの 長さは、㋐の テープの 長さの 何ばいですか。

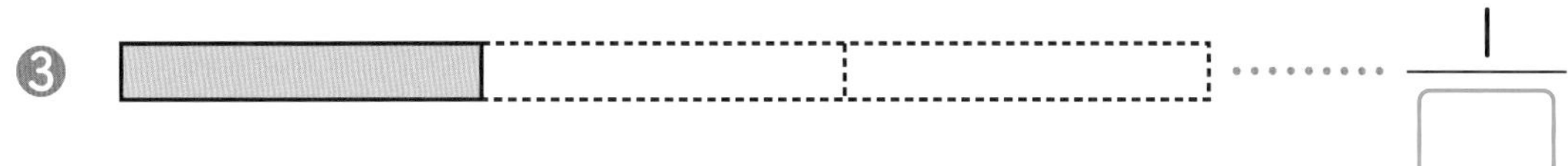
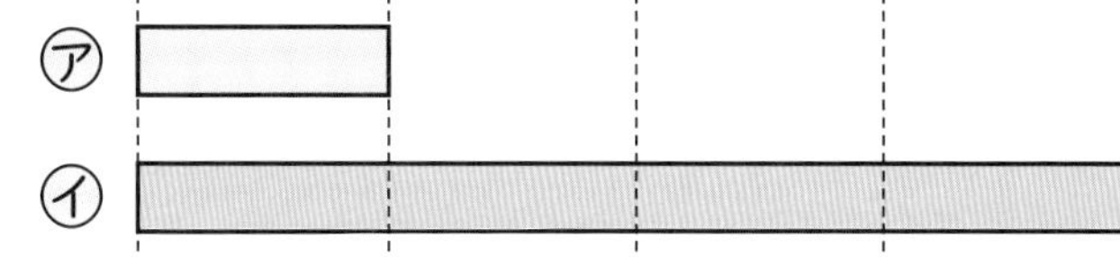

（　）

❷ ㋐の テープの 長さは、㋑の テープの 長さの 何分の一ですか。

（　）

□ いろいろな 大きさを 分数で あらわせるかな？
□ ばいと 分数の かんけいが わかるかな？

べんきょうした 日 月 日

はこの 形を しらべよう

きほんのワーク

もくひょう
面、へん、ちょう点に ちゅう目して、はこの 形を しらべよう。

おわったら シールを はろう

教科書 ㊦ 90～94ページ 答え 32ページ

きほん 1 面の 形や 数が わかりますか。

☆ はこの 面(めん)の 形(かたち)を うつしとりました。

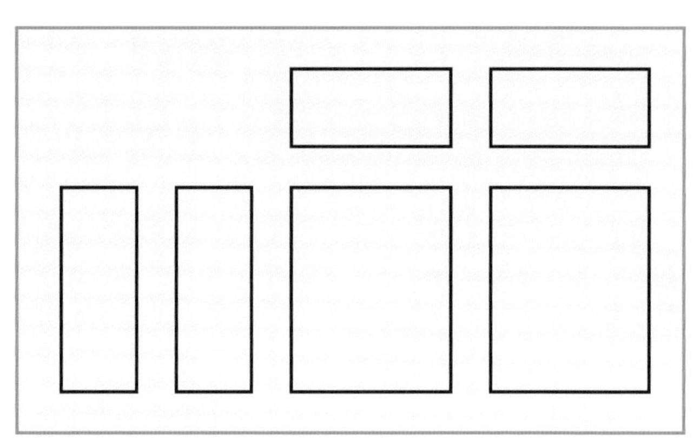

❶ うつしとった 面の 形は、何(なん)と いう 四角形(しかくけい)ですか。

( )

❷ 面は いくつ ありますか。

(つ)

❸ 同(おな)じ 形の 面は、いくつずつ ありますか。

(つずつ)

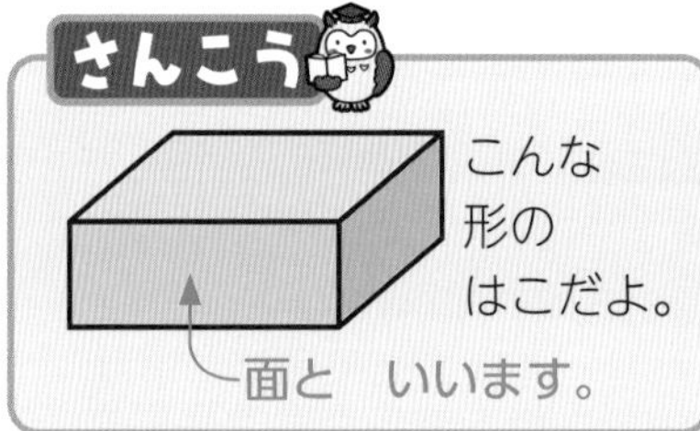
さんこう
こんな
形の
はこだよ。
面と いいます。

1 さいころの 形の はこの 面を うつしとりました。 教科書 91ページ 1

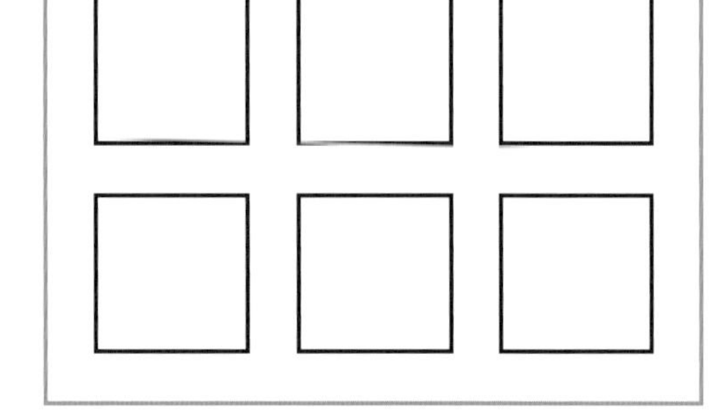

❶ うつしとった 面の 形は、何と いう 四角形ですか。

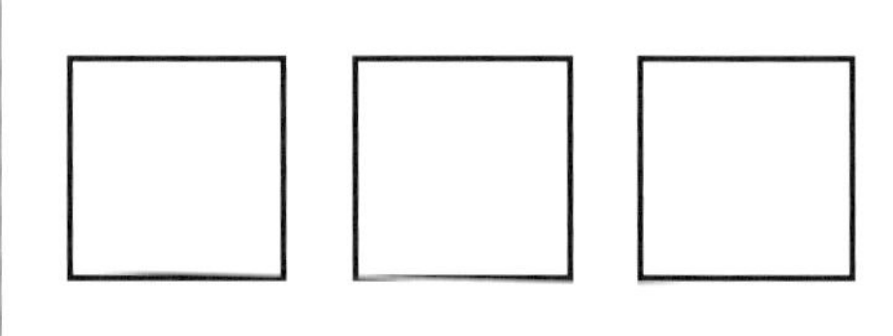

( )

❷ 同じ 形の 面は いくつ ありますか。

( )

2 組(く)み立てると、㋐～㋒の どの はこが できますか。 教科書 93ページ 2

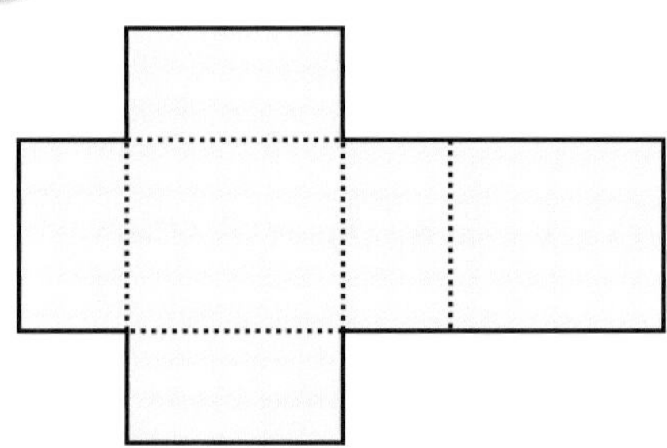

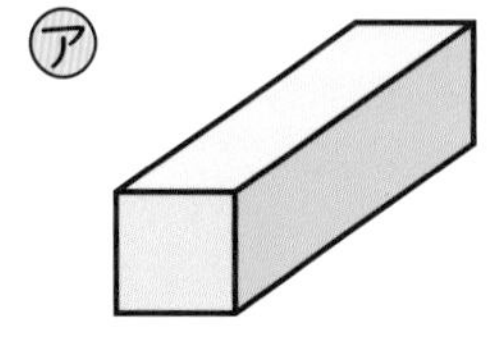
㋐

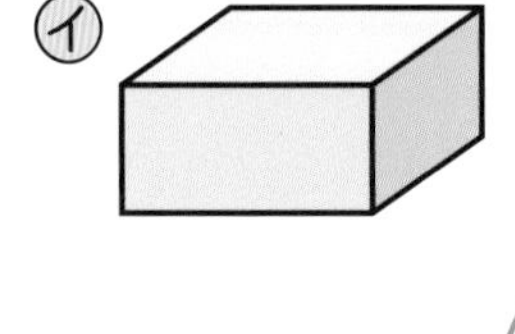
㋑

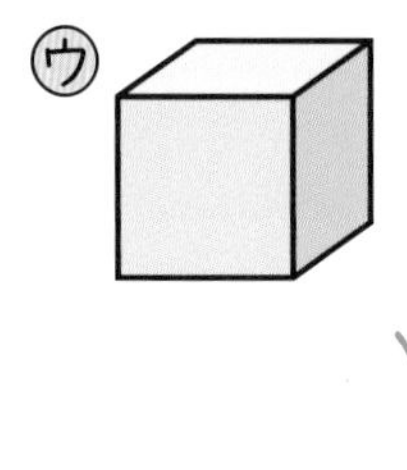
㋒

( )

さんすうはかせ

はこの 形を 切(き)って ひらくと、6つの 長方形(ちょうほうけい)や 正方形(せいほうけい)が くっついた 形に なるよ。
さいころの 形を 切って ひらくと、6つの 正方形が くっついた 形に なるんだ。

きほん2 はこの　形の　へんや　ちょう点が　わかりますか。

☆ ひごと　ねん土玉を　つかって、右のような　はこの　形を　作(つく)ります。
□に　あてはまる　数(かず)を　書(か)きましょう。

10cm　12cm　7cm

❶ どんな　長(なが)さの　ひごを　何本(なんぼん)ずつ　ようい　すれば　よいですか。

● 7cm…□本　● 10cm…□本　● 12cm…□本

❷ ねん土玉は　□こ　いります。

ねん土玉の　ところは　はこの　形の　ちょう点(てん)だね。

たいせつ

はこの　形には、へんが　12、ちょう点が　8つ　あります。

ちょう点　へん

3 ひごと　ねん土玉で、右のような　さいころの　形を　作ります。 教科書 94ページ3

6cm　6cm　6cm

❶ どんな　長さの　ひごが　何本　いりますか。

□cmの　ひごが　□本

❷ ねん土玉は　何こ　いりますか。

(　　　)

4 ひごと　ねん土玉で、右のような　はこの　形を　作ります。 教科書 94ページ3

8cm　6cm　15cm

❶ どんな　長さの　ひごが　何本ずつ　いりますか。

(　　　)

❷ ねん土玉は　何こ　いりますか。

(　　　)

おうちのかたへ　立体図形の基礎として、箱の形を学習します。高学年での図形の学習へスムーズに入れるように、辺や頂点の数などをしっかり押さえておきましょう。

べんきょうした 日 月 日

れんしゅうのワーク

教科書 下 90〜95ページ 答え 32ページ

できた 数 /4もん 中

おわったら シールを はろう

1 面の 形 組み立てると、㋐〜㋒の どの はこが できますか。

（　　　）

2 へんと ちょう点 ひごと ねん土玉を つかって、右のような はこの 形を 作ります。

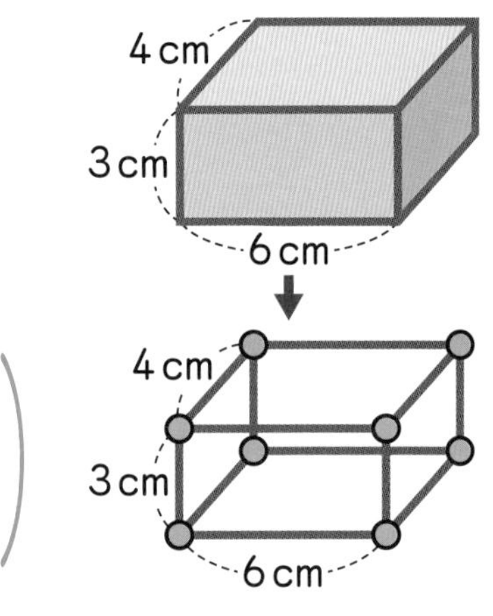

❶ どんな 長さの ひごが 何本ずつ いりますか。

（　　　）

❷ ねん土玉は 何こ いりますか。

（　　　）

3 面の 形 あつ紙で、右の 図のような はこを 作ります。下の 図の どの 四角形が いくつずつ いりますか。

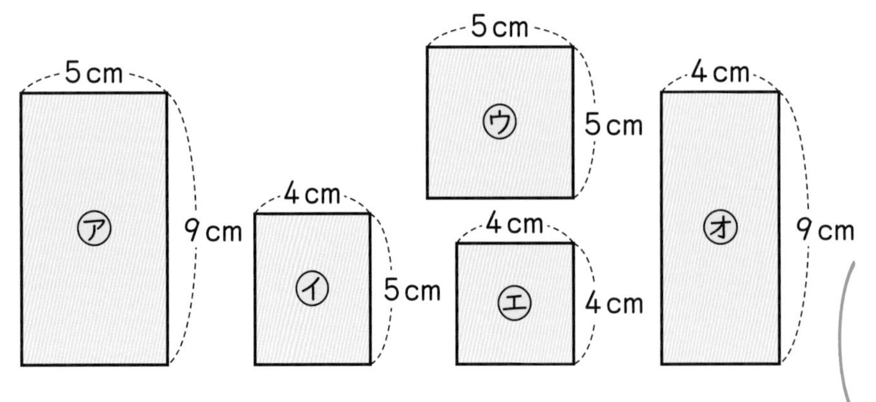

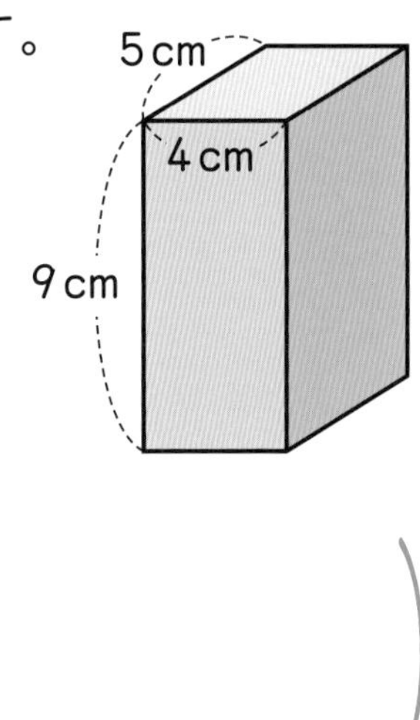

（　　　）

できるナビ
さいころの 形は、面の 形が ぜんぶ 正方形だね。
❸の はこは、面の 形が ぜんぶ 長方形に なって いるよ！

まとめのテスト

時間 20分　とく点 /100点　おわったら シールを はろう

教科書 ㊦90～95ページ　答え 33ページ

1 よく出る □に あてはまる ことばを 書きましょう。　1つ8〔24点〕

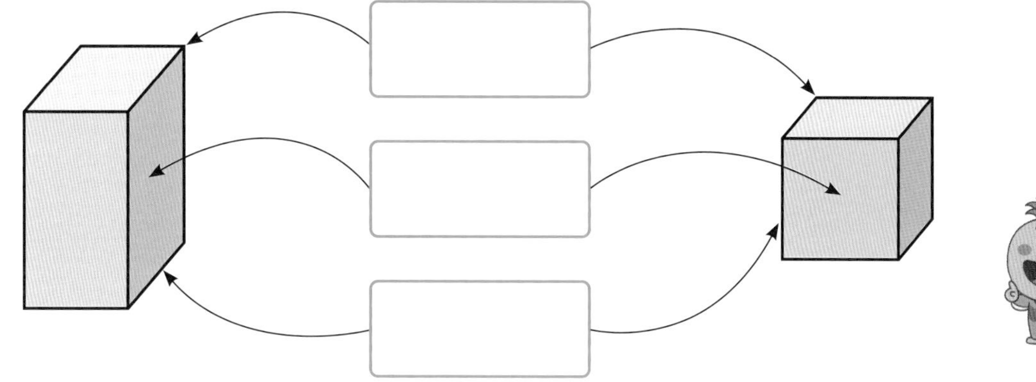

2 組み立てると、㋐～㋒の どの はこが できますか。　〔12点〕

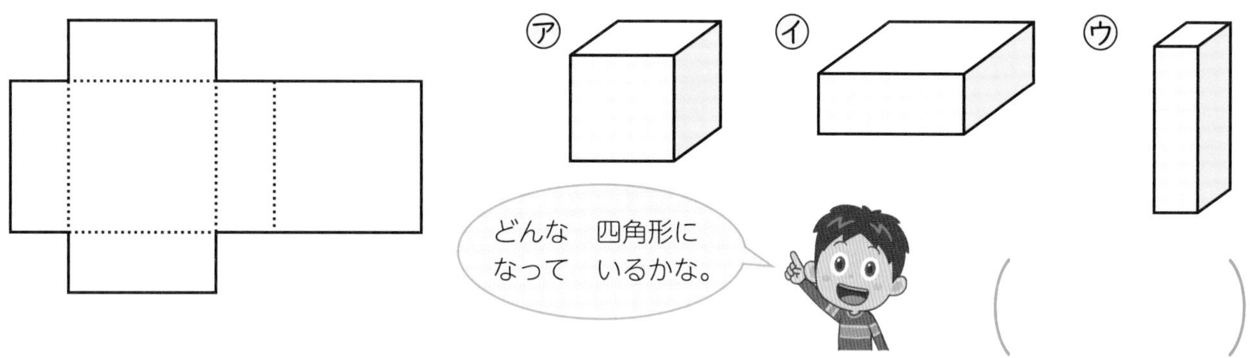

（　　　）

3 ひごと ねん土玉を つかって、右のような はこの 形を 作ります。□に あてはまる 数を 書きましょう。　1つ8〔64点〕

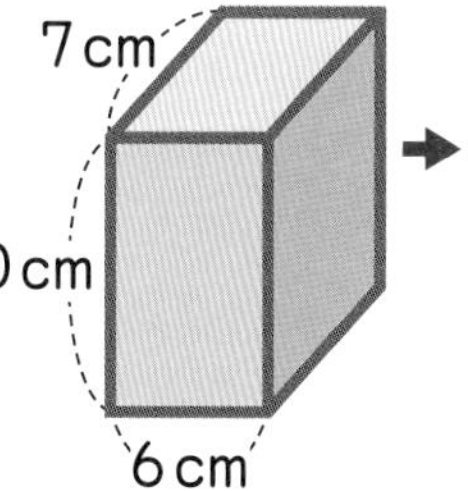

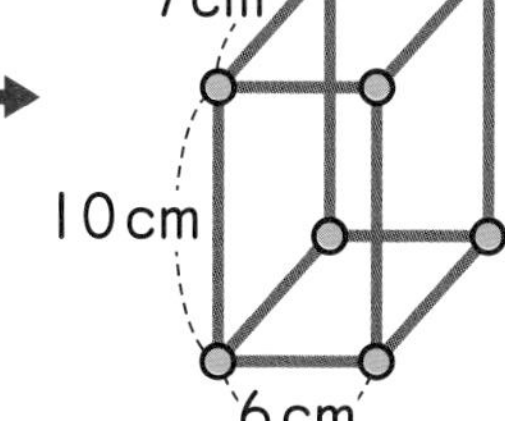

❶ ねん土玉は □ こ いります。

❷ どんな 長さの ひごが 何本ずつ いりますか。

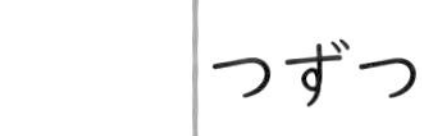

❸ はこの 形には、面が □ つ、同じ 形の 面が □ つずつ

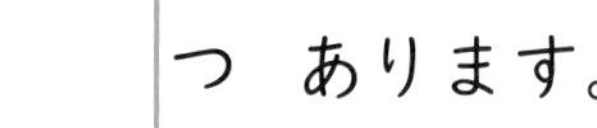

あります。また、へんが □、ちょう点が □ つ あります。

□はこの 形の 面、へん、ちょう点の 数が いえるかな？
□はこの 形の 面の 形や へんの 長さが いえるかな？

べんきょうした 日　月　日

まとめのテスト①

時間20分　とく点 /100点　おわったら シールを はろう

教科書 下 98～99ページ　答え 33ページ

1 つぎの 数(かず)は いくつですか。　1つ4〔16点〕

❶ 1000を 6こ、10を 3こ、1を 2こ あわせた 数　(　　)

❷ 10を 38こ あつめた 数　(　　)

❸ 100を 72こ あつめた 数　(　　)

❹ 10000より 1000 小さい 数　(　　)

2 ↑の めもりが あらわす 数は いくつですか。　1つ4〔16点〕

2000　3000　4000　5000　6000　7000　8000　9000　10000

ア　イ　ウ　エ

ア(　　)　イ(　　)　ウ(　　)　エ(　　)

3 計算(けいさん)を しましょう。　1つ5〔60点〕

❶ 36＋28　❷ 43＋75　❸ 6＋98

❹ 67＋84　❺ 246＋47　❻ 800＋600

❼ 72－38　❽ 139－64　❾ 120－37

❿ 103－9　⓫ 754－45　⓬ 1000－600

4 れいと 同(おな)じように、ひき算(ざん)の 答(こた)えと、たしかめに なる しきを 書(か)きましょう。　1つ4〔8点〕

れい　53－16＝37→ たしかめ 37＋16＝53

82－19＝□ → たしかめ □

□数の線(せん)の めもりを 正しく よめるかな？
□たし算と ひき算の 計算を まちがえずに できるかな？

まとめのテスト②

教科書 ㊦ 100〜101ページ　答え 34ページ

1 かけ算を しましょう。　1つ6〔36点〕

❶ 3×8　❷ 4×6　❸ 8×7

❹ 5×7　❺ 2×9　❻ 1×3

2 ㋐は 長方形、㋑は 正方形です。□に あてはまる 数を 書きましょう。　1つ6〔18点〕

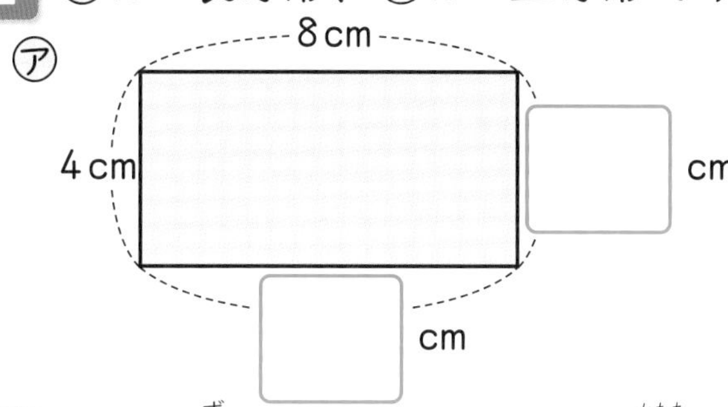

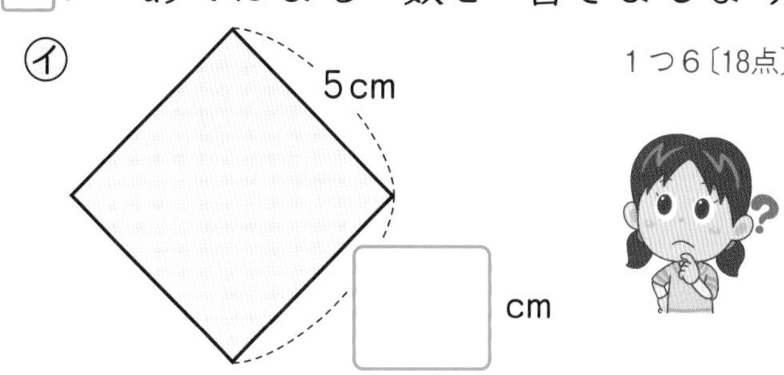

3 右の 図のような はこの 形に ついて 答えましょう。　1つ6〔12点〕

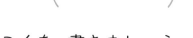

❶ 9cmの へんは いくつ ありますか。（　　）

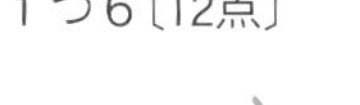

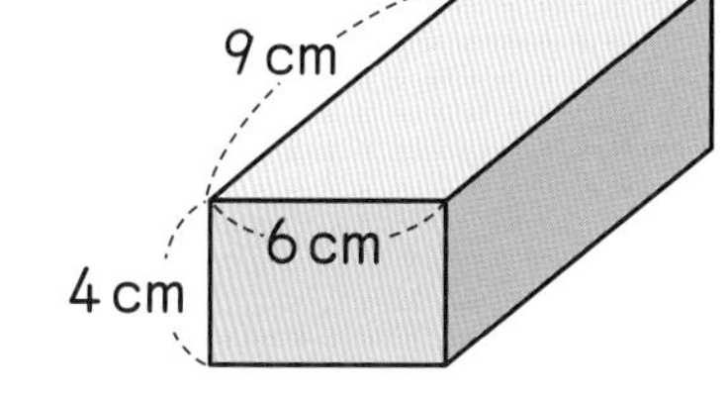

❷ たて 4cm、よこ 6cmの 長方形の 面は、いくつ ありますか。（　　）

4 つぎの 時計の 時こくの 30分前、1時間後の 時こくを 書きましょう。　1つ5〔10点〕

30分前の 時こく（　　）

1時間後の 時こく（　　）

5 左はしから、ア、イ、ウまでの 長さは、それぞれ 何cm何mmですか。　1つ8〔24点〕

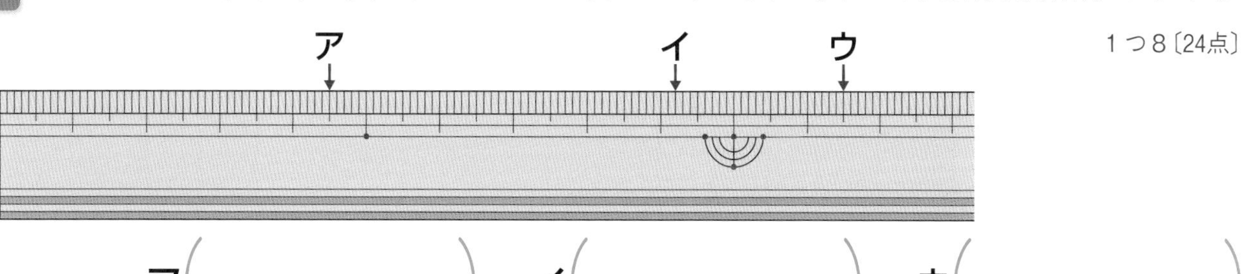

ア（　　）　イ（　　）　ウ（　　）

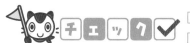

チェック
□九九を ぜんぶ いえるかな？
□はこの 形の ちょう点、へん、面が どこなのか わかるかな？

べんきょうした 日　月　日

まとめのテスト③

とく点　/100点

おわったら シールを はろう

教科書 下 102ページ　答え 34ページ

1 □に あてはまる 数(かず)を 書(か)きましょう。　1つ6〔48点〕

❶ 35mm＝□cm□mm　❷ 4cm6mm＝□mm

❸ 280cm＝□m□cm　❹ 1m3cm＝□cm

❺ 1L＝□dL　❻ 1L＝□mL

2 (　)に あてはまる、たんいを 書きましょう。　1つ7〔28点〕

❶ 紙(かみ)パックに 入る 水の かさ ……………… 500(　　)

❷ ビルの 高(たか)さ ……………………………… 20(　　)

❸ ポットに 入る 水の かさ ……………… 3(　　)

❹ プールの ふかさ ……………………………… 80(　　)

3 おかしの 数を しらべます。　1つ8〔24点〕

❶ グラフや ひょうに あらわしましょう。

おかしの 数

おかし	ガム	あめ	せんべい	ケーキ	ラムネ
数					

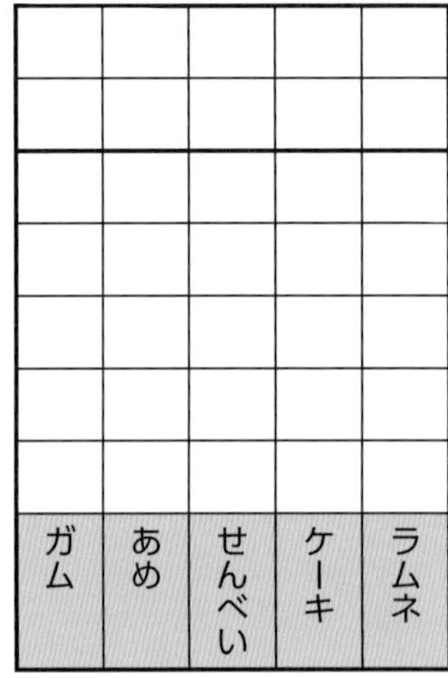

❷ いちばん 多(おお)い おかしは 何(なん)ですか。また、何こですか。(　　　、　　)

ふろくの「計算れんしゅうノート」28～29ページをやろう！

□長(なが)さや かさの たんいの かんけいが わかるかな？
□グラフや ひょうに あらわして 数を くらべられるかな？

教科書ワーク

答えとてびき

「答えとてびき」は、とりはずすことができます。

東京書籍版

算数 2 年

使い方

まちがえた問題は、もういちどよくよんで、なぜまちがえたのかを考えましょう。正しい答えを知るだけでなく、なぜそうなるかを考えることが大切です。

① わかりやすく あらわそう

2・3ページ きほんのワーク

きほん1 ❶

食べたい りょうりと 人数

おすし	ラーメン	カレー	パンケーキ	オムライス	ハンバーグ
		○			
		○			○
	○	○			○
	○	○			○
	○	○	○		○
○	○	○	○		○
○	○	○	○	○	○

❷ 5人

❸

食べたい りょうりと 人数

りょうり	おすし	ラーメン	カレー	パンケーキ	オムライス	ハンバーグ
人数	2	5	7	3	1	6

てびき ❶ グラフをかくときは数えもれや重複を防ぐため、数えたものに印をつけながら、グラフに○をかいていくとよいです。

❷ ❶でかいたグラフからラーメンを食べたい人の人数を読み取ります。

❸ ❶でかいたグラフからそれぞれの人数を読み取り、表に表しましょう。

❶ ❶ カレー　❷ オムライス　❸ 5人

てびき ❸ カレーとおすしの人数の違いは、きほん1の❶でかいたグラフか、❸で表した表から、それぞれの人数を読み取って計算しましょう。
(グラフで人数の違いを数えて答えてもよいです。)

❷ ❶ オムライス、ハンバーグ

❷ おすし

❸ ラーメン、カレー、パンケーキ

てびき きほん1の❶でかいたグラフと、2回目に調べた結果をもとにかかれたグラフを比べます。グラフの○の高さの違いを利用すると人数の変化がわかりやすくなります。
それぞれの人数をグラフをもとに表で表すと、下のようになります。

食べたい りょうりと 人数

りょうり	おすし	ラーメン	カレー	パンケーキ	オムライス	ハンバーグ
人数	2	4	6	1	3	8

4ページ れんしゅうのワーク

❶ ❶

すきな きゅう食と 人数

きゅう食	カレー	スパゲッティ	シチュー	ハンバーグ	あげパン
人数	7	6	2	3	8

❷ あげパン

❸ シチュー

❹ スパゲッティ

❺ 3人

❻ カレーが すきな 人が 5人 多い。

てびき グラフは○の高さの違いを利用することで、人数の多い少ないを比べやすくなっています。表は数字でかかれているので、人数がわかりやすくなっています。
❷や❸はグラフ、❹や❺は表を利用するとわかりやすくなります。グラフと表のどちらを見て答えたか、お子さんに聞いてみましょう。

5ページ まとめのテスト

1 ① したい あそびと 人数 1回め

	○			
	○			
	○		○	
	○	○	○	
○	○	○	○	
○	○	○	○	○
○	○	○	○	○
ボールけり	ボールなげ	かけっこ	しりとり	なわとび

てびき ○をかいて いくとき、下から 順にかいているか 見てください。バ ラバラにかくと、 数の多い少ないが きちんと比較でき ません。

② したい あそびと 人数 1回め

したい あそび	ボールけり	ボールなげ	かけっこ	しりとり	なわとび
人数	4	8	5	2	6

2 あそび [れい]なわとび

わけ [れい]1回めも 2回めも 人気があって、 雨が ふっても できるから。

てびき 1回めでいちばん人気があったボールな げは、2回めではボールけりやかけっこと同じ 人数まで減っています。一方、なわとびは1回 めの人気は2番目でしたが、2回めはいちばん 人気があるあそびになっています。できるだけ 人気があるあそびを選ぶという観点から考える と、なわとびがよいという解答となります。

　グラフの○の高さから、どのあそびが人気が あるか知ることができますが、2回めに調べた 結果のグラフをもとに表をつくり、1回のとき の表との間で人数を比べてもよいです。それぞ れの人数を2回めのグラフをもとに表で表す と、下のようになります。

したい あそびと 人数 2回め

したい あそび	ボールけり	ボールなげ	かけっこ	しりとり	なわとび
人数	4	4	4	5	8

② たし算の しかたを 考えよう

6・7ページ きほんのワーク

きほん1

$$\begin{array}{r} 24 \\ +32 \\ \hline \end{array} \Rightarrow \begin{array}{r} 24 \\ +32 \\ \hline 6 \end{array} \Rightarrow \begin{array}{r} 24 \\ +32 \\ \hline 56 \end{array}$$

❶ くらいを たてに そろえて 書く。　❷ 一のくらいの 計算　❸ 十のくらいの 計算

4+2=6　2+3=5

24+32=56

① 一のくらいの 計算 3+4=7
十のくらいの 計算 5+1=6
53+14=67

$$\begin{array}{r} 53 \\ +14 \\ \hline 67 \end{array}$$

てびき 筆算では、十の位の数どうし、一の位の 数どうしのそれぞれをきちんと縦にそろえて書 くように声をかけましょう。筆算をきちんとそ ろえて書くことは、先のかけ算やわり算の筆算 にもつながることなので、よく見てあげましょ う。計算するときは、一の位の数どうし、十の 位の数どうしのように、位ごとに計算をしま しょう。

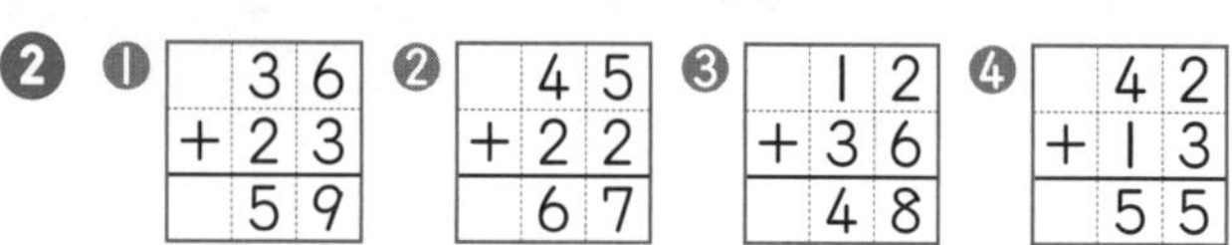

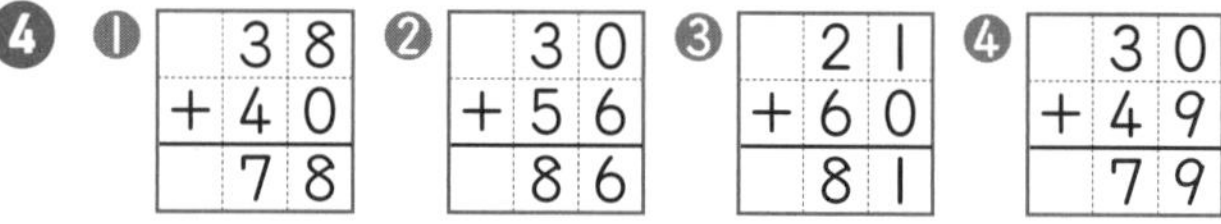

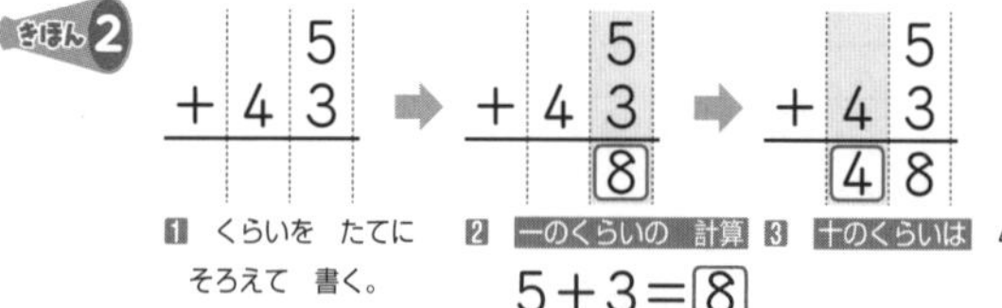

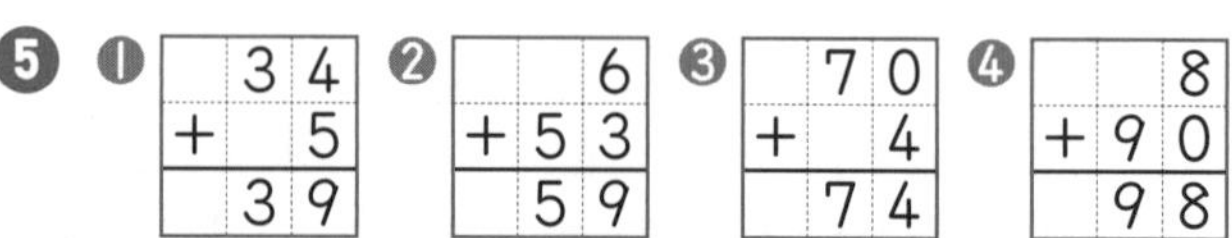

2 ①
$$\begin{array}{r} 36 \\ +23 \\ \hline 59 \end{array}$$
②
$$\begin{array}{r} 45 \\ +22 \\ \hline 67 \end{array}$$
③
$$\begin{array}{r} 12 \\ +36 \\ \hline 48 \end{array}$$
④
$$\begin{array}{r} 42 \\ +13 \\ \hline 55 \end{array}$$

3 しき 23+34=57

答え 57 まい

ひっ算
$$\begin{array}{r} 23 \\ +34 \\ \hline 57 \end{array}$$

4 ①
$$\begin{array}{r} 38 \\ +40 \\ \hline 78 \end{array}$$
②
$$\begin{array}{r} 30 \\ +56 \\ \hline 86 \end{array}$$
③
$$\begin{array}{r} 21 \\ +60 \\ \hline 81 \end{array}$$
④
$$\begin{array}{r} 30 \\ +49 \\ \hline 79 \end{array}$$

きほん2

$$\begin{array}{r} 5 \\ +43 \\ \hline \end{array} \Rightarrow \begin{array}{r} 5 \\ +43 \\ \hline 8 \end{array} \Rightarrow \begin{array}{r} 5 \\ +43 \\ \hline 48 \end{array}$$

❶ くらいを たてに そろえて 書く。　❷ 一のくらいの 計算　❸ 十のくらいは 4

5+3=8

5+43=48

5 ①
$$\begin{array}{r} 34 \\ +\ 5 \\ \hline 39 \end{array}$$
②
$$\begin{array}{r} 6 \\ +53 \\ \hline 59 \end{array}$$
③
$$\begin{array}{r} 70 \\ +\ 4 \\ \hline 74 \end{array}$$
④
$$\begin{array}{r} 8 \\ +90 \\ \hline 98 \end{array}$$

てびき この問題では、① 右のような 誤りが見ら れます。筆算では、同 じ位をきちんと縦にそろえて書く習慣を身につ けましょう。もし、間違ってしまったら、次の ように声をかけてみましょう。

①
$$\begin{array}{r} 34 \\ +\ 5 \leftarrow \\ \hline 84 \end{array}$$
②
$$\begin{array}{r} 6 \nwarrow \\ +53 \\ \hline 113 \end{array}$$

「34 は 30 と 4 のことだね。十の位に 3、一 の位に 4 を書くよね。たす数の 5 は十の位と 一の位のどちらに書くのかな。」

たしかめよう!

ひっ算は くらいを たてに そろえて 書き、 一のくらい どうし、十のくらい どうしの ように くらいごとに 計算します。 1けたと 2けたの たし算の ひっ算は、 くらいを まちがえないように!

8・9ページ きほんのワーク

きほん1

```
  37      ①        ①
+ 25  ➡  37   ➡   37
         +25      +25
           [2]    [6]2
```

1 くらいを たてに そろえて 書く。 2 一のくらいの 計算 3 十のくらいの 計算

7+5=[12]　①+3+2=[6]

37+25=[62]

てびき　筆算をするときは、必ず一の位から計算するようにしましょう。37＋25のように、くり上がりのあるたし算で、先に十の位から計算をしてしまうと、十の位の5をあとから6に直さなければならなくなります。

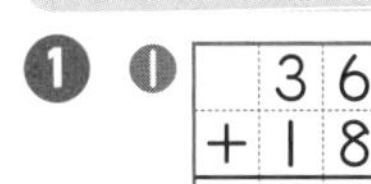

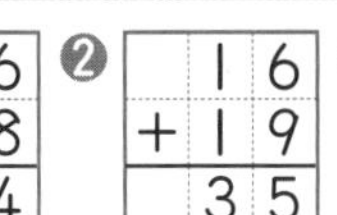

1

❶ 36+18=54　❷ 16+19=35　❸ 24+59=83　❹ 15+49=64

❺ 47+38=85　❻ 69+18=87　❼ 35+17=52　❽ 26+46=72

2

❶ 26+34=60　❷ 51+19=70　❸ 73+17=90　❹ 38+22=60

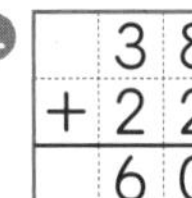

てびき　くり上げた1を書いておくと、間違いが防げます。算数のメモは思考の過程を示す大切なものであり、消さずに残しておくのが原則です。テストの場合でも、筆算やメモ書きは、残しておくようにしましょう。

また、このような計算では、初めのうちは、一の位の「0」を書き忘れるお子さんが多いです。よく見てあげましょう。

```
❶   1
   26
 + 34
   60
```

きほん2

```
  36      ①        ①
+  8  ➡  36   ➡   36
         + 8      + 8
          [4]    [4]4
```

1 くらいを たてに そろえて 書く。 2 一のくらいの 計算 3 十のくらいの 計算

6+8=[14]　①+3=[4]

36+8=[44]

3

❶ 58+4=62　❷ 9+27=36　❸ 43+7=50　❹ 5+75=80

てびき　くり上がりのないたし算のときと同じように、右のような位の間違いをしないように気をつけましょう。

```
   58
 + 4 ←
   98
```

4 [れい] [10]+[30]=40　[25]+[15]=40　[39]+[1]=40

てびき　一の位が0になるのは、0＋0の場合と、1＋9や2＋8のように、1けたどうしをたして10になる場合が考えられます。十の位が4になるのは、一の位どうしのたし算が0＋0の場合は、十の位どうしをたして4になるときで、一の位どうしのたし算の結果が10になる場合は、くり上がりがあるので、十の位どうしをたして3になるときです。

```
  [ア]0          [ウ][エ]
+ [イ]0        + [オ][カ]   (エ+カ=10)
   40              40
(ア+イ=4)      (ウ+オ=3)
```

[れい]の他の組み合わせには次のような場合が考えられます。

0+40、1+39、2+38、3+37、4+36、5+35、6+34、7+33、8+32、9+31、11+29、12+28、13+27、14+26、15+25、16+24、17+23、18+22、19+21、20+20、21+19、22+18、23+17、24+16、26+14、27+13、28+12、29+11、30+10、31+9、32+8、33+7、34+6、35+5、36+4、37+3、38+2、40+0

10ページ きほんのワーク

きほん1 [9][2]、[9][2]

てびき　ここでは、「たされる数とたす数を入れかえて計算しても、答えは同じになる。」ことを学習します。このきまりを理解するだけではなく、自分の出したたし算の答えが正しいかどうかを確かめるために使ってみることが大切です。計算問題が終わったあとや、テストの確かめなどに使えるようにしましょう。

1

左	線でつながる右
37+21	21+37
18+40	40+18
59+6	6+59
26+33	33+26
	12+73

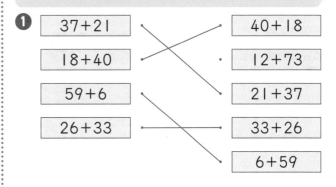

❷ ❶ 38 + 5 = 43　入れかえて 計算しよう。

		5
+	3	8
	4	3

❷ 8 + 57 = 65　入れかえて 計算しよう。

	5	7
+		8
	6	5

11ページ　れんしゅうのワーク❶

❶ ❶ 48　❷ 55　❸ 73　❹ 34

❺ 3 + 47 = 50　❻ 54 + 16 = 70　❼ 59 + 32 = 91　❽ 76 + 6 = 82

てびき　間違えていたら、どうして間違えてしまったのか確認しましょう。数の計算間違いの他にも、次のような点にも注意しましょう。
1. 位を縦にそろえて計算しているか。
2. くり上がりのときに、くり上げた 1 をたし忘れていないか。

間違いの原因を知って、次からはそのことに注意して問題を解くようにしましょう。
❺　右のような間違いをしてしまったら、「3 は一の位と十の位のどちらに書くのかな。」などと声をかけましょう。（3 + 47 = 77）

❷ しき 24＋18＝42　ひっ算 24 + 18 = 42

答え 42 本

てびき　式を 18 + 24 = 42　と考えて、右のような筆算も正解です。（18 + 24 = 42）

❸ しき 37＋15＝52　ひっ算 37 + 15 = 52

答え 52 まい

てびき　式を 15 + 37 = 52　と考えて、右のような筆算も正解です。（15 + 37 = 52）

12ページ　れんしゅうのワーク❷

❶ ❶ しき 14＋78＝92　ひっ算 14 + 78 = 92

答え 92 円

❷ しき 48＋48＝96　ひっ算 48 + 48 = 96

答え 96 円

❸ ガム、ゼリー

❹ しき 50＋48＝98

わたがし、ラムネ

てびき　❶ 式を 78 + 14 = 92　と考えて、右のような筆算も正解です。（78 + 14 = 92）

13ページ　まとめのテスト

1 ❶ 36 + 21 = 57　❷ 58 + 20 = 78　❸ 31 + 5 = 36　❹ 13 + 49 = 62

❺ 69 + 18 = 87　❻ 45 + 25 = 70　❼ 9 + 38 = 47　❽ 76 + 4 = 80

2 45＋18 — 18＋45　63＋27 — 27＋63　32＋56 — 56＋32

（65＋32）

てびき　たされる数とたす数が入れ替わっているものを選びます。

3 [れい] 10＋20＝30
3＋27＝30
25＋5＝30

てびき　この問題は、いろいろな答えが考えられます。[れい]の他に、例えば、15＋15＝30 でも、21＋9＝30 でも、30＋0＝30 でも、たして 30 になっていれば正解です。
「他にも考えられるかな？」と問われても、3 つできたらそれ以上は書かない、というお子さんもいれば、余白がなくなるくらいに、次から次へと式をつくるお子さんもいます。いずれにしても、よいところを見つけほめてあげることが大切です。3 つだけでもきちんとできていたら、そのことをほめてあげてください。
この時期のお子さんは、周りの大人の対応次第で勉強への意欲が大きく変わります。よいところは、どんどんほめてあげましょう。

4 しき 25＋27＝52　ひっ算

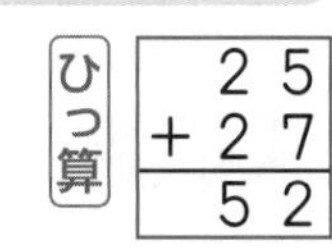

答え 52 人

てびき　式を 27 + 25 = 52　と考えて、右のような筆算も正解です。（27 + 25 = 52）

③ ひき算の しかたを 考えよう

14・15ページ きほんのワーク

きほん1

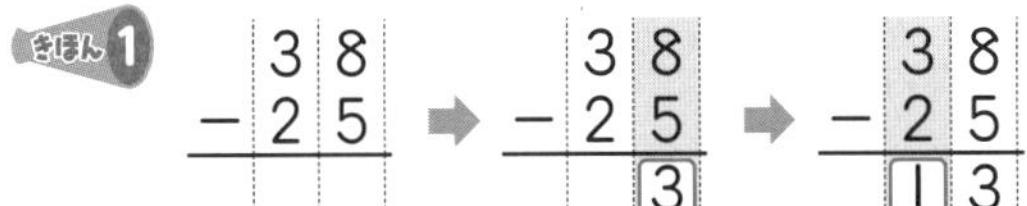

1 くらいを たてに そろえて 書く。 2 一のくらいの 計算 8−5=3 3 十のくらいの 計算 3−2=1

38−25=13

てびき この問題では、十の位の計算の 3−2=1 は、30−20=10 の結果であることを確認しましょう。「位ごとの計算」と「数としての量」の関係をしっかり把握することで、93−2 のような、けた数の異なる計算のミスを防ぐことができます。

❶ 一のくらいの 計算 7−4=3
十のくらいの 計算 6−2=4
67−24=43

	6	7
−	2	4
	4	3

❷ ❶ 45−13=32 ❷ 77−14=63 ❸ 86−22=64 ❹ 59−16=43

きほん2

❶ 36−33 → 一のくらいの 計算 6−3=3 十のくらいの 計算 3−3=0（0は書かない。）
36−33=3

❷ 48−8 → 一のくらいの 計算 8−8=0 十のくらいは 4
48−8=40

❸ ❶ 74−34=40 ❷ 89−50=39 ❸ 57−52=5 ❹ 63−60=3

❹ ❶ 93−2=91 ❷ 68−6=62 ❸ 39−9=30 ❹ 45−5=40

てびき ここでは、右のような間違いをしないようにしましょう。位をきちんとそろえて書く習慣を身につけてください。もし、間違ってしまったら、次のように声をかけてみましょう。「93 は 90 と 3 のことだね。十の位に 9、一の位に 3 を書くね。ひく数の 2 は十の位と一の位のどちらに書くのかな？」

❶ 93 − 2 ← = 73

❺ しき 66−26=40

答え 40 まい

16・17ページ きほんのワーク

きほん1

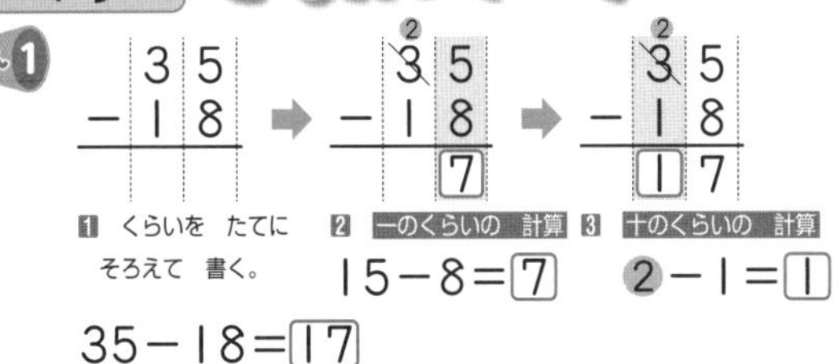

1 くらいを たてに そろえて 書く。 2 一のくらいの 計算 15−8=7 3 十のくらいの 計算 2−1=1

35−18=17

てびき 35−18 の筆算では、一の位の計算で、5 から 8 はひけないので、十の位からブロックを 10 こもってきて、15 にしてから 8 をひくというように考えます。このくり下がりの考え方をしっかり理解しましょう。十の位の計算のときは、1 くり下げたことを忘れずにひくようにします。くり下げたときに、くり下げた後の数をメモしておくとよいでしょう。

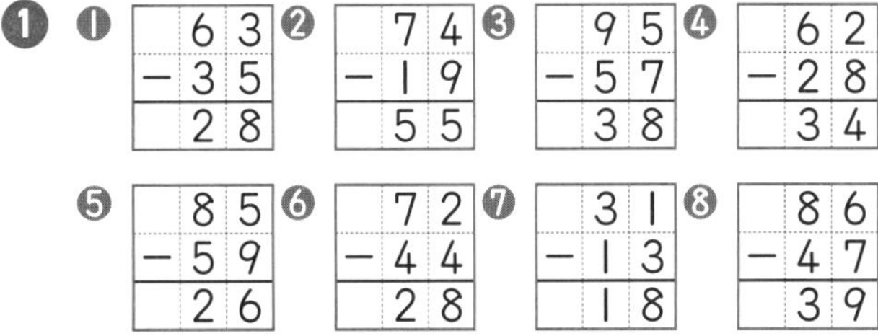

❶ ❶ 63−35=28 ❷ 74−19=55 ❸ 95−57=38 ❹ 62−28=34
❺ 85−59=26 ❻ 72−44=28 ❼ 31−13=18 ❽ 86−47=39

てびき 右のように、一の位の計算で、5−3=2 としていたら、筆算では上の数から下の数をひくように伝えましょう。ひけないので、十の位からくり下げて、13−5 の計算をします。

❶ 63 − 35 = 32

きほん2

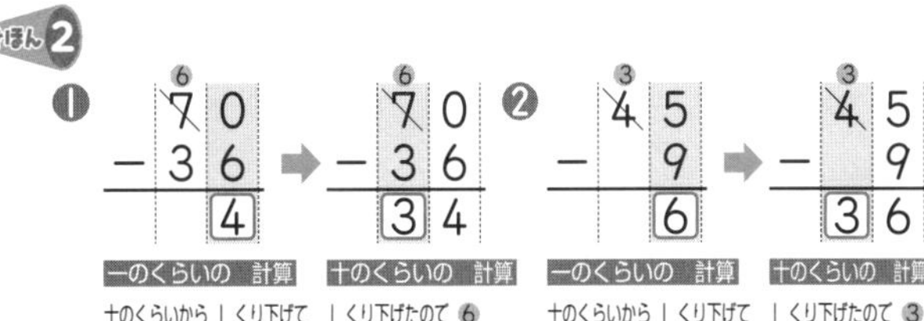

❶ 一のくらいの 計算 十のくらいから 1 くり下げて 10−6=4 十のくらいの 計算 1 くり下げたので 6 6−3=3
70−36=34

❷ 一のくらいの 計算 十のくらいから 1 くり下げて 15−9=6 十のくらいの 計算 1 くり下げたので 3
45−9=36

てびき ❶ 一の位の計算で、0 から 6 はひけないので、十の位から 1 くり下げて計算します。
❷ 一の位の計算で、5 から 9 はひけないので、十の位から 1 くり下げると、十の位の数は 3 となりひく数がないので、これをそのままおろします。

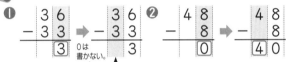

❷ ❶ 60−32=28 ❷ 90−53=37 ❸ 43−38=5 ❹ 70−65=5

❸ ❶ ❷ ❸ ❹

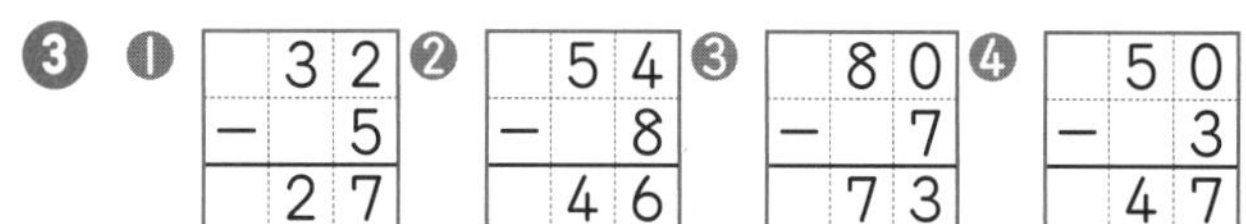

てびき ここでは、位を縦にそろえて書くことに注意しましょう。

❹ [れい] 30 − 3 = 27　64 − 37 = 27
99 − 72 = 27

てびき この問題は、いろいろな答えが考えられます。[れい]の他に、例えば、28−1=27 でも、55−28=27 でも、82−55=27 でも、ひいて 27 になっていれば正解です。

18ページ きほんのワーク

きほん1

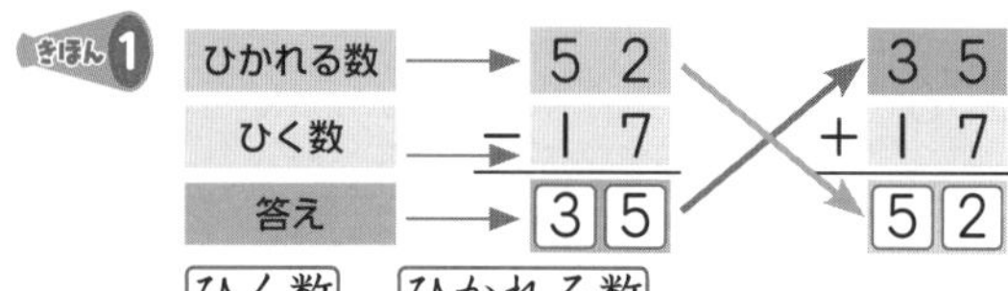

ひく数、ひかれる数

てびき ひき算の答えにひく数をたすと、ひかれる数になります。このことを使うと、ひき算の答えはたし算でたしかめられます。

❶

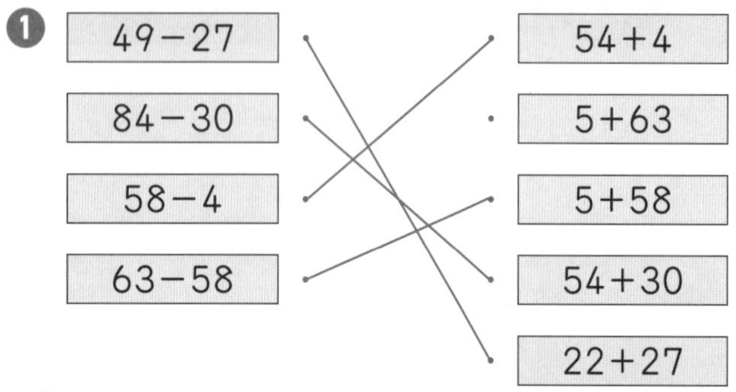

てびき まず、左のひき算の計算をして、答えを出しましょう。その答えにひく数をたしている計算を右から探します。

❷ ❶ 83 − 65 = 18　たしかめ 18 + 65 = 83
❷ 42 − 8 = 34　たしかめ 34 + 8 = 42

てびき ❶で、たし算のたしかめと混同し、65−83 や 65+83 と書いてしまう間違いが見受けられます。ひき算の答えにひく数をたすとひかれる数になることを確認して、たし算のきまりとひき算のきまりは異なることをしっかりとらえてください。

19ページ れんしゅうのワーク❶

❶ ❶ 17　❷ 20　❸ 19　❹ 19

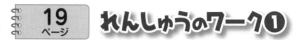

❺ ❻ ❼ ❽

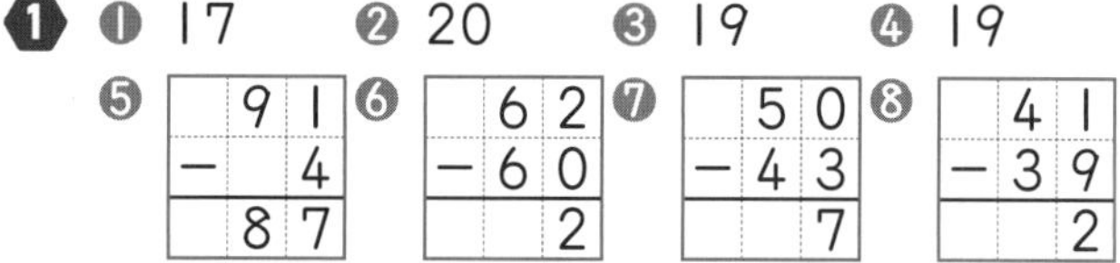

てびき ❽

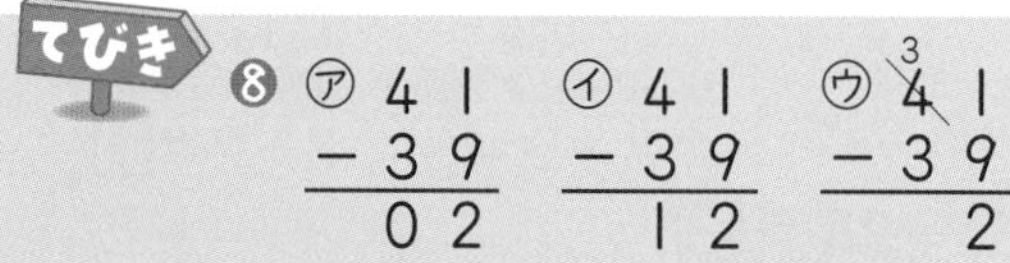

㋐のような間違いをしていたら、2 は 02 とは書かないので、十の位に 0 は書かないことを伝えましょう。㋑では、十の位の計算のときに、1 くり下げたことを忘れて、そのままひいてしまっています。㋒のように、くり下げたあとの数をメモしておくとよいことを伝えましょう。

❷ しき 46−9=37

答え 37 人

てびき 公園に残った子どもの人数と家に帰った子どもの人数をあわせると、はじめにいた子どもの人数になることを利用して、答えの確かめができます。 (確かめ) 37 + 9 = 46

❸ しき 53−38=15

答え 15 人

てびき 竹馬で遊んでいない人の数と竹馬で遊んでいる人の数をあわせると、校庭にいる人の数になることを利用して、答えの確かめができます。 (確かめ) 15 + 38 = 53

20ページ れんしゅうのワーク❷

❶ ❶ しき 80−65=15

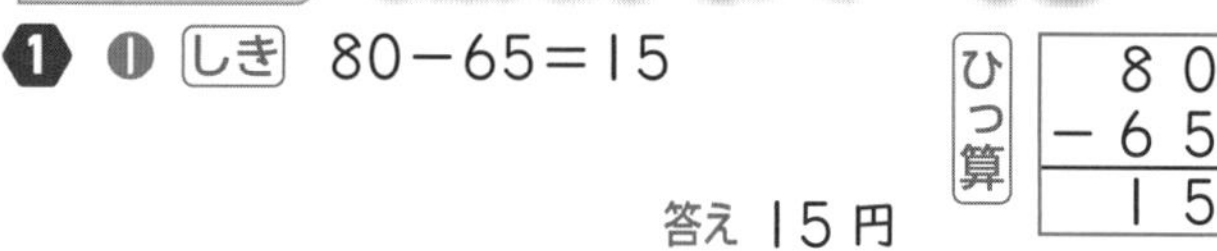

答え 15 円

❷ しき 90−48=42

ひっ算 90 − 48 = 42

答え 42 円

❸ カツ、せんべい

てびき ❸ 90 円で 54 円のグミを買うと、90 − 54 = 36 だから、残りは 36 円になります。36 円か、それよりも安いものをすべて選びます。

❷ ❶ [ひっ算]
```
    5 0
  −   4
    4 6
```
（×）

❷ [ひっ算]
```
    7 1
  − 2 3
    4 8
```
（×）

てびき なぜ、2つの筆算が間違っているのか、理由を言葉で言えるとよいです。

❶、❷の間違いの理由は、次のようになります。

❶ 位を縦にそろえて計算していないから。

❷ くり下げた 1 を十の位でひいていないから。

21ページ まとめのテスト

1

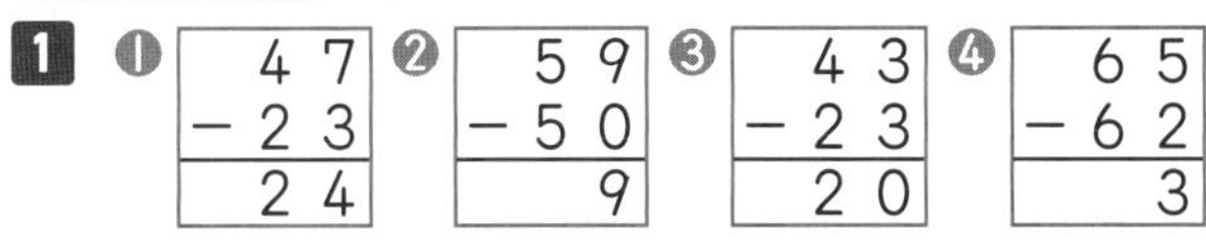

① ```
 4 7
 − 2 3
 2 4
```
② ```
   5 9
 − 5 0
     9
```
③ ```
 4 3
 − 2 3
 2 0
```
④ ```
   6 5
 − 6 2
     3
```
⑤ ```
 3 6
 − 1 7
 1 9
```
⑥ ```
   7 1
 − 4 5
   2 6
```
⑦ ```
 2 3
 − 6
 1 7
```
⑧ ```
   8 2
 −   8
   7 4
```

2

72−31　86−50　48−4

36＋50　44＋48　44＋4　41＋31

てびき

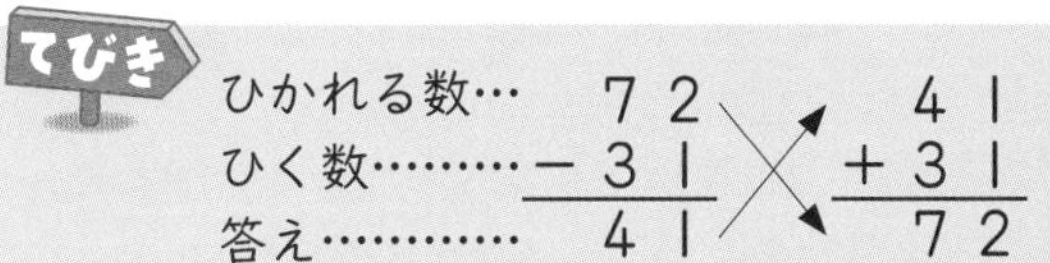

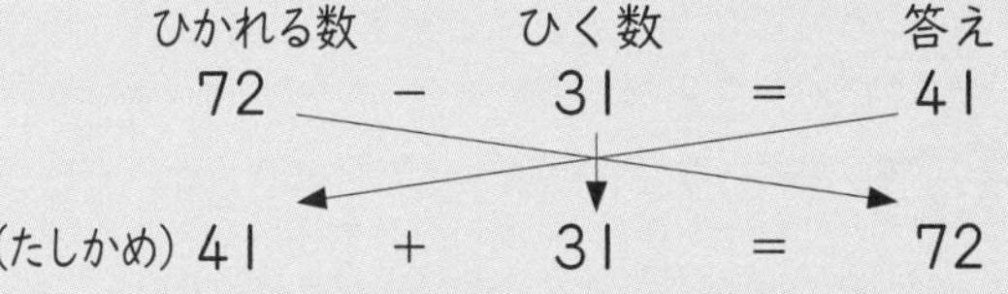

```
ひかれる数…    7 2        4 1
ひく数………  − 3 1      ＋ 3 1
答え…………    4 1        7 2
```

```
ひかれる数    ひく数       答え
  7 2    −   3 1    =   4 1

(たしかめ) 4 1   ＋   3 1   =   7 2
```

答えを探せずにとまどっていたら、もう一度、ひかれる数、ひく数、答えの関係を確認しましょう。

3 [れい] 50−33＝17　20−3＝17

てびき この問題は、いろいろな答えが考えられます。[れい]の他に、例えば、27−10＝17 でも、66−49＝17 でも、99−82＝17 でも、ひいて 17 になっていれば正解です。

4 [しき] 50−35＝15

[ひっ算]
```
    5 0
  − 3 5
    1 5
```

答え 15 円

てびき おつりとチョコレートの金額をあわせると、50 円になることを利用して、答えの確かめができます。
（確かめ） 15 ＋ 35 ＝ 50

どんな 計算に なるのかな？

22・23ページ 学びのワーク

[きほん1] [しき] 14＋26＝40
（26＋14＝40）　　　　答え 40 こ

てびき 下の図から、あわせた個数は、赤と青の玉の個数の合計になることがわかります。

赤い 玉 14こ　　青い 玉 26こ
あわせて □こ

❶ [しき] 25＋11＝36
（11＋25＝36）　　　　答え 36 本

てびき 下の図から、あわせた本数は、白と黄色のストローの本数の合計になることがわかります。

白 25本　　黄色 11本
あわせて □本

❷ [しき] 6＋32＝38
（32＋6＝38）　　　　答え 38 本

てびき はちまきをした子どもが 6 人いるので、使っているはちまきが 6 本あります。下の図から、全部の本数は、6 本と 32 本をあわせた本数になることがわかります。

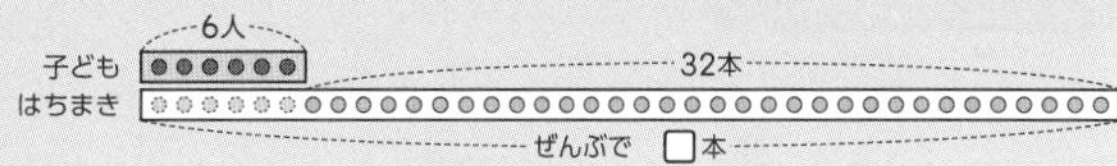

子ども 6人
はちまき　　　32本
ぜんぶで □本

[きほん2] [しき] 36−29＝7
答え 青い 玉が 7 こ 多い。

てびき 下の図から、個数の違いは、青い玉の個数から赤い玉の個数をひいたものになることがわかります。

赤い 玉　　29こ　　　　□こ
青い 玉
36こ

答えの確かめには次の式が考えられます。
少ない方と違いをあわせると多い方になるので、
29 ＋ 7 ＝ 36
多い方から違いをひくと少ない方になるので、
36 − 7 ＝ 29

❸ しき 33−6＝27　　答え 27 人

てびき　下の図から、野きゅうチームの人数は、サッカーチームの人数から６人をひいた人数になることがわかります。

サッカーチーム ●●●… 33人
野きゅうチーム ○○○… □人　6人

答えの確かめには次の式が考えられます。
少ない方と違いをあわせると多い方になるので、
27 ＋ 6 ＝ 33
多い方から少ない方をひくと違いになるので、
33 − 27 ＝ 6

❹ しき 34−27＝7
答え（オレンジ）ジュースが　（7）本　多い。

てびき　下の図から、オレンジジュースの本数からグレープジュースの本数をひいたものになることがわかります。

オレンジジュース ●●●… 34本
グレープジュース ○○○… 27本　□本

答えの確かめには次の式が考えられます。
多い方から違いをひくと少ない方になるので、
34 − 7 ＝ 27
少ない方と違いをあわせると多い方になるので、27 ＋ 7 ＝ 34

たしかめよう!
ひき算の　たしかめには　たし算を　つかう　やり方の　ほかにも　ひき算を　つかう　やり方が　あります。もんだいを　よく　よんで　たしかめの　しきも　かんがえて　みましょう。

④ 長さを はかって あらわそう

24・25 ページ きほんのワーク

きほん1 [1]センチメートル、[6]つ分、[3]cm

てびき　ここでは、長さは、１センチメートルのいくつ分かで表します。その他の長さの単位については、この後に学習します。

❶ ㋑

てびき　長さを測るときは、物差しと測るものとの位置関係が重要です。㋐と㋒は物差しが斜めになっているので、正しい長さが測れません。お子さんが実際に物差しを使って測るときには、注意して見てあげてください。

❷ ❶ 8cm　　❷ 2cm

てびき　❷で右端の目もりを読んで、13cmと答えていたら、どこの長さを求めるのか確認しましょう。クリップの左端から右端をさして、「ここからここまでの長さを求めるね。」と声をかけましょう。

11 12 13 14

きほん2 1cm＝[10]mm
ア[7]mm　イ[7]cm[3]mm　ウ[11]cm[5]mm

てびき　竹の物差しには、数字が書いていないので、読み取ることが少し難しくなります。5cmや10cm、5mmの目もりを基準に長さを読み取るとよいでしょう。
目もりだけでなく、5cmや10cmごとなどについている印も利用しましょう。

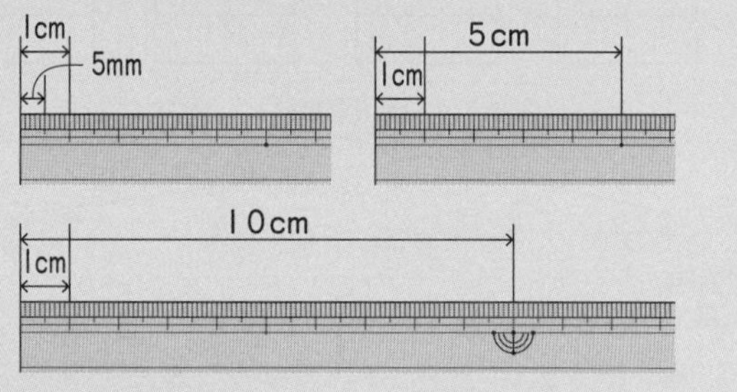

❸ ❶ 4cm5mm　　❷ 6cm7mm
❸ 1cm8mm　　❹ 2cm3mm
❺ 10cm3mm

てびき　❷ 5cmの目もりから、右へ1cm分長いので、6cm。6cm5mmから右へ2mm分長いので、6cm7mmとなります。

26・27 ページ きほんのワーク

きほん1 [5]cm[7]mm
[50]mmと　[7]mmだから　[57]mm

てびき　5cm＝50mmなので、この線の長さは、50＋7＝57(mm)とも表せます。

❶ ❶ 9cm4mm　　❷ 94mm
❷ ❶ 4cm＝[40]mm　　❷ 80mm＝[8]cm
❸ 5cm3mm＝[53]mm
❹ 32mm＝[3]cm[2]mm

てびき　❹ 32mm＝30mm＋2mmと表せて、30mm＝3cmなので、3cm2mmと表せます。

❸ しょうりゃく

たしかめよう!

❶ 7cmの　長さの　直線を　ひく　ときは、ものさしで　7cm　はなれた　2つの　点を　かき、線で　つなぎます。
❷ ものさしで　11cm4mmの　点を　かく　とき、ものさしの　めもりの　よみまちがいが　ないように　気を　つけましょう。点と　点を　直線で　つなぐ　とき、線が　ゆがんだり、長さが　かわって　しまったり　しないように、ものさしを　しっかりと　おさえましょう。

きほん2 ❶ [3]cm+[4]cm=[7]cm
❷ [3]cm[5]mm+[5]cm=[8]cm[5]mm

てびき ㋐、㋑の線の長さを、物差しを使って測ります。
㋐の線の長さは、3cm+4cmです。
㋑の線の長さは、3cm5mm+5cmです。

❹ [8]cm[5]mm−[7]cm=[1]cm[5]mmだから、[㋑]の　線が　[1]cm[5]mm　長い。

❺ ❶ [15]cm[5]mm　❷ [8]cm[7]mm
❸ [8]cm[8]mm　❹ [6]cm[4]mm
❺ [17]cm[4]mm　❻ [10]cm[5]mm

てびき 単位の入っていないたし算、ひき算はできるけれど、単位が混じるとなかなか計算ができないというケースもみられます。長さの単位の入った計算では、cmはcmの単位ごとに、mmはmmの単位ごとに計算すればよいということを理解していても、実際に計算をしようとすると、うまくできない場合があります。計算する際に、同じ単位に線をひいて単位のグループ分けをするなどしてみると、わかりやすくなり、理解が進むようです。

28ページ　れんしゅうのワーク

❶ ❶ [5]cm=[50]mm
❷ [4]cm[3]mm=[43]mm
❸ [1]cm[2]mm=[12]mm

❷ しょうりゃく

てびき お子さんの答えを物差しで測って、丸つけをしてください。少しのズレであれば正解としてください。物差しをしっかりと押さえて線をひいているかをここで確認しましょう。

❸ ❶ しき　4cm3mm+3cm=7cm3mm
答え　7cm3mm
❷ しき　7cm3mm−6cm=1cm3mm
答え　1cm3mm　長い。

てびき ❶ cmの単位の数どうしで計算します。mmはそのままの値になります。
❷ cmの単位の数どうしで計算して、7cm−6cm=1cmとなり、mmはそのままの値となるので、求める答えは、1cm3mmとなります。

29ページ　まとめのテスト

1 ア　1cm5mm　イ　4cm9mm
ウ　9cm8mm　エ　11cm1mm

2 ❶ [10]
❷ [7]つ分
❸ [9]つ分
❹ [6]cm[5]mm、[65]mm

3 ❶ mm　❷ cm

4 ❶ 9cm3mm
❷ 5cm6mm
❸ 7cm7mm
❹ 8cm2mm

てびき 長さの学習では、いろいろな長さを目測で見当をつけたり、実際に物差しを使って測ってみたりして、単位の量感を養うことが大切です。

たしかめよう!

みの　まわりに　ある　いろいろな　ものの　長さを　ものさしで　はかって、どのくらいの　長さなのかを　しらべて　みましょう。

⑤ 100より 大きい 数を しらべよう

30・31ページ　きほんのワーク

きほん1 ❶ [3]、[三百二十四]　❷ [324]

てびき 数字を読む、漢数字を書く、数字を書くという、3つの作業をこなす必要があります。低学年のお子さんには意外に大変なものなのです。根気強く頑張りましょう。

❶ ❶ 206(本)

てびき 100のまとまりが2個、10のまとまりは0個、1が6個あるので、206になります。10のまとまりがないことから十の位の数字が0になることに注意し、0を書き忘れることがないようにしましょう。

❷ ❶ 百四十七　❷ 三百八　❸ 六百

❸ ❶ 183　❷ 940　❸ 800

てびき ❶ 百八十三を、10083と書いていたら、位取りの表を書いて、もう一度書き方を確かめましょう。

百のくらい	十のくらい	一のくらい
1	8	3

きほん2 ❶ 百のくらい…6　十のくらい…8
一のくらい…3
❷ 683　❸ 683

❹ ❶ 376　❷ 4、6、5
❸ 7、8　❹ 253

❺ ❶ 524＝500＋20＋4
❷ 300＋9＝309

てびき 文章で説明している内容を式で表すと、すっきり、わかりやすく表すことができます。式に表すことのよさや利点を実感してください。また、大きな数が苦手だという場合には、具体的なものでイメージを持たせるとよいでしょう。たとえば、100円玉が何個、10円玉が何個というように、お金に置きかえて考えるなど、身近なものを用いてみると理解が進みやすくなることが多いです。

32・33ページ きほんのワーク

きほん1

10が　13こ＜10が　10こ→100／10が　3こ→　30＞130

てびき 10のまとまりが10より多くなると、難しく感じるお子さんが多いようです。実際に10円玉を使いながら、10円玉が10個で100円、その逆の100円玉は10円玉が10個であることから理解するとよいでしょう。

❶ ❶ 270　❷ 400

てびき ❶ 27個を20個と7個に分けて考えます。

10が　27こ＜10が　20こ→200／10が　7こ→　70＞270

10が20個で200、10が7個で70だから、200と70で270になります。

❷ 260＜200→10が　20こ／60→10が　6こ＞10が　26こ

❸ 45こ

てびき 450を400と50に分けて考えます。

450＜400→10が　40こ／50→10が　5こ＞10が45こ

400は10が40個、50は10が5個だから、40個と5個で45個になります。

きほん2 ❶ 1000　❷ 999

❸
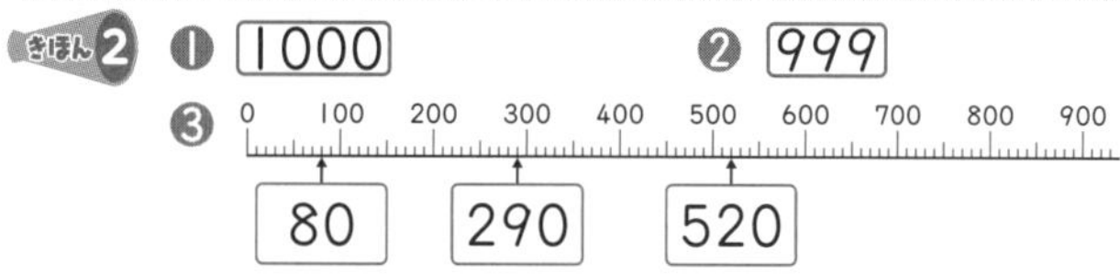

❹ ❶
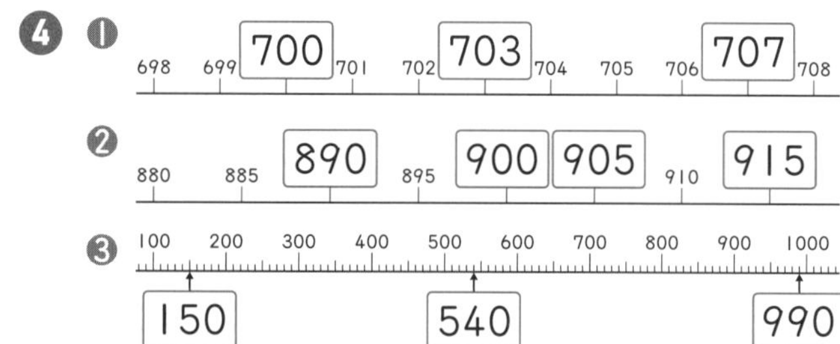

てびき 一番小さい1目盛りがいくつかを考えます。❶は、1目盛りが1を表しています。❷は、880の次が885になっているので、1目盛りが5だとわかります。❸は、100と200の間が10に分かれているので、1目盛りが10を表しています。

❺ ❶ 600　❷ 700　❸ 67

てびき ❷670がいくつより30小さいかは、下のように、100や10のまとまりや、数の線を使って考えることができます。

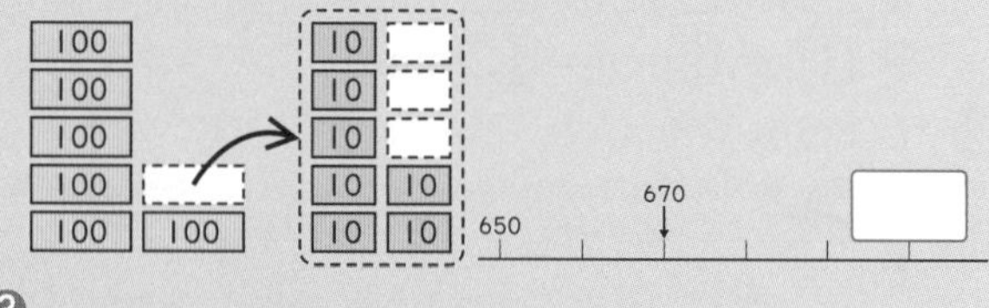

❸

670＜600→10が　60こ／70→10が　7こ＞10が67こ

34・35ページ　きほんのワーク

きほん1　❶ 130　❷ 90

てびき　10のまとまりや100のまとまりで考えると、計算がしやすくなります。10円玉や100円玉を使いながら考えるとよいでしょう。

1　❶ 110　❷ 140　❸ 80　❹ 70
❺ 600　❻ 1000　❼ 200　❽ 300

てびき　❺～❽は、100の束が何個あるかを考えると、❺3+3=6、❻8+2=10、❼6−4=2、❽10−7=3となります。

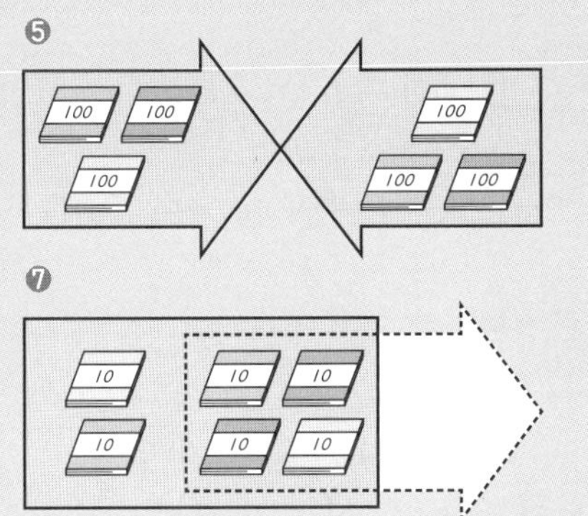

2　❶ 640　❷ 600
❸ 205　❹ 200

きほん2　❶ 十のくらい　❷ 487＜493

てびき　不等号の意味を理解していないことが多いです。口が開いている方が大きいと絵に表して、下のように書いてみるとよいでしょう。
㊅＞㋛　㋛＜㊅

3　❶ 589＜603　❷ 392＞379
❸ 804＜809　❹ 93＜106

てびき　数の大小を比べる問題では、大きな位の数字から順に比べていきます。❶は百の位、❷は十の位、❸は一の位の数字で判断することができます。

❶

百のくらい	十のくらい	一のくらい
5	8	9
6	0	3

589＜603

❷

百のくらい	十のくらい	一のくらい
3	9	2
3	7	9

392＞379

↑百の位は同じ。

4　❶ 7、8、9　❷ 0、1、2

5　❶ しき 70+50=120　答え 120円
❷ 150＞70+50　150＝70+80
150＜70+100
❸ ロールパン　または　あんパン

てびき　❷まず、たし算の部分を計算します。70+50=120だから、150＞70+50となります。70+80=150だから、150=70+80
70+100=170だから、150＜70+100です。

36ページ　れんしゅうのワーク

1　470円

2　❶ 120＞50+30、120＝50+70
120＜50+80
❷ クッキー

てびき　❶ まず、たし算の部分を計算します。
50+30=80だから、120＞50+30
50+70=120だから、120=50+70
50+80=130だから、120＜50+80
❷　❶より、50+70=120だから、70円のクッキーになります。

3　❶ しき 300+50=350　答え 350円
❷ しき 350−50=300　答え 300円

てびき　10を何個集めた数かで考えると、❶は30個と5個をたして35個、❷は35個から5個をひいて30個です。
また、❶では、100を3個と10を5個あわせた数だから350になると考えることもできます。

37ページ　まとめのテスト

1　❶ 349　❷ 602

2　❶ 630　❷ 50　❸ 10　❹ 100
❺ 437=400+30+7

3　❶ （数の線　0、100、200、300、400、500、600）
ア 10　イ 160　ウ 490

❷ （数の線　970、980、990、1000）
エ 975　オ 984　カ 998

てびき　❶ 数の線の一番小さい1目盛りは10を表しています。**イ**は100から6目盛り分、**ウ**は400から9目盛り分です。
❷　数の線の1目盛りは1を表しています。**エ**は970より5大きい975となります。

4 ❶ 679 < 697　❷ 500 = 550 − 50

てびき ❶ 百の位の数字が同じなので、十の位の数字を比べます。
❷ ひき算の部分を計算すると、
550−50＝500 だから、
500＝550−500 です。

⑥ 水の かさを はかって あらわそう

38・39ページ きほんのワーク

きほん1 ・デシリットル　・dL　・7、7

てびき ここでは、かさは、1デシリットルのいくつ分かで表します。その他のかさの単位については、この後に学習します。

1 ❶ 3dL　❷ 5dL　❸ 13dL

てびき 1dL がいくつ分あるかを図から読み取ります。
❶ 1dL の3つ分だから、3dL です。
❷ 1dL の5つ分だから、5dL です。
❸ 1dL の13個分だから、13dL です。

きほん2 ・リットル　・L、10dL　・1L5dL

てびき 図から、紙パックに入る水の量は、1L と1L を10に分けた5つ分の目盛りを表しています。1目盛り分は、1dL を表しているので、あわせて1L5dL になります。
また、1L＝10dL なので、
1L5dL＝15dL と表すこともできます。

2 ❶ ㋐4L　㋑40dL
❷ ㋐2L3dL　㋑23dL
❸ ㋐1L8dL　㋑18dL

てびき 「さんすうはかせ」コーナーでもふれていますが、メートル法の単位表現の意味がわかると理解が進みます。下の表にあるように、10分の1がデシ(d)、100分の1がセンチ(c)、1000分の1がミリ(m)、逆に1000倍はキロ(k)といったことを、お子さんの興味にあわせて話してあげるのもよいでしょう。

大きさを表すことば	ミリ m	センチ c	デシ d		デカ da	ヘクト h	キロ k
意味	$\frac{1}{1000}$倍	$\frac{1}{100}$倍	$\frac{1}{10}$倍	1	10倍	100倍	1000倍
かさの単位	mL	(cL)	dL	L	(daL)	(hL)	kL

40・41ページ きほんのワーク

きほん1 ・ミリリットル　・mL、1000mL

てびき 図から、びんに入っている水の量は、1dL が2つ分と1dL を10に分けた5つ分の目盛りを表しています。
1目盛り分は、10mL を表しているので、合わせて2dL50mL になります。
1dL＝100mL なので、2dL50mL＝250mL と表すこともできます。

1 1ぱい分

2 ❶ mL　❷ L　❸ mL

てびき L、dL、mL のどの単位が入るかを考えましょう。
❶ びんに入った牛乳なので、200L ではあまりに大きすぎますし、200dL(＝20L)でも大きすぎます。
❷ 水槽に入った水なので、8L があてはまります。8dL、8mL では、小さすぎます。
❸ 目薬なので、10L、10dL では大きすぎます。初めのうちは、それぞれ単位が実感できないものです。具体的にそれぞれの対象物を見せてラベルなどに書いてある内容量などを調べる方法を試してみましょう。

きほん2 ❶ 1L2dL＋1L＝2L2dL
❷ 1L2dL−1L＝2dL

てびき かさの計算は、同じ単位の数どうしで計算すればよいことを確認しましょう。cm と mm の計算のときと同じです。

3 ❶ 4L5dL　❷ 1L5dL
❸ 4L5dL　❹ 2L2dL

てびき ❶ L どうしのたし算をします。
❷ L どうしのひき算をします。
❸ dL どうしのたし算をします。
❹ dL どうしのひき算をします。

4 みお…1、5　りく…2　さら…5

てびき みお、りく、さらの考えの他にも、くみ方はたくさんあります。1dL のます10杯でもよいですし、(5dL のます1杯)＋(2dL のます1杯)＋(1dL のます3杯)でもよいでしょう。どんなくみ方があるか、話し合ってみましょう。

42ページ れんしゅうのワーク

❶ ❶ 5dL ❷ 1L5dL ❸ 2L5dL
❹ 2L ❺ 1L ❻ 5dL

てびき ❶ 1dLが5つ分なので、5dLになります。
❷ 1Lと1dLが5つ分なので、1L5dLになります。
❸ そうたさんは1Lなので、みおさんとあわせると、1L+1L5dL=2L5dLになります。
❹ あおいさんとみおさんとをあわせると、5dL+1L5dL=1L10dLで、10dL=1Lなので、2Lになります。
❺ あおいさんとみおさんとの違いは、1L5dL−5dL=1Lになります。
❻ あおいさんとそうたさんとの違いは、1L=10dLなので、1L−5dL=10dL−5dLより、10dL−5dL=5dLになります。

43ページ まとめのテスト

1 ❶ 14dL(1L4dL) ❷ 2L6dL(26dL)

てびき ❶ 1dLが14個分なので、14dLになります。また、10dL=1Lなので、14dL=10dL+4dLより、10dL+4dL=1L4dLになります。
❷ 一番右のますは、1Lを10に分けた6つ分の目盛りを表しています。これは6dLになるので、全部で2L+6dL=2L6dLになります。また、1L=10dLなので、2L=20dLより、2L6dL=26dLになります。

2 ❶ 10dL ❷ 1000mL ❸ 5
3 ❶ L ❷ mL ❸ dL

てびき L、dL、mLのどの単位が入るかを考えましょう。
❶ バケツに入った水なので、6Lがあてはまります。6dL、6mLでは、小さすぎます。
❷ コップに入った水なので、180L、180dLでは大きすぎます。
❸ 水筒に入った水なので、7Lでは大きすぎ、7mLでは小さすぎます。

4 ❶ しき 1L5dL+4dL=1L9dL
答え 1L9dL
❷ しき 1L5dL−4dL=1L1dL
答え 1L1dL

⑦ 時計を 生活に 生かそう

44・45ページ きほんのワーク

きほん1 ❶ 3時 ❷ 3時10分 ❸ 10分
❹ 60分、1時間、1時間=60分
❺ 4時10分

❶ ❶ 10分 ❷ 30分 ❸ 30分 ❹ 20分
❷ ❶ 7時20分 ❷ 5時20分
❸ 6時 ❹ 6時50分

てびき 時刻や時間の計算でも、長さやかさの計算のときと同じように計算します。「時」と「時」の間の時間を計算するときの単位は「時間」になります。「〜時間後」や「〜分後」のように時が進むときの計算ではたし算、「〜時間前」や「〜分前」のように時がもどるときの計算ではひき算で考えるということもしっかりと確認しておきましょう。
❶ 6時20分の1時間後は、「時」について計算して、6+1=7より、7時20分になります。
❷ 6時20分の1時間前は、「時」について計算して、6−1=5より、5時20分になります。
❸ 6時20分の20分前は、「分」について計算して、20−20=0より、6時になります。
❹ 6時20分の30分後は、「分」について計算して、20+30=50より、6時50分になります。

❸ ❶ 1時間10分=70分
❷ 1時間30分=90分
❸ 80分=1時間20分
❹ 100分=1時間40分

てびき 1時間=60分より考えていきます。
❶ 1時間10分=60分+10分で、60+10=70より、70分になります。
❷ 1時間30分=60分+30分で、60+30=90より、90分になります。
❸ 80分=60分+20分で、60分=1時間より、1時間20分になります。
❹ 100分=60分+40分で、60分=1時間より、1時間40分になります。

たしかめよう!
時計の　長い　はりが　ひと回りする　時間が
1時間で、1時間=60分です。
1時間=100分の　ような　まちがいを
しないように　しましょう。

46・47 ページ きほんのワーク

きほん1 ❶ 午前6時30分 ❷ 午後4時20分
❸ 12時間、12時間、24時間

1 ❶ 午前7時 ❷ 午後8時50分

てびき　1日が24時間であることと、12時間ごとに午前と午後に分けられることを学習します。日常生活の中のできごとについて、午前や午後をつけて時刻を表し、いろいろとお話をしながら時刻の表し方に慣れていくとよいでしょう。

きほん2 ❶ 午前10時 ❷ 午後3時
❸ 2時間 ❹ 3時間 ❺ 5時間

てびき　午前から午後にまたがる時間の求め方を学習します。はじめのうちは、正午の前後で分けて考える方が理解しやすいです。また、このとき、正午は、午前で考えると午前12時であり、午後で考えると午後0時であることを利用するとわかりやすくなるでしょう。
❸ 午前10時から正午までの時間は、正午を午前12時と考えて、12−10=2(時間)、
❹ 正午から午後3時までの時間は、正午を午後0時と考えて、3−0=3(時間)です。

2 3時間

てびき　午前11時から午後2時までの時間なので、午前と午後に分けて考えると、午前11時から正午(午前12時)までは1時間、正午(午後0時)から午後2時までは2時間となり、あわせて3時間となります。

3 8時間

てびき　午前と午後をまたぐ時間を求めるときに、つまずくケースが多く見受けられます。たとえば、❸のように、午前8時から午後4時までの時間を求める際、指を使って考えたときに「9、10、11、12」と数えていった後、12の次に1とうまくつながらないことがあります。はじめのうちは、午前と午後に分けて考え、午前8時から正午(午前12時)までで4時間、正午(午後0時)から午後4時までで4時間、あわせて8時間のように考えるとよいでしょう。

48 ページ れんしゅうのワーク

1 ❶ 午前10時 ❷ 午前11時40分
❸ 午後1時50分 ❹ 45分 ❺ 30分
❻ 6時間

てびき　時計の要素と文章題の要素の混ざった問題です。文章を注意深く読み、かつ時間を読み取る問題は、2年生としては、レベルの高い問題です。「一見難しそうな問題も、注意深く読めばできる。」という達成感を味わわせるのがねらいです。

49 ページ まとめのテスト

1 ❶ 5時20分、4時20分、5時50分
❷ 9時15分、8時15分、9時45分

てびき　❶ 5時20分の1時間前は、5−1=4より、4時20分になります。
5時20分の30分後は、20+30=50より、5時50分になります。
❷ 9時15分の1時間前は、9−1=8より、8時15分になります。
9時15分の30分後は、15+30=45より、9時45分になります。

2 ❶ 1時間=60分 ❷ 1日=24時間

3 ❶ 午前7時50分 ❷ 午後9時20分

4 6時間

てびき　午前10時から正午(午前12時)までで2時間、正午(午後0時)から午後4時までで4時間、あわせて6時間です。

⑧ 計算の しかたを くふうしよう

50・51 ページ きほんのワーク

きほん1 ❶ (15+50)+20=65+20=85
❷ 15+(50+20)=15+70=85
答え 85円

てびき　たし算では、たす順序を変えても、答えは同じになります。このことを利用して、ここでは3つの数の計算の工夫を学習します。また、(　)がひとまとまりの数を表し、計算を先にするということもしっかり確認しましょう。

❶ ❶ 5+(19+1)=25
❷ 9+(43+7)=59
❸ 16+(37+3)=56
❹ 12+24+6=12+(24+6)=42

てびき たし算では、たす順序を変えても答えが同じになることを利用して、どのような計算の工夫ができるか確認しましょう。❶～❹では、一の位の数をたして10になる数どうしを先にたすことであとの計算を簡単にするという工夫をしています。また、工夫したことを表す式で、(　)の使い方についても確認してあげてください。
❶❷ 声かけの例「3つの数のうち、2つの数をたして何十になる数はないか探してみよう。一の位の数を見て、たして10になる数はないかな。」
また、2つの数の計算をしたら、式の下に計算した答えをメモしておくと間違いを少なくすることができます。
❶ 5+19+1=25（19+1→20）
❷ 9+43+7=59（43+7→50）
❹ たし算では、たす数とたされる数を入れ替えても答えは同じになります。
これより、24+12=12+24なので、24+12+6=12+24+6と表せます。

❶

だいき
はじめに 校ていにいた 人数を 先に 計算しよう。
ほのか
先に 2年生の 人数を まとめて 計算したいな。

8+(14+6)
(8+14)+6

❷ だいきの 考え(○) しき (8+14)+6=28
ほのかの 考え(○) しき 8+(14+6)=28
答え 28人

てびき 選んだ方の考えについて、「どうして、○○さんの考えを選んだのかな？」のように問いかけてみるのもよいでしょう。また、それぞれの計算について「どちらのほうが計算がやりやすいかな？」という問いかけをすることで、計算の工夫の意識付けをしてもよいでしょう。

❷ ❶ ひまり しき (12+16)+4=32
ゆうま しき 12+(16+4)=32
❷ 答え 32本

52ページ きほんのワーク

きほん1 みずき ❶ 14 ❷ 44
ゆうき ❶ 40 ❷ 44

❶ だいき ❶ 5 ❷ 35
ほのか ❶ 40 ❷ 35

❷ ❶ 62 ❷ 54 ❸ 63 ❹ 50
❺ 69 ❻ 55 ❼ 37 ❽ 23

てびき ❶ とまどっていたら、きほん1で学習した2つの方法のうち、やりやすい方を選んで考えましょう。
みずきの方法…53は50と3に分けられる。
3と9で12
50と12で62
53+9（50 3）
ゆうきの方法…9は7と2に分けられる。
53と7で60
60と2で62
53+9（7 2）
❺ ひき算の場合も、❶で学習した方法のうち、やりやすい方を選んで取り組みましょう。
だいきの方法…75は60と15に分けられる。
15から6をひいて9
60と9で69
75−6（60 15）
ほのかの方法…6は5と1に分けられる。
75から5をひいて70
70から1をひいて69
75−6（5 1）

53ページ まとめのテスト

1 ❶ ア しき (15+30)+50=95
イ しき 15+(30+50)=95
❷ 答え 95円

2 ❶ 7+(35+5)=47 ❷ 9+(17+3)=29
❸ 23+6+14=23+(6+14)=43
❹ 34+8+12=34+(8+12)=54

てびき ❶ 35+5=40なので、7+40=47
❷ 17+3=20なので、9+20=29
❸ 6+23=23+6なので、
6+23+14=23+6+14と表せます。
23+6+14=23+(6+14)で、
23+(6+14)=23+20より、23+20=43
❹ 8+34=34+8なので、
8+34+12=34+8+12と表せます。
34+8+12=34+(8+12)で、
34+(8+12)=34+20より、34+20=54

3 ❶ 41 ❷ 44 ❸ 81
❹ 37 ❺ 78 ❻ 83

⑨ ひっ算の しかたを 考えよう

54・55ページ きほんのワーク

きほん1

73 + 54 → 一のくらい 7 → 十のくらい 27 → 127

1 くらいを たてに そろえて 書く。 2 一のくらいの 計算 3 十のくらいの 計算 4 百のくらいに

3+4=7　7+5=12　1を 書く。

73+54=127

❶

❷
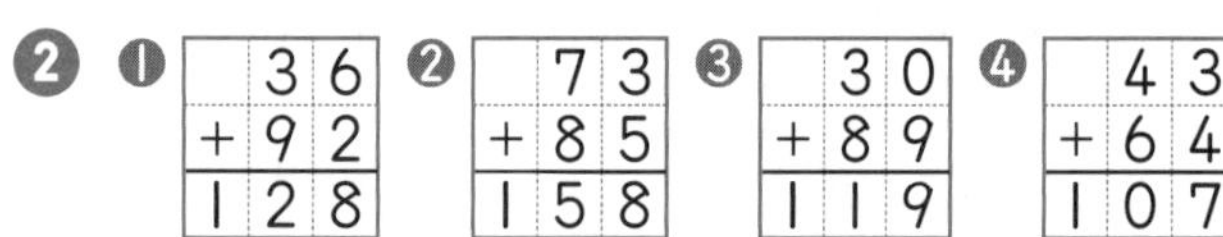

てびき　これまでに学習した2けたのたし算の筆算と同じように計算をします。百の位に、十の位の計算でくり上がった数である1をそのまま書けば、答えを出すことができます。

きほん2

63 + 89 → 一のくらい 2 → 十のくらい 52 → 152

1 くらいを たてに そろえて 書く。 2 一のくらいの 計算 3 十のくらいの 計算 4 百のくらいに

3+9=12　1+6+8=15　1を 書く。

63+89=152

❸
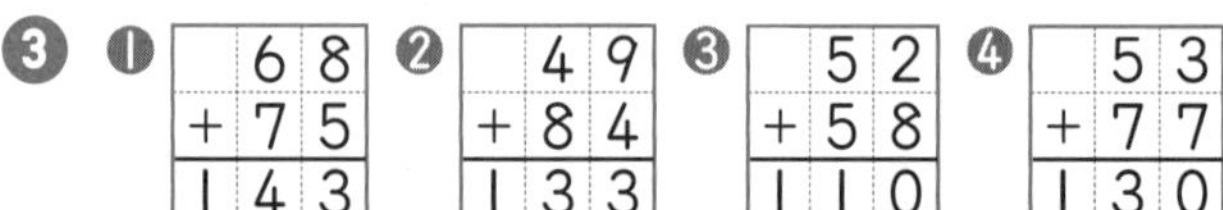

てびき　くり上がりがあるたし算の筆算では、下のような間違いが多く見られます。
一の位の計算のときに、十の位にくり上がった1をたすことを忘れてしまっています。くり上がったときは、くり上げた1をメモしておくとよいでしょう。

❶ × 68 + 75 = 133　○ 68 + 75 = 143（くり上げた1をメモする。）

❹ ❶ 65 + 39 = 104　❷ 18 + 82 = 100　❸ 97 + 6 = 103　❹ 2 + 98 = 100

❺ しき 85+58=143

ひっ算 85 + 58 = 143

答え 143円

てびき　式を
58 + 85 = 143 と考えて、
右のような筆算も正解です。

58 + 85 = 143

たしかめよう!

百のくらいに くり上がりが ある たし算でも、十のくらいに くり上がりが ある たし算の ときと 同じように 計算しましょう。
百のくらいには、くり上がった1を そのまま 書きます。

56・57ページ きほんのワーク

きほん1

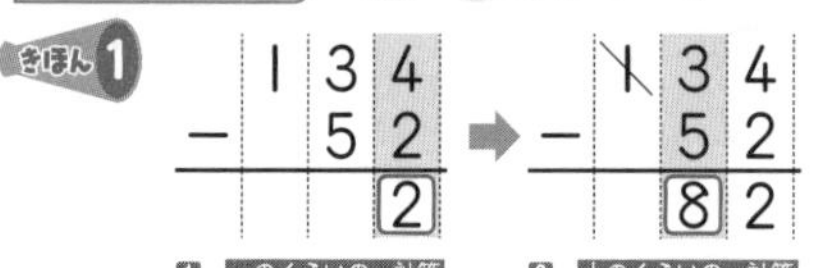

4−2=2

13−5=8

134−52=82

❶ ❶ 148 − 65 = 83　❷ 126 − 73 = 53　❸ 117 − 80 = 37

❷ ❶ 136 − 54 = 82　❷ 173 − 90 = 83　❸ 105 − 65 = 40

きほん2

❶ 145 − 78 → 7 → 67　❷ 103 − 67 → 6 → 36

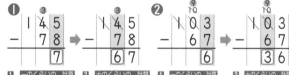

1 一のくらいの 計算　十のくらいから 1 くり下げて
2 十のくらいの 計算　1 くり下げたので 3　百のくらいから 1 くり下げて
1 一のくらいの 計算　百のくらいから じゅんに くり下げて
2 十のくらいの 計算　1 くり下げたので 9

15−8=7　13−7=6　13−7=6　9−6=3

❸ ❶ 134 − 58 = 76　❷ 161 − 97 = 64　❸ 130 − 46 = 84

てびき　2けたのひき算の筆算と同じように計算をします。一の位から順に計算し、くり下がりがあるとき、十の位や百の位でくり下げたあとの数をメモして、計算間違いを防げるようにしておくとよいでしょう。

4 ❶ 102 − 75 = 27　❷ 100 − 82 = 18　❸ 106 − 9 = 97

てびき くり下がりが2回続く問題は、間違いが多くなります。ひけないときには、1つ上の位からくり下げるようにします。くり下げた数を上に小さく書いておくと間違いが減ります。

❶ 一の位を計算するときに、百の位から順にくり下げて計算します。百の位から十の位に1くり下げ、次に十の位から1くり下げます。
一の位の計算は、12−5=7、
十の位の計算は、9−7=2となることを順番に確認しながら理解しましょう。

102 − 75 ➡ （一の位）7 ➡ 27

❷ 100のような十の位の数も一の位の数も0である計算は、くり下がりのときの間違いが生じやすいものです。注意して計算するように声をかけてあげましょう。

100 − 82 ➡ （一の位）8 ➡ 18

5 しき 105−18=87
ひっ算 105 − 18 = 87

答え 87まい

てびき 残ったカードの枚数と弟にあげたカードの枚数をあわせると、はじめにあったカードの枚数になることを利用して、答えの確かめができます。（確かめ）87+18=105

58ページ きほんのワーク

きほん1 ❶ 325 + 43 = 368　❷ 428 − 16 = 412

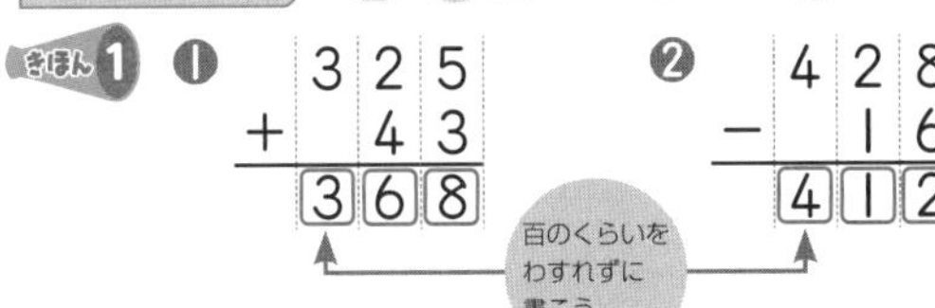

❶ 1 一のくらいの 計算 5+3=8
2 十のくらいの 計算 2+4=6
百のくらいは 3

❷ 1 一のくらいの 計算 8−6=2
2 十のくらいの 計算 2−1=1
百のくらいは 4

てびき 3けたの数の計算も、2けたの数の計算と同じようにできます。また、間違えた問題は必ずやり直しておくように習慣づけましょう。くり上がりやくり下がりの間違いは、小さくメモを書くことで防げます。徹底しておきましょう。

1 ❶ 423 + 76 = 499　❷ 68 + 403 = 471　❸ 308 + 2 = 310

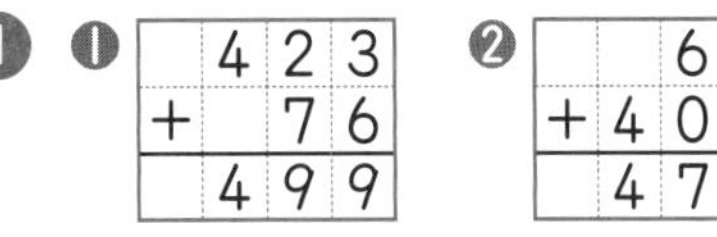

2 ❶ 763 − 42 = 721　❷ 842 − 36 = 806　❸ 513 − 8 = 505

てびき ❸右のような間違いをしていたら、一の位や十の位の計算をしたときに、百の位から1くり下げてきていないので、ひかれる数の百の位の数の5をそのまま答えに書いてよいことを伝えましょう。

513 − 8 = 405

59ページ れんしゅうのワーク①

1 ❶ 36 + 85 = 121　❷ 58 + 72 = 130　❸ 98 + 2 = 100
❹ 149 − 53 = 96　❺ 112 − 14 = 98　❻ 170 − 82 = 88

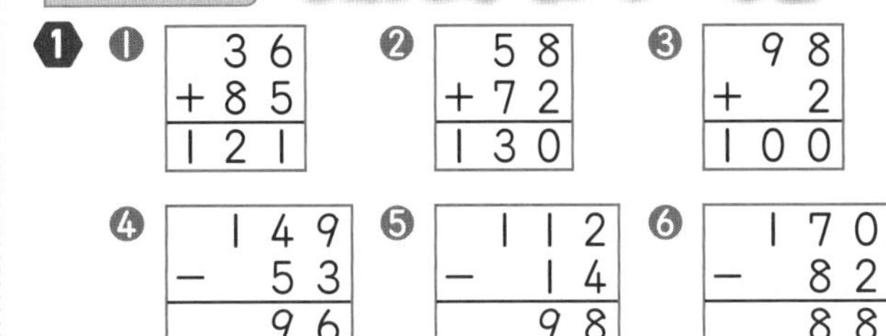

2

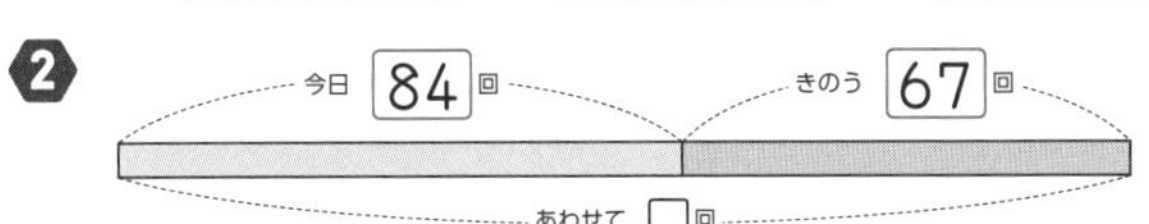

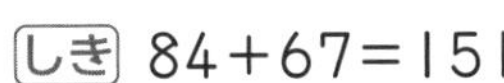
しき 84+67=151

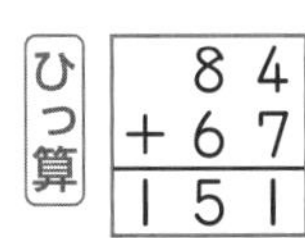
ひっ算 84 + 67 = 151

答え 151回

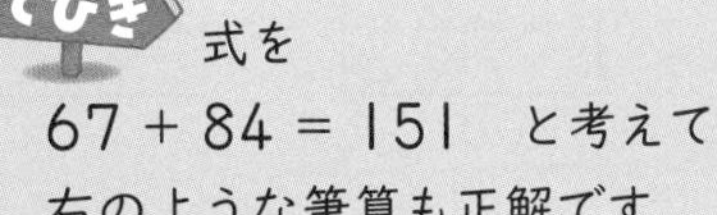
てびき 式を
67 + 84 = 151　と考えて、
右のような筆算も正解です。

67 + 84 = 151

3 しき 65 + 37 = 102
ひっ算 65 + 37 = 102

答え 買えない。

てびき 100 < 102なので、ゼリーとあめを両方買うことはできません。
式を
37 + 65 = 102　と考えて、
右のような筆算も正解です。

37 + 65 = 102

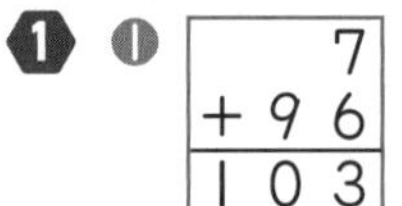

60ページ れんしゅうのワーク②

1
① 7 + 96 = 103
② 457 + 37 = 494
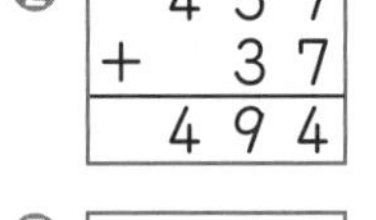
③ 54 + 56 = 110
④ 141 − 85 = 56
⑤ 100 − 41 = 59
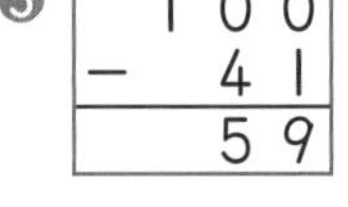
⑥ 105 − 87 = 18

2
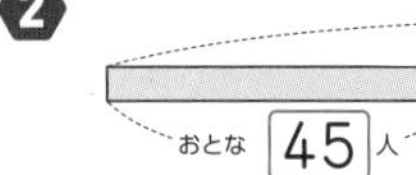

しき 123−45=78

ひっ算 123 − 45 = 78

答え 78 人

てびき（答えの確かめ）
子どもの人数と大人の人数をあわせると、全部の人数になるので、78+45=123
全部の人数から子どもの人数をひくと、大人の人数になるので、123−78=45

3 ㋓、㋔、㋕

てびき 45 とのたし算をして確かめましょう。
㋐ 45+45=90　㋑ 45+48=93
㋒ 45+54=99　㋓ 45+57=102
㋔ 45+63=108　㋕ 45+69=114
となります。㊰>㊫なので、□に当てはまるのは、㋓、㋔、㋕となります。

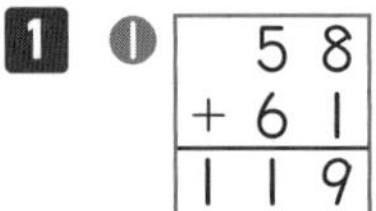

61ページ まとめのテスト

1
① 58 + 61 = 119
② 5 + 97 = 102
③ 4 + 308 = 312
④ 129 − 56 = 73
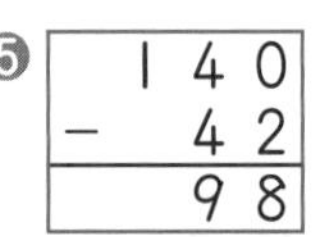
⑤ 140 − 42 = 98
⑥ 463 − 25 = 438

てびき くり上がりやくり下がりのある筆算がきちんとできているかを確認します。間違っていたら、位は縦にそろえて書いているか、くり上げた 1 やくり下げたあとの数を考えて計算できているかを確認しましょう。

2 一のくらいの　計算…㋒
十のくらいの　計算…㋓

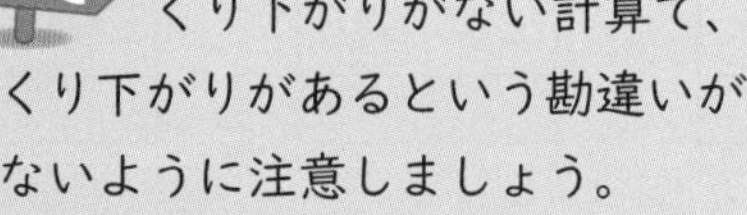

てびき くり下がりがない計算で、くり下がりがあるという勘違いがないように注意しましょう。

127 − 83 = 44

3 [れい] 10[1] − 9[6] = 5

てびき 他には次の場合が考えられます。
100−95、102−97、
103−98、104−99

4 [れい] [50+50] = 100　[99+1] = 100

てびき 他には次のような場合が考えられます。
89 + 11、75 + 25、60 + 40、
10 + 90、5 + 95、1 + 99　など。
これらの計算には、
「一の位だけのたし算の答えが 0 や 10 になる。」という特徴があります。
答えが 100 になるたし算は計算の工夫などでよく利用されます。できるだけ多くの計算例を出す練習をして慣れていくとよいでしょう。

たしかめよう!
大きい　数の　たし算や　ひき算も、ひっ算で　計算する　ことが　できます。ひっ算では、これまでと　同じように　くらいを　そろえて　書いて、一のくらいから　じゅんに　計算しましょう。

⑩ さんかくや しかくの 形を しらべよう

62・63ページ きほんのワーク

きほん1 ・[3]本、[三角形]　・[4]本、[四角形]
㋐…[三角形]　㋑…[四角形]

1 三角形…㋐、㋖、㋘　　四角形…㋑、㋔、㋚

てびき きほん1 の たいせつ を確認しながら、三角形と四角形を選びましょう。
㋒や㋗を選んでいた場合…直線で囲まれていないので誤りです。
㋓や㋕や㋙を選んでいた場合…曲がった線があり、直線（まっすぐな線）だけで囲まれていないので誤りです。

きほん2 ・[へん]、[ちょう点]
・[3]つ、[3]つ
・[4]つ、[4]つ

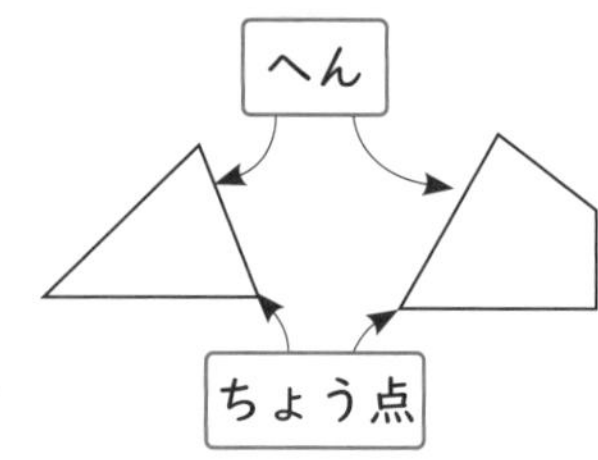

❷［れい］

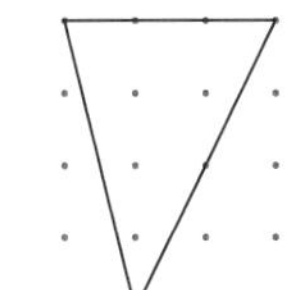

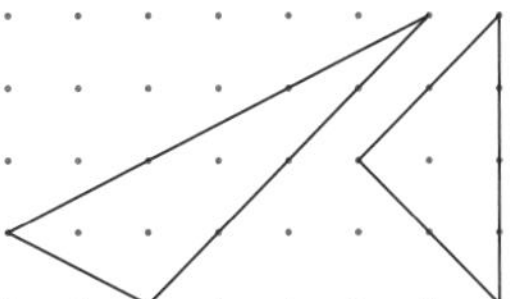

てびき　三角形には、辺が3つ、頂点が3つあります。図には、辺が１つ(頂点が２つ)かかれているので、残りの頂点を１つ決め、２つの辺をひきましょう。「三角形には3つの頂点があるね。頂点をあといくつ決めればいいかな。」、「三角形には3つの辺があるね。あといくつ辺をかけばいいかな。」などと声をかけてください。多角形は、何本の直線で囲まれているかによって呼び名が変わります。ここでは、三角形、四角形を学習しますが、直線が増えることで、五角形、六角形、…と図形の世界が広がっていきます。

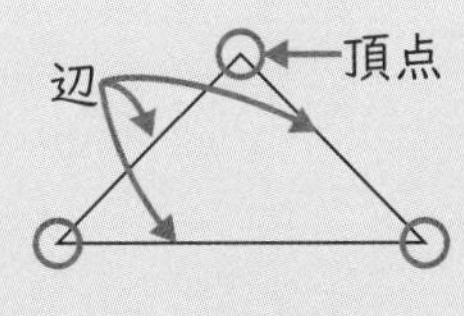

辺
頂点
頂点を１つ決める。
辺を２つかく。

❸［れい］

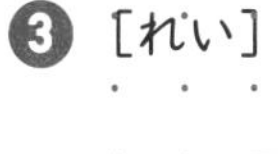

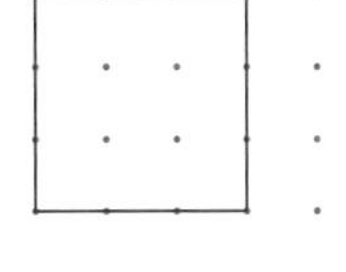

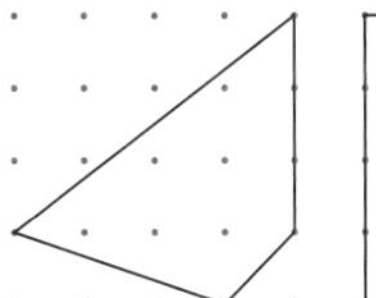

64・65ページ　きほんのワーク

きほん1　・長方形　・正方形
㋐…長方形　㋑…正方形

❶ ㋑、㋓

❷ ㋓、㋕、㋗

てびき　㋓ これが正方形になる理由は、次のようになります。右下の図のように㋓の図形の周りに４つの直角三角形を作って、ばらばらにして向きをそろえると、下の図のように同じ(ぴったり重なる)形の直角三角形になります。すなわち、４つの辺の長さが等しくなります。

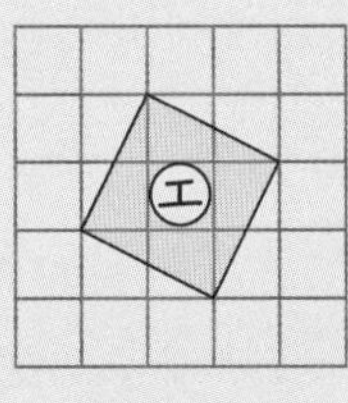

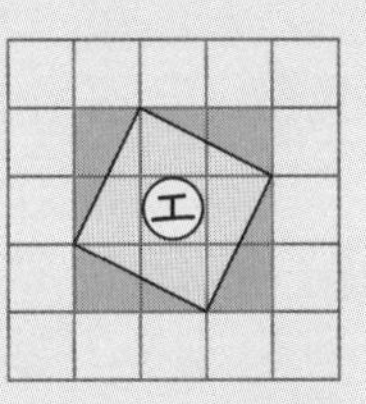

４つのかどの大きさは直角の確かめ方で確認しましょう。

㋗も４つの同じ形の直角三角形に囲まれた四角形になり、正方形であることがわかります。

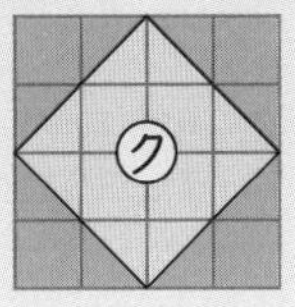

きほん2　・直角三角形　直角三角形…㋑、㋓

❸ 正方形…6　直角三角形…12

てびき

正方形
6つ

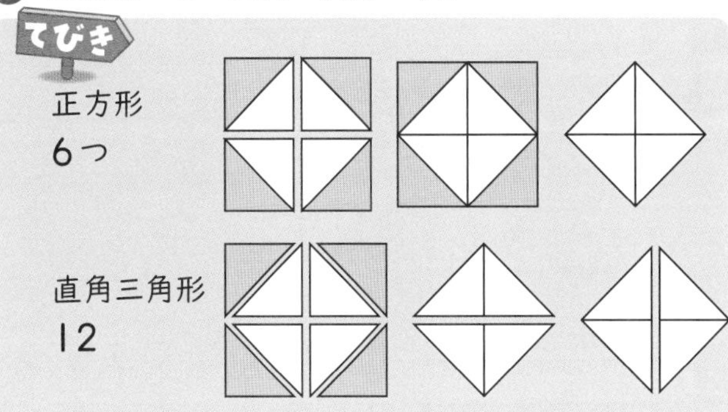

直角三角形
12

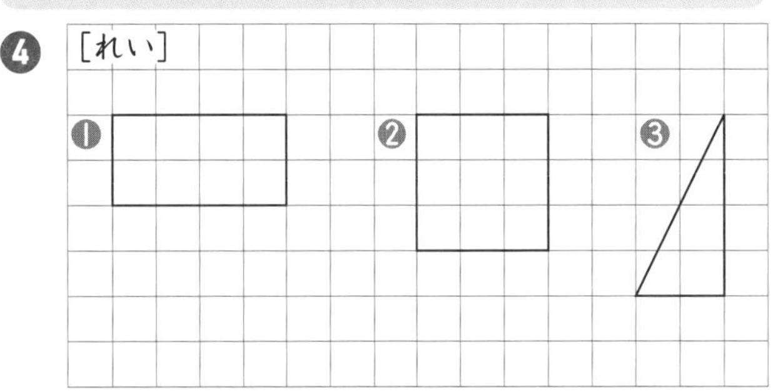

❹［れい］

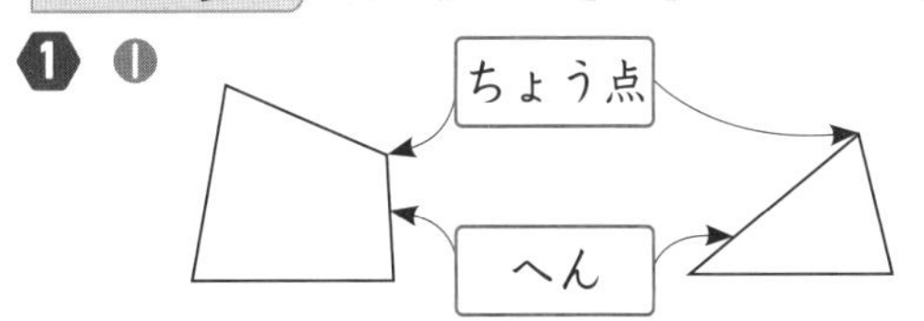

66ページ　れんしゅうのワーク

❶ ❶

ちょう点
へん

❷ 3つ、3つ　❸ 4つ、4つ

❷ ❶ ❷ 20cm

❸［れい］

❸ ❶ ❷ 16cm

❸［れい］　❹［れい］

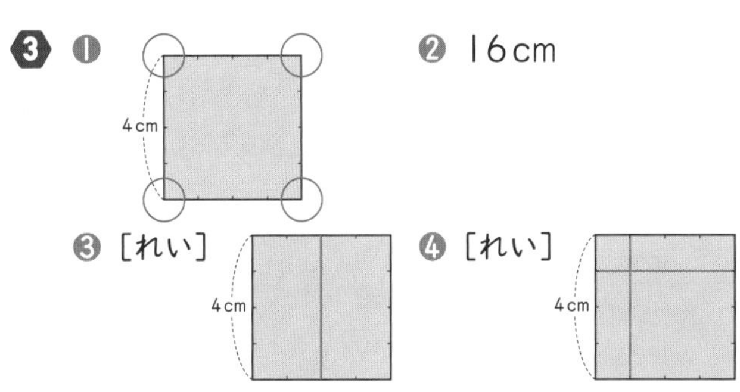

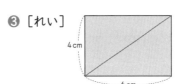

てびき　❷ 周りの長さは、１辺の長さが4cmだから、4cm+4cm+4cm+4cmと表せます。4cm+4cm、8cm+4cm、…と順に計算していきましょう。

67ページ まとめのテスト

1 ❶ 長方形　❷ 直角三角形　❸ 正方形

てびき　4つのかどがすべて直角であるのは、長方形と正方形に共通する特徴ですが、4つの辺がすべて同じ長さであるのは、正方形だけの特徴です。

2 正方形…㋒、㋗　直角三角形…㋔、㋕

3 [れい]

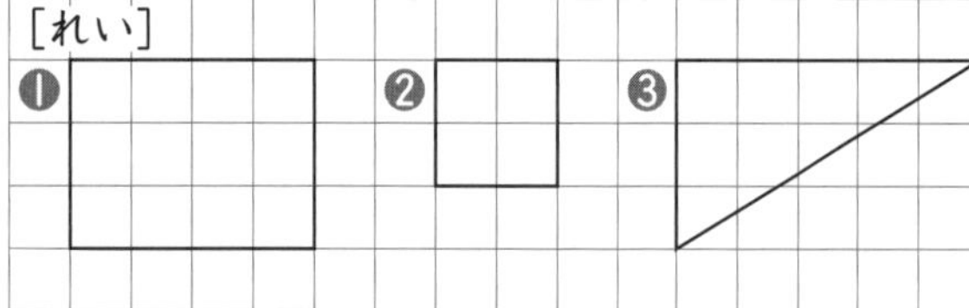

たしかめようI!

長方形は、4つの　かどが　みんな　直角に　なった　四角形で、向かい合って　いる　へんの　長さは　同じです。正方形は、4つの　かどが　みんな　直角に　なって　いて、4つの　へんの　長さが　みんな　同じに　なって　いる　四角形です。

⑪ 新しい 計算を 考えよう

68・69ページ きほんのワーク

きほん1 ❶ [5]こずつ、④さら分　❷ [5]×④=[20]

❸ 5+5+[5]+[5]=20

てびき　❸ 5+5+5+5の計算は、左から順に計算しましょう。
5+5=10、10+5=15、15+5=20となるので、5+5+5+5=20となります。

1 ❶ [3]×[5]=[15]　❷ [4]×[3]=[12]

てびき　❶ 1皿分のいちごの数が3個で、いちごは5皿分あるので、(1つ分の数)×(いくつ分)=(全部の数)の考え方を利用すると、式は3×5と表せます。ここでは、3×5の答えは、3+3+3+3+3の計算で求められることを利用します。

❷ 1セット分のペンが4本で、ペンは3セットあるので、(1つ分の数)×(いくつ分)=(全部の数)の考え方を利用すると、式は4×3となります。4×3の答えは、4+4+4の計算を利用します。

2 しき [2]×[6]=[12]　答え 12こ

てびき　1皿分のケーキの数が2個で、ケーキは6皿分あるので、(1つ分の数)×(いくつ分)=(全部の数)の考え方を利用すると、式は2×6と表せます。ここでは、2×6の答えは、2+2+2+2+2+2の計算で求められることを利用します。
2+2+2+2+2+2の計算は、2+2=4、4+2=6、6+2=8、8+2=10、10+2=12のように、左から順に計算していくことで、答えを求めることができます。

3 しき 4×2=8　答え 8cm

てびき　4cmの2つ分のことを、4cmの2倍といいます。4cmの2倍を求めるときは、4×2のかけ算の式になります。

きほん2 ❶ [5]×[8]=[40]　❷ [2]×[7]=[14]

てびき　❶ 5の段の九九は、答えが5ずつ増えていきます。はじめは、5×1、5×2、…と小さい方から順に、次は5×9、5×8、…と大きい方から順に練習しましょう。

4
❶ 35　❷ 8　❸ 15
❹ 12　❺ 10　❻ 18
❼ 30　❽ 10　❾ 40

5 しき 5×5=25　答え 25こ

6 ❶ しき 2×6=12　答え 12こ

❷ (2)こ　ふえる。ぜんぶで　(14)こ。

てびき　❶ 1パック分のプリンの数が2個で、プリンは6パック分あるので、(1つ分の数)×(いくつ分)=(全部の数)の考え方を利用すると、式は2×6と表せます。

70・71ページ きほんのワーク

きほん1 [3]×[5]=[15]

3…[かけられる数]、5…[かける数]

1
❶ 24　❷ 3　❸ 18　❹ 6　❺ 12
❻ 27　❼ 21　❽ 9　❾ 15

てびき　3の段の九九では、「3×7=21」、「3×8=24」、「3×9=27」の一の位の数が「いち」、「し」、「しち」と音が似ているので、曖昧(あいまい)に覚えてしまいがちです。はっきり声に出して正確にいえるようにしましょう。

❷ ❶ しき 3×8=24　答え 24本
❷ しき 24+3=27
または、3×9=27　答え 27本

てびき ❶ 1人分の鉛筆の数が3本で、鉛筆は8人分あるので、(1つ分の数)×(いくつ分)=(全部の数)の考え方を利用すると、式は3×8と表せます。

きほん2 [4]×[3]=[12]　[4] ふえます。

❸ ❶ 12　❷ 20　❸ 32　❹ 24　❺ 8
❻ 36　❼ 16　❽ 28　❾ 4

てびき 4の段の九九では、「4×6=24」、「4×7=28」の一の位の数が「し」、「はち」で、「いち」や「しち」と音が似ているので、曖昧に覚えてしまいがちです。はっきり声に出して正確にいえるようにしましょう。

❹ ❶ しき 4×7=28　答え 28こ
❷ 4こ

てびき ❷ (1つ分の数)×(いくつ分)=(全部の数)の考え方を利用すると、ケーキ1箱分の4をかけられる数、箱の数をかける数として表すことができます。箱(かける数)が1増えると、ケーキは4(かけられる数)増えます。
ここで、かける数とかけられる数の関係、「かける数が1増えると、答えはかけられる数だけ増える。」ことを、押さえておきましょう。

かけられる数		かける数		答え
4	×	7	=	28
		↓1増える		↓4増える
4	×	8	=	32

❺ ❶ 2×[4]　❷ 5×[4]

てびき ❶ まず、4×2の答えを求めましょう。そして、2の段の九九の中から同じ答えになるものをさがしましょう。
後で、かける数とかけられる数を入れかえても答えは同じになることを学びますが、ここでは、九九が正確に頭に入っているかという点を重視して、かける数とかけられる数は入れかえずに考えてみましょう。

72ページ れんしゅうのワーク

❶ ❶ しき 2×5=10　答え 10こ
❷ しき 5×2=10　答え 10こ

てびき (1つ分の数)×(いくつ分)=(全部の数)を利用して考えてみましょう。

❶ まんじゅう2個のまとまりが5つあると考えることができます。
❷ まんじゅう5個のまとまりが2つあると考えることができます。

❷ しき ・3×4=12 ・4×3=12　答え 12こ

てびき 「3個の○が4つ」と考えたり、「4個の○が3つ」と考えたりすることができます。

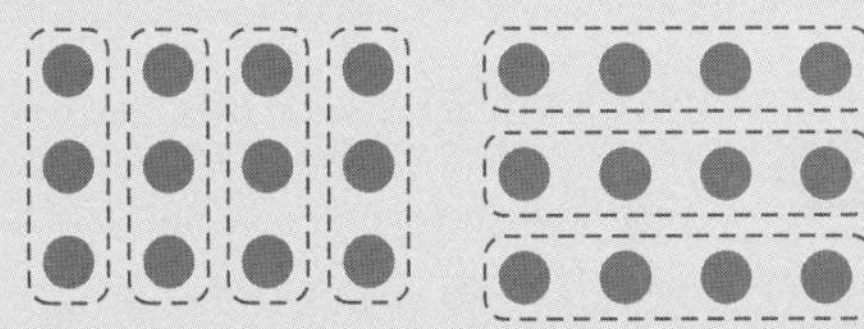

このように、整列して並べられたものの数を調べるとき、ひとつひとつ数え上げていかなくても、かけ算を利用して求めることができることを確認しましょう。また、かけ算の式をつくるとき、ひとまとまりの選び方で式の形が変わることがあることも確認しましょう。

❸ ❶ [4]ずつ
❷ 4×[4]、4×[6]

てびき ❶ とまどっていたら、「4×1と4×2の答えを比べてみよう。答えはいくつ増えているかな。」などと声をかけましょう。
❷ 4×4、4×5、4×6の答えを書き、「4×5の答えの20は、4×(いくつ)の答えより4増えているかな。」「4×5の答えの20は、4×(いくつ)の答えより4減っているかな。」と声をかけましょう。

❹ しき 5×4=20　答え 20cm

てびき 正方形の周りの長さは、1辺が5cmだから、5cm+5cm+5cm+5cmとなり、かけ算で表すと、5×4(cm)となります。
したがって、5×4=20より、20cmとなります。

73ページ まとめのテスト

1 ❶ 24　❷ 24　❸ 18　❹ 10　❺ 8
❻ 28　❼ 16　❽ 45　❾ 15

2 ❶ [3]　❷ [5]　❸ [8]　❹ [36]

てびき ❷ 5の段の九九では、かける数が1増えると答えは5増えます。
❹ 4cmの9倍の長さは、4×9(cm)となります。したがって、4×9=36より、36cmとなります。

3 ❶ しき 4×6=24　答え 24まい
❷ あと (4)まい、ぜんぶで (28)まい

てびき ❷ 4の段の九九では、かける数が1増えると答えは4増えます。したがって、❶より、4×6=24なので、24+4=28となります。

4 しき 5×7=35　答え 35人

てびき 1つの長いすに5人ずつ座っていて、長いすが全部で7つあることから、(1つ分の数)×(いくつ分)=(全部の数)の考え方を利用すると、式は5×7と表せます。

⑫ 九九を つくろう

74・75ページ きほんのワーク

きほん1 [6] ふえる、6×4=[24]
6×1=[6]、6×2=[12]、6×3=[18]
6×4=[24]、6×5=[30]、6×6=[36]
6×7=[42]、6×8=[48]、6×9=[54]

てびき 6の段の九九では、「6×7=48」や「6×8=42」のような間違いが多いようです。似ているので曖昧(あいまい)になってしまいがちですが、はっきり声に出して正確にいえるようにしましょう。

❶ ❶ 6×3=[3]×6
❷ 6×5=[30]、[4]×5=20、[2]×5=10

てびき ❷ 6×5の答えは、4×5の答えと2×5の答えをたした数になっています。
6=4+2、6=5+1、6=3+3なので、他の組み合わせもいくつかあります。

❷ ❶ しき 6×4=24　答え 24こ　❷ 6こ

てびき ❶ 1箱分のケーキの数が6個で、ケーキは4箱分あるので、(1つ分の数)×(いくつ分)=(全部の数)の考え方を利用すると、式は6×4と表せます。
❷ 6の段の九九では、かける数が1増えると答えは6増えます。

きほん2 [7] ふえる、7×4=[28]
7×1=[7]、7×2=[14]、7×3=[21]
7×4=[28]、7×5=[35]、7×6=[42]
7×7=[49]、7×8=[56]、7×9=[63]

てびき 7の段の九九では、「1いち」「4し」「7しち」「8はち」など、7と似たような音の数が出てくると、覚えにくく間違いも増えます。はっきり声に出して正確にいえるよう、くり返し練習しましょう。
7の段では、かける数が1増えると、答えは7増えます。7×3=21で、21+7=28なので、7×4の答えは、28になります。

❸ ❶ 7×4=[4]×7
❷ 7×8=[56]、[5]×8=40、[2]×8=16

てびき ❷ 7×8の答えは、5×8の答えと2×8の答えをたした数になっています。
7=5+2、7=6+1、7=4+3なので、他の組み合わせもいくつかあります。

❹ しき 7×3=21　答え 21cm
❺ しき 7×5=35　答え 35本

てびき 1人分の鉛筆が7本で、鉛筆は5人分あることから、(1つ分の数)×(いくつ分)=(全部の数)の考え方を利用すると、
式は7×5と表せます。

76・77ページ きほんのワーク

きほん1 8×1=[8]、8×2=[16]、8×3=[24]
8×4=[32]、8×5=[40]、8×6=[48]
8×7=[56]、8×8=[64]、8×9=[72]
9×1=[9]、9×2=[18]、9×3=[27]
9×4=[36]、9×5=[45]、9×6=[54]
9×7=[63]、9×8=[72]、9×9=[81]

てびき 今まで学習してきた九九と混同しがちです。正しくいえるように練習しましょう。

❶ しき 8×3=24　　答え 24cm

❷ しき 9×6=54　　答え 54 こ

てびき 1箱のおかしが9個で、おかしは6箱あることから、(1つ分の数)×(いくつ分)=(全部の数)の考え方を利用すると、
式は9×6と表せます。

❸ しき 9×8=72　　答え 72 人

てびき 1チームの人数が9人で、チームは8つあることから、(1つ分の数)×(いくつ分)=(全部の数)の考え方を利用すると、
式は9×8と表せます。

きほん2 ❶ しき 2×4=[8]　❷ しき [1]×4=[4]

1×1=[1]、1×2=[2]、1×3=[3]
1×4=[4]、1×5=[5]、1×6=[6]
1×7=[7]、1×8=[8]、1×9=[9]

❹ ❶ しき 3×5=15　　答え 15 こ
❷ しき 2×5=10　　答え 10 こ
❸ しき 1×5=5　　答え 5 こ

てびき 式は、(1つ分の数)×(いくつ分)=(全部の数)の考え方を利用して、(1皿にのっている数)×(皿の数)=(全部の数)という形で表すことができます。
❶ 1皿のポテトの数は3個で、5皿あるので、かけ算の式は3×5と表せます。
❷ 1皿のミニトマトの数は2個で、5皿あるので、かけ算の式は2×5と表せます。
❸ 1皿のエビフライの数は1個で、5皿あるので、かけ算の式は1×5と表せます。

❺ しき 1×4=4　　答え 4 さつ

てびき 1週間に読む本の数が1冊で、4週間分あることから、(1つ分の数)×(いくつ分)=(全部の数)の考え方を利用すると、
式は1×4と表せます。

たしかめようǃ

どの　九九も　まちがえずに
いえるまで　くりかえし　くりかえし
れんしゅうを　しましょう。
とくに　7のだん、8のだん、9のだんには
ちゅういしましょう。

78・79ページ　きほんのワーク

きほん1

かける数 / かけられる数

	1	2	3	4	5	6	7	8	9
1	1	2	3	4	5	6	7	8	9
2	2	4	6	8	10	12	14	16	18
3	3	6	9	12	15	18	21	24	27
4	4	8	12	16	20	24	28	32	36
5	5	10	15	20	25	30	35	40	45
6	6	12	18	24	30	36	42	48	54
7	7	14	21	28	35	42	49	56	63
8	8	16	24	32	40	48	56	64	72
9	9	18	27	36	45	54	63	72	81

❶ かけられる数　3×8=3×7+[3]
❷ かける数　3×4=4×[3]

❶ ❶ 4×7=4×6+[4]
❷ 8×5=8×4+[8]
❸ 5×9=9×[5]
❹ 7×3=3×[7]

てびき ❶❷「かける数が1増えると、答えはかけられる数だけ増える。」のきまりが理解できているか確認しましょう。

❶ かける数　答え
4×6 = 24
↓1増える　↓[4]増える
4×7 = 28
4×7=4×6+[4]

❸❹ かけられる数とかける数を入れかえて計算しても、答えは同じになります。

❸ かけられる数　かける数
5 × 9
9 × 5
5×9=9×[5]

きほん2

かける数 / かけられる数

	1	2	3	4	5	6	7	8	9
1	1	2	3	4	5	6	7	8	9
2	2	4	6	8	10	12△	14	16	18
3	3	6	9	12△	15	18	21	24	27
4	4	8	12△	16	20	24	28	32	36 ←❶
5	5	10	15	20○	25	30	35	40	45
6	6	12△	18	24	30	36	42	48	54
7	7	14	21	28	35	42	49	56	63
8	8	16	24	32	40	48	56	64	72
9	9	18	27	36	45	54	63	72	81

❷ ひょうの ○
❸ ひょうの △

❷ ❶ 1×8、2×4、4×2、8×1
❷ 3×5、5×3
❸ 2×9、3×6、6×3、9×2
❹ 4×9、6×6、9×4
❺ 7×8、8×7

てびき きほん2の表から、それぞれの答えの数になるものを抜けなく探します。印を付けながらチェックするとよいです。

③ 7のだん

てびき　3の段と4の段でかける数が同じときの答えに注目すると，3×1＝3，4×1＝4より，たすと7となり，7×1の答えと同じになります。かける数が2，3…のときも同じように考えていくと，かける数が同じとき，3の段と4の段の答えをたすと，7の段の答えと同じになることがわかります。

80・81 ページ　きほんのワーク

きほん1　❶ [3]×[11]　❷ [33]
❸ [11]×[3]
❹ [3]×11＝11×[3]　❺ [33]

てびき　❶❸ 表の「かけられる数」×「かける数」という式になります。
❷ 3×9＝27、3×10＝27＋3＝30、3×11＝30＋3＝33となります。
❹❺ かけ算では、かけられる数とかける数を入れかえても答えは同じになるので、
3×11＝11×3
これと、❷より、11×3＝33

❶ ❶ 48　❷ 48

てびき　❶ 表の「左の値」×「上の値」という式になります。したがって、4×12を求めると、
4×9＝36、4×10＝36＋4＝40、
4×11＝40＋4＝44、
4×12＝44＋4＝48となります。
❷ 12×4を求めます。
かけ算では、かけられる数とかける数を入れかえても答えは同じになるので、
4×12＝12×4
これと、❶より、12×4＝48

きほん2
[れい]
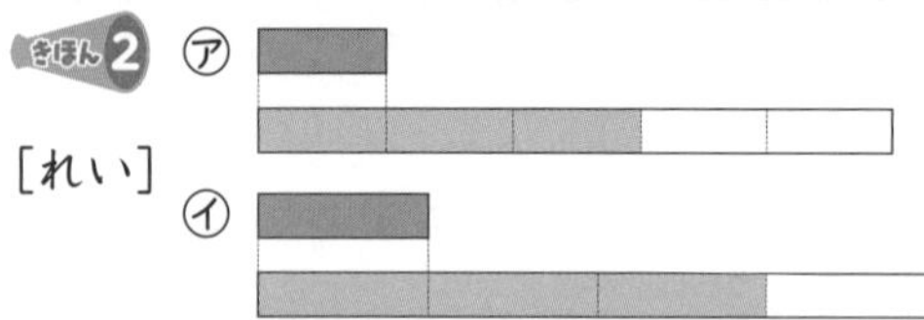

てびき　3倍の長さは、1つ分のテープの長さの3つ分の長さになります。したがって、3つ分の長さに色を塗ります。

❷ ❶ しき 2×3＝6　答え [6]cm
❷ しき 3×3＝9　答え [9]cm

てびき　❶ 2cmの3倍の長さは、2×3で求められます。
❷ 3cmの3倍の長さは、3×3で求められます。

❸ ❶ ㋔　❷ ㋕

てびき　❶ ㋒の長さは、目盛り6つ分の長さです。㋒の長さの5倍は、6×5＝30なので、30目盛り分にあたる、㋔が答えになります。
❷ ㋓の長さは、目盛り5つ分の長さです。㋓の長さの5倍は、5×5＝25なので、25目盛り分にあたる、㋕が答えになります。

82 ページ　きほんのワーク

きほん1　❶ しき 9×5＝45　❷ しき 5×9＝45

てびき　❶ 横9この5段分になるので、9×5と表されます。
❷ 縦5この9列分になるので、5×9と表されます。

❶
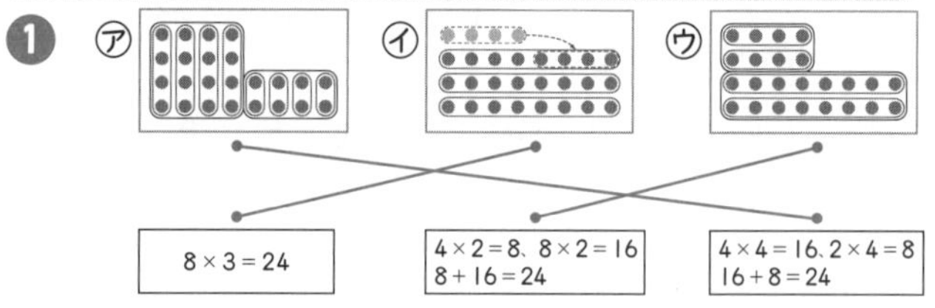

てびき　㋐は、縦4この4列分と縦2この4列分の和になります。
㋑横8この3段分になります。
㋒横4この2段分と横8この2段分の和になります。

❷ しき [れい]5×6＝30

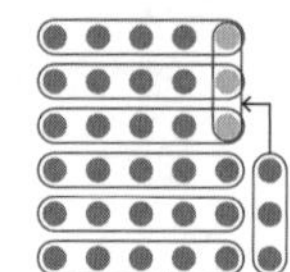

答え 30こ

てびき　下のように，●の数の求め方にはいろいろな方法が考えられます。お子さんの自由な発想を大切にしてください。

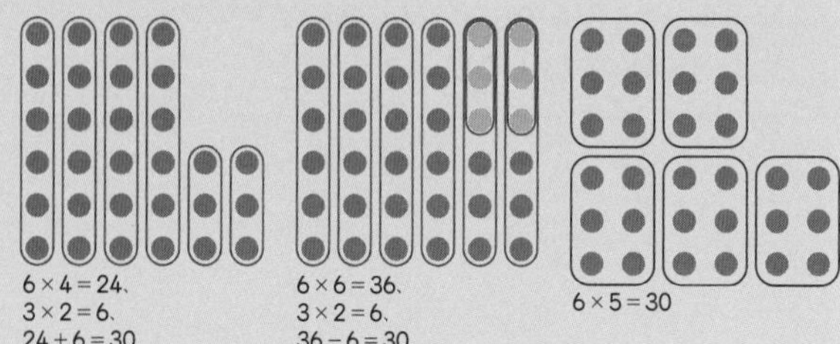

83ページ まとめのテスト

1 ❶ 42　❷ 48　❸ 56
❹ 4　❺ 54　❻ 81

2 ❶ [6]　❷ [7]
❸ 9×4＝4×[9]　❹ 8×3＝[3]×8

てびき ❶❷ かける数が１増えると、答えはかけられる数だけ増えます。
❸❹ かけられる数とかける数を入れかえて計算しても、答えは同じになります。

3 ❶ しき 6×8＝48　答え 48本
❷ 6本

てびき １人分の鉛筆が６本で、８人に配ることから、(１つ分の数)×(いくつ分)＝(全部の数)の考え方を利用すると、
式は６×８と表せます。

4 しき 3×5＝15　答え 15cm

5 しき［れい］3×8＝24
答え 24こ

てびき 下のように、●の数の求め方にはいろいろな方法が考えられます。

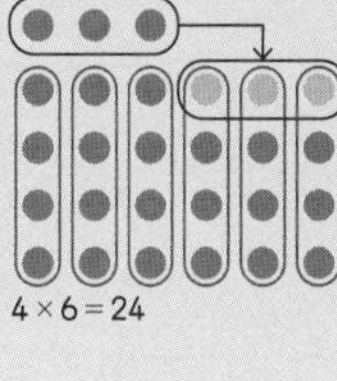
4×6＝24

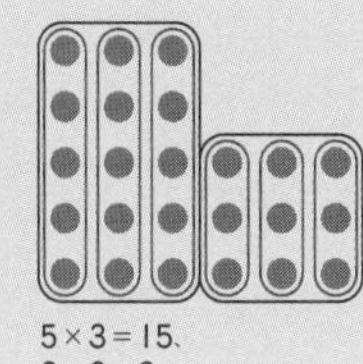
5×3＝15,
3×3＝9,
15＋9＝24

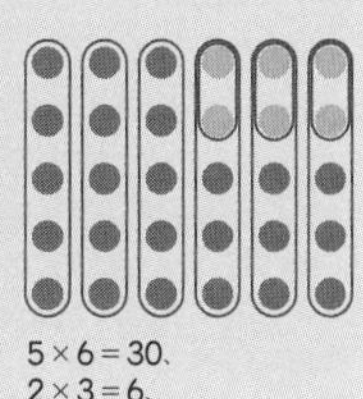
5×6＝30,
2×3＝6,
30－6＝24

⑬ 1000より 大きい 数を しらべよう

84・85ページ きほんのワーク

きほん1 二千四百三十五…[2435]
千のくらい…[2]　百のくらい…[4]
十のくらい…[3]　一のくらい…[5]

❶ 7257

てびき 正確に数えられるように、数えたものには印をつけていくとよいです。
1000が７個、100が２個、10が５個、１が７個で7257です。

❷ ❶ 千九百六十一　❷ 三千九十四　❸ 七千三

てびき ❶ 千の位が一(一は省略して書きません。)、百の位が九、十の位が六、一の位が一(この一は省略しません。)になります。
❷ 千の位が三、十の位が九、一の位が四になります。
❸ 千の位が七、一の位が三になります。

❸ ❶ 1429　❷ 8000　❸ 6005

てびき ❶ 千の位が１(一は省略されています。)、百の位が４、十の位が２、一の位が９になります。
❷ 千の位が８になります。それ以外の位には０を書きます。
❸ 千の位が６、一の位が５になります。それ以外の位には０を書きます。

きほん2 ❶ [3607]
❷ 1000…[6]こ、10…[3]こ、1…[5]こ

てびき ❶ 10のまとまりはなく、０個なので、十の位は０になります。

❹ ❶ [7246]　❷ 1000…[3]こ、10…[6]こ
❸ [4589]　❹ [2038]

てびき ❷ 百の位と一の位の数字は０なので、100が何個かという問いがあれば０個、１が何個かという問いがあれば０個と答えます。

❺ 2730＝[2000]＋[700]＋[30]

❻ [4000]、[60]、[7]、[4067]

たしかめよう!
どこかの くらいに 数が ない とき、数字では ０を 書き、かん字では 何も 書きません。
ただし、いちばん 大きな くらいに 数が ない ときは、数字でも 何も 書きません。

86・87ページ きほんのワーク

きほん1
100が 17こ ＜ 100が 10こ→[1000]、100が 7こ→[700] ＞ [1700]

❶ ❶
100が 36こ ＜ 100が 30こ→[3000]、100が 6こ→[600] ＞ [3600]

❷ [4000]

❷ ❶
3400 < 3000 → 100が [30]こ / 400 → 100が [4]こ > 100が [34]こ

❷ [68]こ　❸ [70]こ

てびき ❷ 6800を6000と800に分けて考えます。6000は100が60個、800は100が8個だから、60個と8個で合わせて68個です。

きほん2 ❶ 7+[6]=13、700+600=[1300]
❷ 8−[3]=5、800−300=[500]

❸ ❶ 1200　❷ 1200　❸ 1100　❹ 1600
❺ 400　❻ 100　❼ 600　❽ 300

てびき 100の何個分かで考えます。
❶ 800+400 → 8個+4個=12個
→ 800+400=1200
❷ 600+600 → 6個+6個=12個
→ 600+600=1200
❸ 200+900 → 2個+9個=11個
→ 200+900=1100
❹ 900+700 → 9個+7個=16個
→ 900+700=1600
❺ 600−200 → 6個−2個=4個
→ 600−200=400
❻ 700−600 → 7個−6個=1個
→ 700−600=100
❼ 900−300 → 9個−3個=6個
→ 900−300=600
❽ 1000−700 → 10個−7個=3個
→ 1000−700=300

88・89ページ きほんのワーク

きほん1 ❶ [100]
❷ ㋐…[700]、㋑…[1600]、
㋒…[2800]、㋓…[4400]

❶ ❶
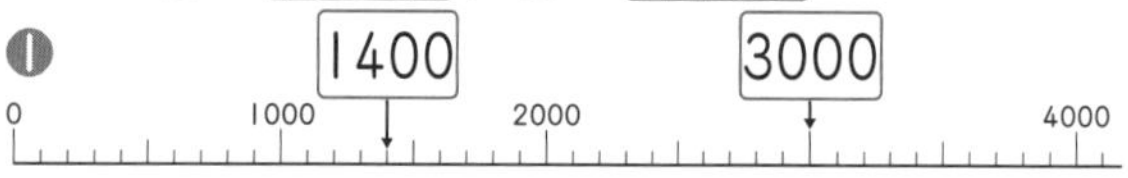

❷
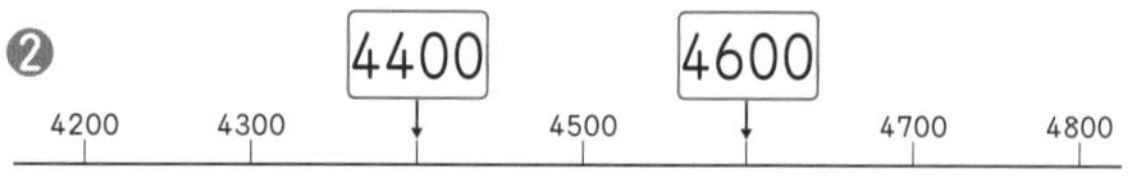

❸
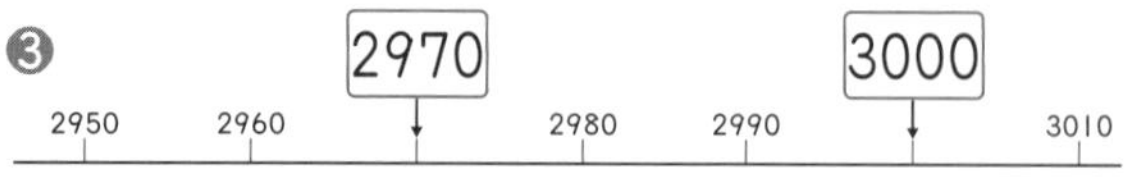

❹

てびき 数の系列を考える問題ですが、数の線の一番小さい1目盛りの大きさがどれだけになっているかを考えましょう。
❶は0と1000の間が10に分かれているので、1目盛りの大きさは100です。
❷は100、❸は10、❹は100です。
数の線上での数の位置づけは、数の大小や系列の理解を深める上で、とても大切です。

きほん2
❶ [10000]　❷ [1000]　❸ [9999]　❹ [100]こ

❷ ❶ 7000[>]6990　❷ 4089[<]4098

てびき 数の大小は、次のようにして比べます。
(1) まず、けた数で比べる。
(2) けた数が同じときは、大きな位から順に比べる。
❶は千の位の数字で、❷は十の位の数字で判断します。

❸
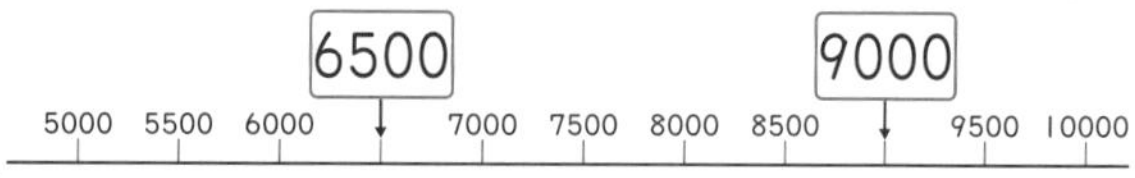

てびき 一番小さい1目盛りの大きさは500になります。
左:6000より500大きい6500
（7000より500小さい6500）
右:8500より500大きい9000
（9500より500小さい9000）

❹ ❶ [4000]、4800=[4000]+[800]
❷ [200]　❸ [48]

てびき ❷ 100の何個分かで考えてみましょう。5000−4800 → 50個−48個=2個だから、5000−4800=200。

たしかめよう!
数の線を　見て　答える　もんだいでは、
1めもりの　大きさに　ちゅう目しましょう。
1めもりごとに　数が　書かれて　いない
ときは、書かれて　いる　数の　間が　いくつに
分かれて　いるかに　ちゅう目して　みましょう。
たとえば、0と　100の　間が、10に　分かれて
いれば、1めもりは　10で、0と　1000の
間が、10に　分かれて　いれば、1めもりは
100に　なります。
また、900と　1000の　間などの　場合は、
2つの　数が　いくつ　はなれて　いるかから
考えましょう。

90ページ れんしゅうのワーク

❶ ❶ 8000[>]7998 ❷ 4000[>]3000+800
❸ 6389[<]6398
❹ 10000[>]6000+500

てびき ❶ 千の位の数字で判断します。
❷ まず、たし算を計算すると、3000+800=3800 となるので、千の位の数字で判断します。あるいは、100 の何個分かで考えて、40>38 だから、4000>3800 としてもよいです。
❸ 十の位の数字で判断します。
❹ まず、たし算を計算すると、6000+500=6500 となるので、けた数で判断します。あるいは、100 の何個分かで考えて、100>65 だから、10000>6500 としてもよいです。

❷ ❶ [9000] ❷ [10000] ❸ [94]
❸ ❶ [1][0][2][3] ❷ [4][3][2][0] ❸ [1][0][3][2]
❹ [2][0][1][3] ❺ [3][4][2][1]

てびき 0、1、2、3、4 の 5 枚のカードを使って、4 けたの数をつくります。この問題では、0 の扱いがポイントとなってきます。❶のいちばん小さい数は、問題の注意書きにもあるように、千の位に 0 をおくことはできないので、次に小さい 1 をおきます。そして百の位に 0 をおきます。❶を求めた後、❷の問題になると、4 の次に 0 をおく場合が目立ちます。でき上がった 4 けたの数を紙に書き、互いに比べてみましょう。

91ページ まとめのテスト

1 ❶ 7160 ❷ 4736

てびき ❶ 1000 のカードが 7 枚、100 のカードが 1 枚、10 のカードが 5 枚、1 のカードが 10 枚なので、十の位にくり上がります。
すなわち、十の位の数字が 6 で一の位の数字が 0 になります。
❷ カードがそろっていないので、数えたカードに印をつけながら数えるようにしましょう。

2 ❶ 3480=[3000]+[400]+[80]
❷ [6000]+[300]+[9]=6309

3 ❶ [4208] ❷ [56] ❸ [670] ❹ [10000]
❺ 8000　8500　[9000]　9500　[10000]

⑭ 長い 長さを はかって あらわそう

92・93ページ きほんのワーク

きほん1 ❶ ものさし [3]つ分、[110]cm
❷ [1]m[10]cm

てびき ❶ 30cm の 3 つ分の長さは、30+30+30=90(cm)となります。
したがって、全部の長さは、90+20=110 より、110cm となります。

❶ ❶ 1m28cm ❷ 128cm

てびき ❷ 1m28cm を cm だけで表すことにとまどっていたら、まず、1m=100cm であることを確認し、100cm と 28cm を合わせて 128cm になるというように、順に考えましょう。

❷ ❶ 300cm=[3]m ❷ 5m=[500]cm
❸ 4m50cm=[450]cm
❹ 409cm=[4]m[9]cm

てびき ❹ 400cm=4m だから、409cm=4m9cm です。

❸ [6]m、[600]cm

きほん2 [しき] [1]m[20]cm+[25]cm=[1]m[45]cm
答え [1]m[45]cm

てびき 同じ単位の数どうしで計算するようにしましょう。

❹ ❶ [しき] [1]m[60]cm−[1]m[20]cm=[40]cm
答え [40]cm
❷ [しき] [70]cm+[90]cm=[1]m[60]cm
答え [1]m[60]cm
❸ [しき] [1]m[90]cm−[80]cm=[1]m[10]cm
答え [1]m[10]cm

てびき ❶ 同じ単位の数どうしで計算します。m の単位はなくなります。
❷ 70+90=160 より、160=100+60 で、100cm=1m だから、160cm=1m60cm です。
❸ cm どうしで計算します。

❺ ❶ [5]m[50]cm ❷ [1]m[10]cm

てびき ❶ m どうしでたし算の計算をします。
❷ m どうしでひき算の計算をします。

94ページ　れんしゅうのワーク

1 ❶ m　❷ cm　❸ mm

てびき　つまずいていたら、(　)の中に入るものは、mmかcmかmかを順に考えてみましょう。普段から身のまわりにあるものの長さを測るなどして、単位の感覚を養いましょう。

2 ❶ 100cm＝1m　❷ 3m7cm＝307cm

3 ❶ はるま：1m90cm　さくら：1m60cm　ゆい：1m95cm

❷ ゆい→はるま→だいき→さくら

てびき　❶ だいきさんより長い…たし算、だいきさんより短い…ひき算で考えましょう。
はるま：1m80cm＋10cmで、同じ単位の数どうしで計算します。80＋10＝90より、1m80cm＋10cm＝1m90cmとなります。
さくら：1m80cm−20cmで、同じ単位の数どうしで計算します。80−20＝60より、1m80cm−20cm＝1m60cmとなります。
ゆい：1m80cm＋15cmで、同じ単位の数どうしで計算します。80＋15＝95より、1m80cm＋15cm＝1m95cmとなります。

95ページ　まとめのテスト

1 120cm、1m20cm

2 ❶ 3m、8m　❷ 2m50cm、250cm
❸ 1m6cm、160cm
❹ 1m85cm、105cm

てびき　❹ 1m40cm＋45cmで、40＋45＝85より、1m40cm＋45cm＝1m85cmとなります。
1m40cm−35cmで、40−35＝5より、1m40cm−35cm＝1m5cmとなります。
1m＝100cmなので、1m5cm＝105cmです。

3 ❶ 6m30cm　❷ 2m7cm

4 ❶ mm　❷ cm　❸ m

てびき　これは、長さの単位をたずねる問題です。メートル、センチメートル、ミリメートルの長さの単位を理解できているか、確かな量感を持っているかどうかを確かめます。低学年のうちから、身のまわりのいろいろな物についての量感を持ち、単位にも慣れておきましょう。

⑮ 図を つかって 考えよう

96・97ページ　きほんのワーク

きほん1

❶ はじめに あった 12 こ　買って きた □ こ

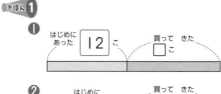

❷

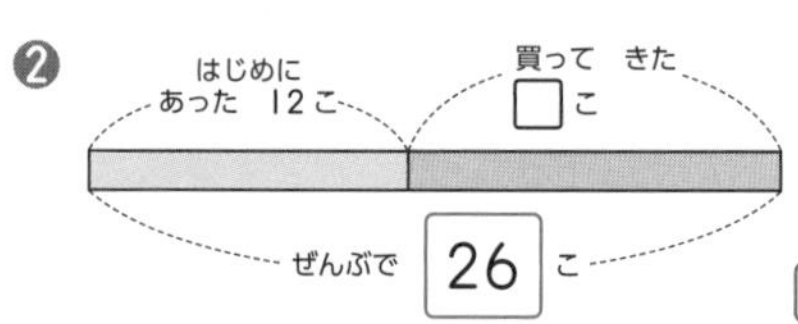

12＋□＝26

❸ しき 26−12＝14　答え 14こ

てびき　問題文から、まず「わかっていること」と「聞かれていること」を明確にしましょう。次に、それらが「全体」にあたるものなのか、「部分」にあたるものなのかを判断しましょう。そして、「聞かれていること(答えになるところ)」が「全体」である場合はたし算、「部分」である場合はひき算を利用して答えを求めることができるということを理解しましょう。
この問題では、
わかっていること…たまごが12個あります。全部で26個になりました。
聞かれていること…買ってきたたまごは何個ですか。
となります。これらのうちわかっている数が図のどこにあたるかを考えて、図に数を書いていきます。そして、この問題で「聞かれていること(答えになるところ)」は「部分」にあたるので、ひき算を利用して答えを求めます。

1

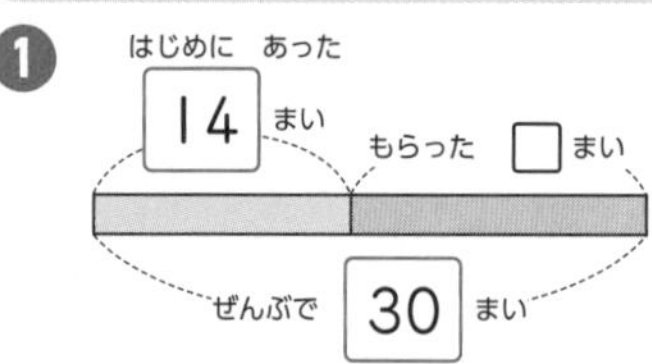

しき 30−14＝16
答え 16まい

てびき　この問題では、
わかっていること…色紙が14枚あります。全部で30枚になりました。
聞かれていること…もらった色紙は何枚ですか。
となります。そして、この問題で「聞かれていること(答えになるところ)」は「部分」にあたるので、ひき算を利用して答えを求めます。

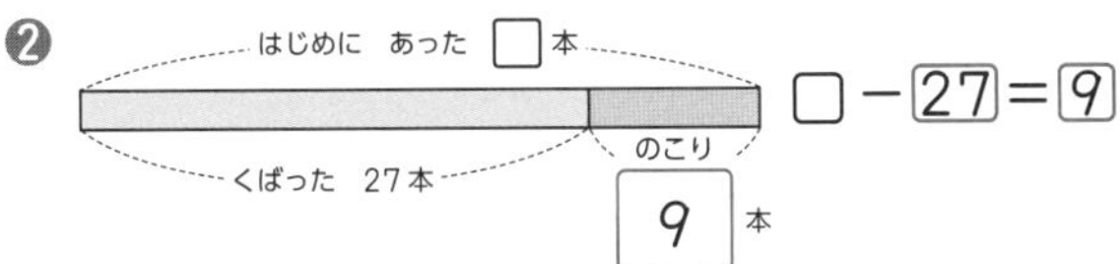

□－27＝9

❸ しき 27＋9＝36

答え 36 本

てびき この問題では、
わかっていること…鉛筆を 27 本くばりました。残りが 9 本になりました。
聞かれていること…鉛筆ははじめ何本ありましたか。
となります。そして、この問題で「聞かれていること(答えになるところ)」は「全体」にあたるので、たし算を利用して答えを求めます。

2 ❶

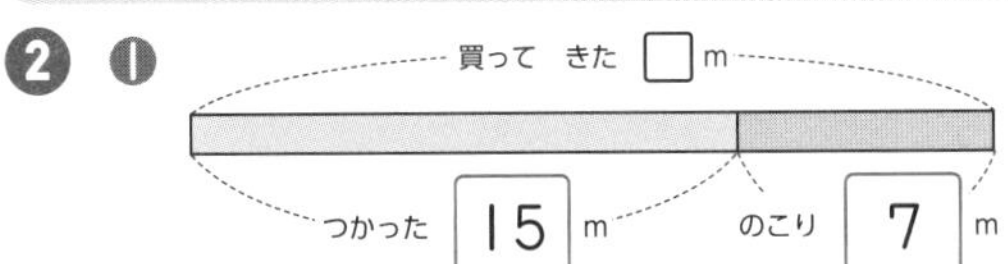

❷ しき 15＋7＝22　　答え 22 m

てびき この問題では、
わかっていること…リボンを 15m 使いました。7m 残っています。
聞かれていること…買ってきたリボンは何mですか。
となります。そして、この問題で「聞かれていること(答えになるところ)」は「全体」にあたるので、たし算を利用して答えを求めます。

たしかめよう!

もんだい文を　読んで、「わかって　いる　こと」と「聞かれて　いる　こと」に　わけましょう。
つぎに、図に　あらわし、ぜんたいと　ぶぶんを考えましょう。そして、もとめる　ものがぜんたいか、ぶぶんかたしかめましょう。

ぜんたい
ぶぶん　ぶぶん

ぜんたいは、ぶぶんと　ぶぶんの　たし算、ぶぶんは、ぜんたいから　ぶぶんを　ひくひき算で、もとめる　ことが　できる　ことをしっかり　りかい　しましょう。

98・99 ページ　きほんのワーク

きほん1

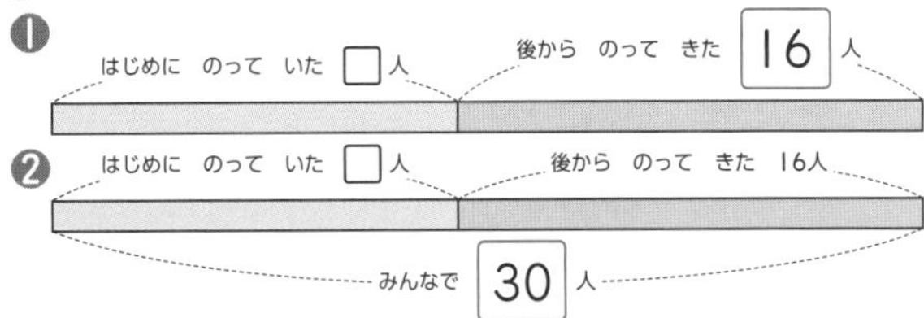

❸ しき 30－16＝14　　答え 14 人

てびき この問題では、
わかっていること…バスに後から 16 人乗ってきました。みんなで 30 人になりました。
聞かれていること…はじめに何人乗っていましたか。
となります。そして、この問題で「聞かれていること(答えになるところ)」は「部分」にあたるので、ひき算を利用して答えを求めます。

1

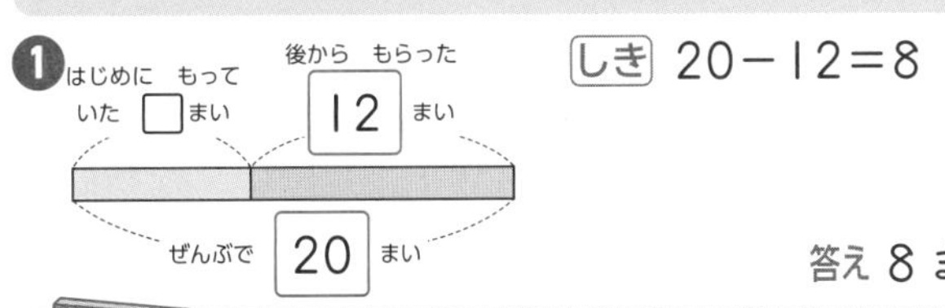

しき 20－12＝8

答え 8 まい

てびき この問題では、
わかっていること…シールを後から 12 枚もらいました。全部で 20 枚になりました。
聞かれていること…はじめに何枚持っていましたか。
となります。そして、この問題で「聞かれていること(答えになるところ)」は「部分」にあたるので、ひき算を利用して答えを求めます。

きほん2

❶

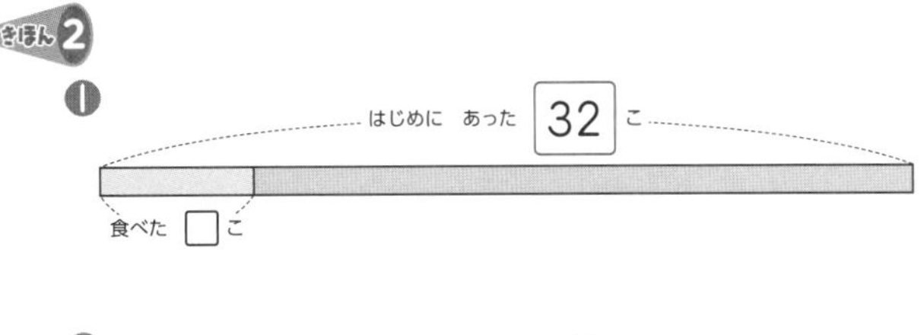

❷

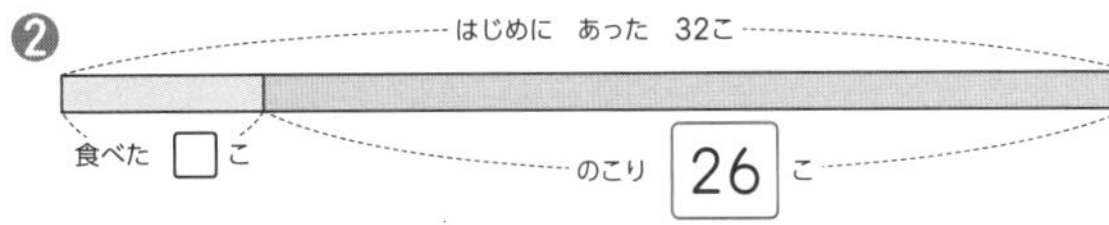

❸ しき 32－26＝6　　答え 6 こ

てびき この問題では、
わかっていること…みかんが 32 個ありました。26 個残っています。
聞かれていること…食べたみかんは何個ですか。
となります。そして、この問題で「聞かれていること(答えになるところ)」は「部分」にあたるので、ひき算を利用して答えを求めます。

❷ ❶

はじめに あった 25 L
あげた □ L　のこり 16 L

❷ しき 25 − 16 = 9　答え 9 L

てびき この問題では、
わかっていること…ジュースが 25 L あります。16 L 残っています。
聞かれていること…あげたジュースは何 L ですか。
となります。そして、この問題で「聞かれていること(答えになるところ)」は「部分」にあたるので、ひき算を利用して答えを求めます。

100ページ れんしゅうのワーク

❶ しき 19−7=12　答え 12 台

てびき この問題では、「はじめに止まっていた車 7 台」は「部分」、「全部で 19 台」は「全体」にあたり、求める「後から入ってきた車の台数」は「部分」にあたります。
求めるものが「部分」なので、ひき算を利用して求めます。
式を書くのにとまどっていたら、図を見ながら「この数は部分と全体のどちらになるかな？」などと問いかけ、「全体」と「部分」の区別をもとにして、「たし算とひき算のどちらで答えが出せるかな？」などと声をかけながら式をつくっていくのもよいでしょう。

❷ しき 8+12=20　答え 20 台

てびき この問題では、「出ていった車 8 台」も「残りの車 12 台」も「部分」で、求める「はじめにあった車の台数」は「全体」にあたります。求めるものが「全体」なので、たし算を利用して求めます。

❸ しき 30−9=21　答え 21 こ

てびき この問題では、「はじめにあった柿 30 個」は「全体」、「残っている 9 個」は「部分」にあたり、求める「あげた柿の個数」は「部分」にあたります。
求めるものが「部分」なので、ひき算を利用して求めます。

❹ しき 50−23=27　答え 27 こ

てびき この問題では、「後からもらった柿 23 個」は「部分」、「全部で 50 個」は「全体」にあたり、求める「はじめにあった柿の個数」は「部分」にあたります。
求めるものが「部分」なので、ひき算を利用して求めます。

101ページ まとめのテスト

1 ❶

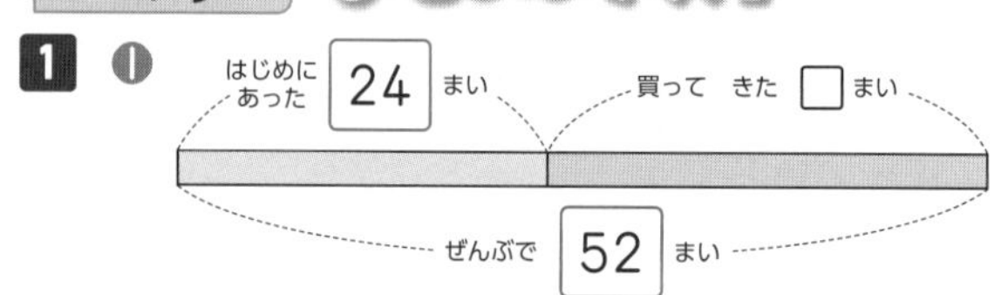

❷ しき 52−24=28　答え 28 まい

てびき この問題では、「はじめにあったカード 24 枚」は「部分」、「全部で 52 枚」は「全体」にあたり、求める「買ってきたカードの枚数」は「部分」にあたります。
求めるものが「部分」なので、ひき算を利用して求めます。

2 ❶

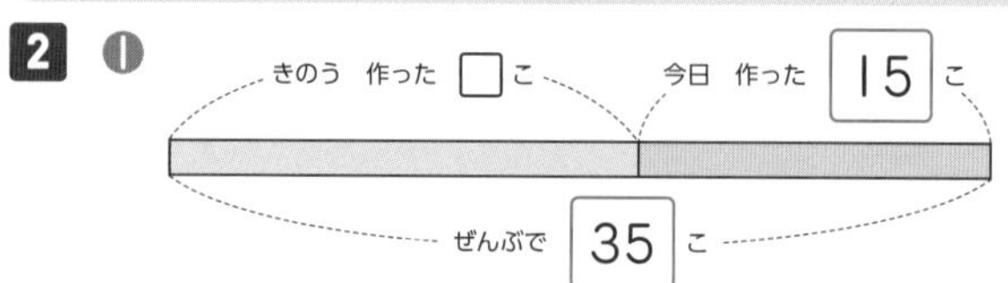

❷ しき 35−15=20　答え 20 こ

てびき この問題では、「今日作った輪飾り 15 個」は「部分」、「全部で 35 個」は「全体」にあたり、求める「昨日作った輪飾りの個数」は「部分」にあたります。
求めるものが「部分」なので、ひき算を利用して求めます。
これから学年が上がっていくに従って、図で表して関係を整理して考え、式をつくることが必要になることもでてきます。
2 年生のこの時期は、難しそうに見える問題でも図に表して考えてみると、関係が整理されて明確になるということを実感することが大切です。「図で表すとわかりやすくなるな。」と感じることで、次に難しい問題に出会ったとき、「図で表して考えてみよう。」という意欲を引き出すことができます。

⑯ 分けた 大きさの あらわし方を しらべよう

102・103ページ きほんのワーク

きほん1 二分の一、$\frac{1}{2}$

❶ [れい]

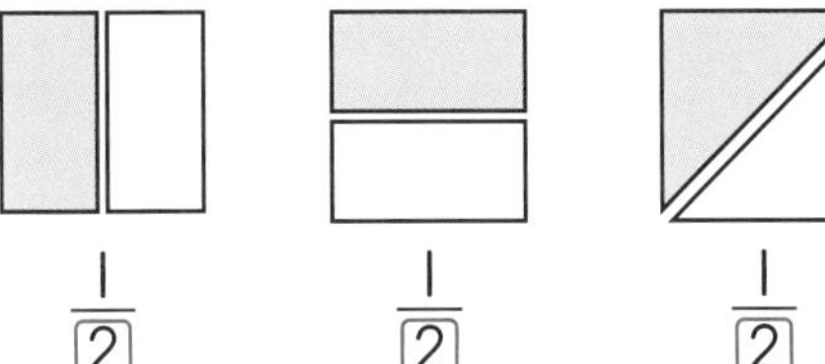

$\frac{1}{2}$　$\frac{1}{2}$　$\frac{1}{2}$

てびき 色を塗る場所は、2つに分けたうちのどちらか1つが塗ってあれば正解です。

❷ ㋐

てびき もとの大きさの$\frac{1}{2}$は、もとの大きさを、同じ大きさに2つに分けた1つ分です。

きほん2 四分の一、$\frac{1}{4}$

てびき 形が異なっても、もとの大きさを同じ大きさに4つに分けた1つ分の大きさを、もとの大きさの$\frac{1}{4}$と表します。

❸ ❶ $\frac{1}{4}$　❷ $\frac{1}{8}$　❸ $\frac{1}{3}$

てびき ❶ もとの大きさを同じ大きさに4つに分けた1つ分の大きさです。
❷ もとの大きさを同じ大きさに8つに分けた1つ分の大きさです。
❸ もとの大きさを同じ大きさに3つに分けた1つ分の大きさです。

❹ ❶ 3こ　❷ $\frac{1}{3}$

てびき ❶ $\frac{1}{2}$は同じ大きさ(個数)に2つに分けることなので、6個の$\frac{1}{2}$は3個になります。

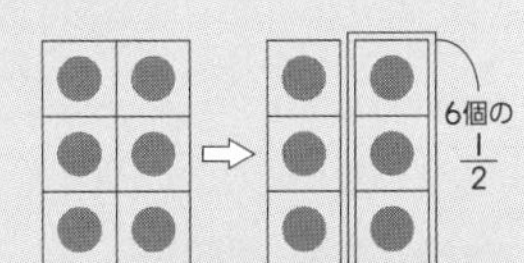

❷ 2個は、6個を同じ数ずつ3つに分けたものになるので、2個は6個の$\frac{1}{3}$になります。

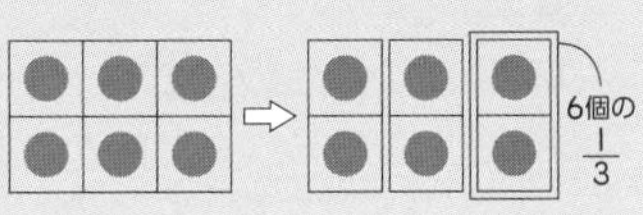

104ページ きほんのワーク

きほん1 ❶ 2ばい　❷ $\frac{1}{2}$

てびき 分数は、この先お子さんを悩ませる概念です。2年生で学習するのはその手始めのところなので、つまずかないようにしましょう。
❶ 図より、㋑のテープの長さは、㋐のテープの長さの2つ分になります。
❷ ㋐のテープの長さは、㋑のテープの長さの半分(二分の一)になります。

❶ ❶ 3ばい　❷ $\frac{1}{3}$　❸ 2ばい　❹ $\frac{1}{4}$

てびき ❶ ㋒のテープの長さは、㋐のテープの長さの3つ分になります。
❷ ㋐のテープの長さは、㋒のテープの長さを3つに分けた1つ分の長さになります。
❸ ㋓のテープの長さは、㋑のテープの長さの2つ分になります。
❹ ㋐のテープの長さは、㋓のテープの長さを4つに分けた1つ分の長さになります。

105ページ まとめのテスト

1 ㋐ $\frac{1}{2}$　㋑ $\frac{1}{4}$　㋒ $\frac{1}{4}$

てびき ㋐2つに分けた1つ分の大きさです。
㋑㋒4つに分けた1つ分の大きさです。

2 ❶ $\frac{1}{4}$　❷ $\frac{1}{8}$　❸ $\frac{1}{3}$

てびき ❶ 4つに分けた1つ分の長さです。
❷ 8つに分けた1つ分の長さです。
❸ 3つに分けた1つ分の長さです。

3 ❶ 4ばい　❷ $\frac{1}{4}$

てびき ❶ ㋑のテープの長さは、㋐のテープの長さの4つ分になります。
❷ ㋐のテープの長さは、㋑のテープの長さを4つに分けた1つ分の長さになります。

たしかめよう！
○ばいと $\frac{1}{○}$の かんけいを しっかり りかいしましょう。

⑰ はこの 形を しらべよう

106・107ページ きほんのワーク

きほん1 ❶ 長方形
❷ 6(つ)
❸ 2(つずつ)

てびき ❶ 箱の面の形について、直感的に長方形と予想できるとよいです。それから、実際に三角定規の直角の部分をあてて、「4つのかどが、みんな直角になっている四角形だから長方形」と答えられるようにしましょう。

1 ❶ 正方形　❷ 6つ

てびき 写し取った6つの四角形は、どれも同じ形です。写し取った四角形は、4つの角がすべて直角であるだけでなく、辺の長さがすべて同じなので、正方形であるといえます。

2 ㋑

てびき 箱の形では、向かい合う面は同じ形になります。組み立てる前の図から、6つの面はすべて長方形であることがわかります。正方形の面がないはこを選びましょう。㋐では2つの面、㋒は6つの面すべてが正方形になっています。

きほん2
❶ 7cm…4本　10cm…4本　12cm…4本
❷ 8こ　へん…12、ちょう点…8つ

てびき ひごの数は、数え間違いがないように、数えながら図に印をつけていくとよいでしょう。また、箱の形には辺が全部で12あるので、ひごの数の合計が12本になることを確認することで、数え間違いを防ぐことができます。

3 ❶ 6cm、12本
❷ 8こ

てびき ❶ さいころの形は、全部の面が同じ形の正方形でできているので、全部の辺の長さは同じになります。辺の数は、上の面と下の面にそれぞれ4本ずつあり、縦の辺が4本あるので、合計12本になります。
❷ 面の形が長方形でも正方形でも、箱の形(直方体)やさいころの形(立方体)では、頂点の数は8つになります。

4 ❶ 6cm…4本、8cm…4本、15cm…4本
❷ 8こ

てびき ❶ 箱の形(直方体)では、同じ向きの辺は4本ずつあり、辺の長さが同じになります。この問題では、6cm、8cm、15cmの辺が4本ずつあるので、ひごは、6cm、8cm、15cmのものが4本ずつになります。

108ページ れんしゅうのワーク

1 ㋑

てびき 6つの面がすべて正方形でできているものを選びます。

2 ❶ 3cm…4本、4cm…4本、6cm…4本
❷ 8こ

てびき ❶ 図から、3cm、4cm、6cmの辺をそれぞれ数えます。数え間違いがないように、数えながら図に印をつけましょう。
❷ 107ページのきほん2の粘土玉と同じ個数になります。

3 ㋐…2つ、㋑…2つ、㋔…2つ

てびき 箱は、下の図のように、辺の長さが5cmと4cmの長方形の面が2つ、9cmと4cmの長方形の面が2つ、9cmと5cmの長方形の面が2つからできています。実際に箱を用意して、見比べながらイメージしてみるのもよいでしょう。そのとき、向かい合う面の形や大きさが同じであることも確認しながら考えていきましょう。

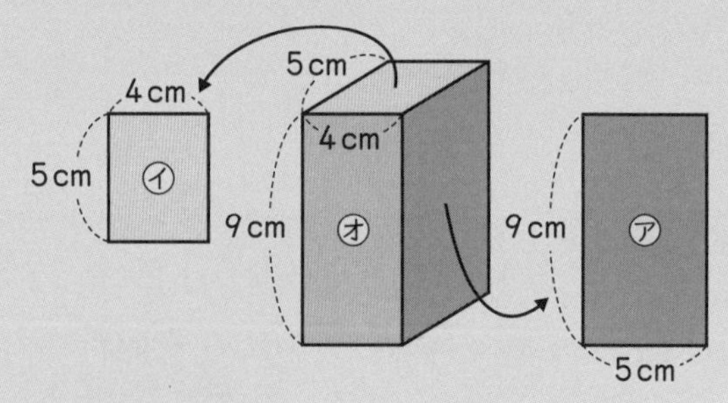

たしかめよう!
はこの　形では、面の　形は　長方形か正方形です。そして、へんの　長さが　ちがっていても、へんの　数は　いつも　12、ちょう点の数は　いつも　8、面の　数は　いつも　6です。また、むかい合って　いる　面の　形は　同じになって　います。

109ページ まとめのテスト

1

てびき 箱の形では、用語として「頂点」、「辺」、「面」が必ず出てきます。
問題の図のどの部分を指すのかを、しっかり把握しましょう。

2 ㋑

てびき ㋐は6つの面が全て正方形の立体(立方体)なのであてはまりません。立体の面のなかで一番大きい(広い)のが正方形の面になっている、㋑の箱が正解です。

3 ❶ [8]こ
❷ 6cm…[4]本、7cm…[4]本、10cm…[4]本
❸ 面…[6]つ、
同じ　形の　面…[2]つずつ、
へん…[12]、
ちょう点…[8]つ

てびき ❶ 必要な粘土玉の数は、頂点の数と同じです。
❸ 箱は、下の図のように、辺の長さが7cmと6cmの長方形の面が2つ、10cmと6cmの長方形の面が2つ、10cmと7cmの長方形の面が2つあり、全部で6つの面からできています。

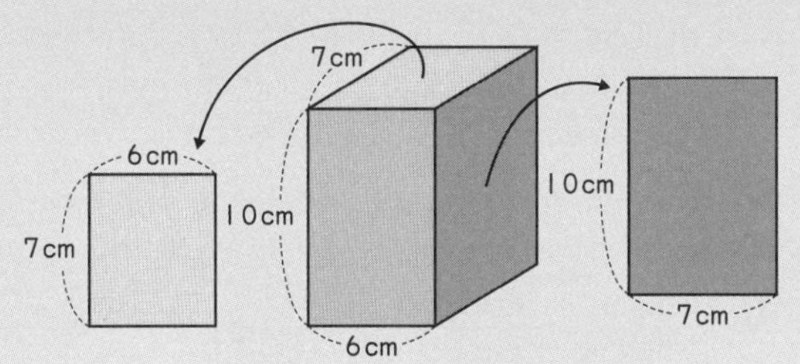

2年の ふくしゅう

110ページ まとめのテスト❶

1 ❶ 6032　❷ 380　❸ 7200
❹ 9000

てびき ❶ 1000が6個で6000、10が3個で30、1が2個で2なので6032です。
100のまとまりはないので、百の位の数字は0になります。
❷ 38個を30個と8個に分けます。10が30個で300、10が8個で80。300と80で380です。
❸ 72個を70個と2個に分けます。100が70個で7000、100が2個で200。
7000と200で7200です。
❹ 10000は1000を10個集めた数なので、10000より1000小さい数は、1000を9個集めた数になります。

2 ア…2500　イ…3900　ウ…6400
エ…9100

てびき まず、数の線で一番小さい1目盛りがいくつかを考えます。2000と3000の間が10に分かれているので、1目盛りは100です。アは、2000から右へ5目盛り分なので、2000より500大きい2500です。
イは、4000から左へ1目盛り分なので、4000より100小さい3900です。
ウは、6000から右へ4目盛り分なので、6000より400大きい6400です。
エは、9000から右へ1目盛り分なので、9000より100大きい9100です。

3 ❶ 64　❷ 118　❸ 104
❹ 151　❺ 293　❻ 1400
❼ 34　❽ 75　❾ 83
❿ 94　⓫ 709　⓬ 400

4 82－19＝[63]→[たしかめ] [63＋19＝82]

てびき ひき算では、ひき算の答えにひく数をたすと、ひかれる数になります。ひき算の答えは、たし算で確かめることができます。
このきまりを理解するだけでなく、計算問題やテストが終わったときなど、自分の答えが合っているかどうかを確かめるために使う習慣ができるとよいです。

111 ページ　まとめのテスト❷

1 ❶ 24　❷ 24　❸ 56
❹ 35　❺ 18　❻ 3

てびき 九九は、上の学年になっても出てくる非常に重要な内容です。忘れないように、くり返し復習しましょう。

2 ㋐　㋑

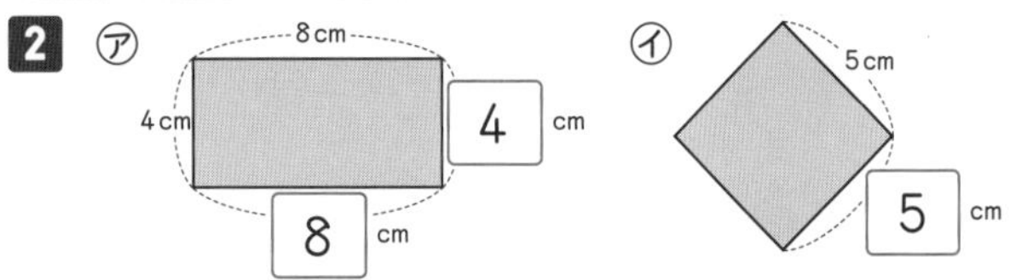

てびき ㋐ 長方形の向かい合う辺の長さは同じです。
㋑ 正方形は 4 つの辺の長さがすべて同じです。

3 ❶ 4 つ　❷ 2 つ

てびき ❶ 箱の形には全部で 12 の辺があります。また、同じ向きの 4 つの辺の長さは同じです。図のような箱の形では、9 cm の辺、6 cm の辺、4 cm の辺が 4 つずつあります。ひごと粘土玉でつくった箱の形をイメージして確認してみてください。辺がひご、頂点が粘土玉にあたります。
❷ 箱の形には全部で 6 つの面があり、向かい合う 2 つの面の形は同じです。図のような箱の形では、辺の長さが 4 cm と 6 cm の長方形の面が 2 つ、6 cm と 9 cm の長方形の面が 2 つ、9 cm と 4 cm の長方形の面が 2 つあります。

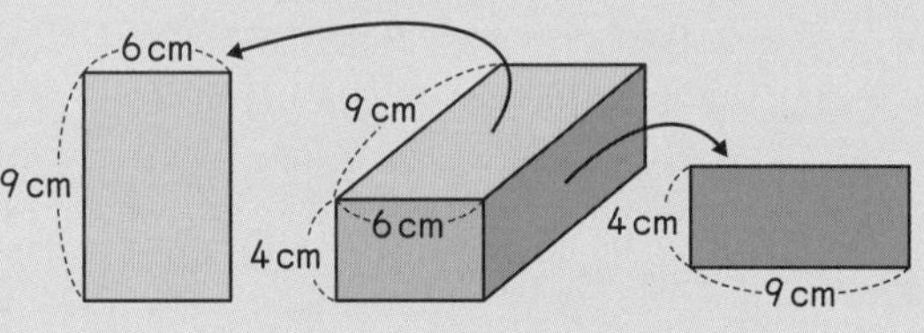

4 30 分前…4 時 15 分　1 時間後…5 時 45 分

てびき 時計の時刻は、4 時 45 分です。
30 分前は、45－30＝15 より、4 時 15 分です。1 時間後は、4＋1＝5 より、5 時 45 分です。

5 ア　4 cm 5 mm
イ　9 cm 2 mm
ウ　11 cm 5 mm

てびき 物差しの 1 目盛りは 1 mm です。5 mm や 1 cm(＝10 mm)、5 cm、10 cm の印や目盛りを利用すると読みやすくなります。　ウは、10 cm の目盛りより、右に 1 cm と 5 mm の位置なので、左端からの長さは、
10 cm＋1 cm＋5 mm＝11 cm 5 mm
となります。

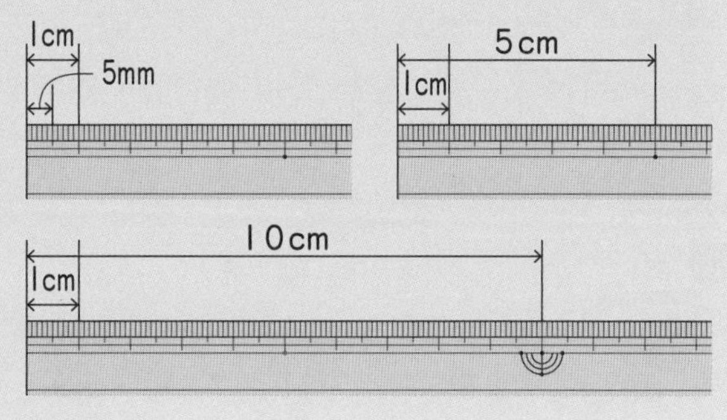

112 ページ　まとめのテスト❸

1 ❶ [3] cm [5] mm　❷ [46] mm
❸ [2] m [80] cm　❹ [103] cm
❺ [10] dL　❻ [1000] mL

てびき ❶～❹ 1 cm＝10 mm、1 m＝100 cm から考えます。
❶ 30 mm＝3 cm なので、
35 mm＝3 cm 5 mm
❷ 4 cm＝40 mm なので、
4 cm 6 mm＝40 mm＋6 mm＝46 mm
❸ 200 cm＝2 m なので、
280 cm＝200 cm＋80 cm
＝2 m 80 cm
❹ 1 m 3 cm＝100 cm＋3 cm
＝103 cm

2 ❶ mL　❷ m
❸ L　❹ cm

3 ❶

おかしの 数

おかし	ガム	あめ	せんべい	ケーキ	ラムネ
数	5	4	3	2	1

おかしの 数

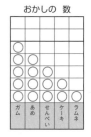

ガム	あめ	せんべい	ケーキ	ラムネ
○				
○	○			
○	○	○		
○	○	○	○	
○	○	○	○	○

❷ ガム、5 こ

てびき 数えもれなどがないように、おかしの絵に印をつけながら数えるとよいでしょう。

実力はんていテスト 答えとてびき

夏休みのテスト①

1 くだものの　数

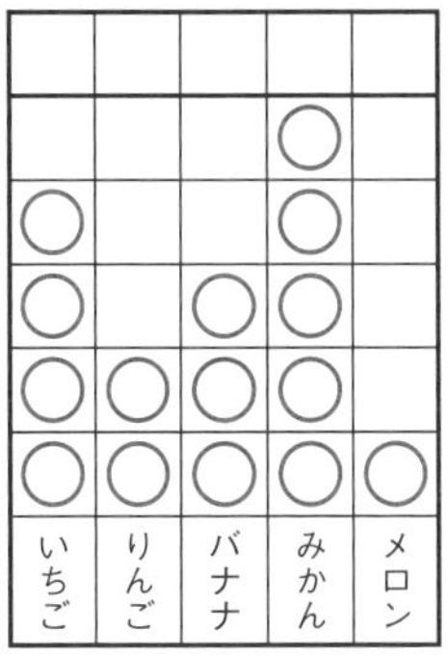

てびき　落ちや重複のないように、数えたものには印をつけておくとよいです。また、グラフのかき方は、3年生の棒グラフの学習につながります。

くだものの　数

くだもの	いちご	りんご	バナナ	みかん	メロン
数	4	2	3	5	1

2 ❶ 午前8時55分　❷ 午前8時

てびき　❶ 午前8時25分の30分後は、25＋30＝55より、午前8時55分です。
❷ 午前8時25分の25分前は、25−25＝0より、午前8時です。

3 ア　1cm7mm　イ　10cm6mm

4 ❶ 13こ分　❷ 1dL

てびき　❶ 1L＝10dLなので、1L3dL＝10dL＋3dLで、10dL＋3dL＝13dLとなります。だから、1dLの13個分となります。
❷ 1L＝1000mLなので、100mL＝1dLとなります。

5 ❶ 885　❷ 895　❸ 900　❹ 910

てびき　1目盛りは5を表します。
❶ 880より5大きい885
❷ 890より5大きい895
❸ 895より5大きい900
❹ 905より5大きい910

6
❶ $\begin{array}{r} 51 \\ +36 \\ \hline 87 \end{array}$　❷ $\begin{array}{r} 29 \\ +47 \\ \hline 76 \end{array}$　❸ $\begin{array}{r} 67 \\ +13 \\ \hline 80 \end{array}$　❹ $\begin{array}{r} 8 \\ +75 \\ \hline 83 \end{array}$

❺ $\begin{array}{r} 76 \\ -43 \\ \hline 33 \end{array}$　❻ $\begin{array}{r} 52 \\ -24 \\ \hline 28 \end{array}$　❼ $\begin{array}{r} 80 \\ -31 \\ \hline 49 \end{array}$　❽ $\begin{array}{r} 64 \\ -57 \\ \hline 7 \end{array}$

夏休みのテスト②

1 ❶ ひまわり　❷ 3人

てびき　❶ ○の数が一番多いのは、ひまわりの5人です。
❷ カーネーションとすずらんとでは○の数の違いが3つなので、違いは3人になります。

2 ❶午前6時45分
❷午後2時57分

てびき　短針で「時」を読み、長針で「分」を読みます。短針の大きい1目盛りは1時間を、長針の小さい1目盛りは1分を表します。

3 ❶ 14cm7mm　❷ 12cm5mm
❸ 9cm6mm

てびき　同じ単位の数どうしを計算します。
❶ cmどうしで計算して、11cm＋3cm＝14cm
11cm7mm＋3cm＝14cm7mm
❷ cmどうしで計算して、18cm−6cm＝12cm
18cm5mm−6cm＝12cm5mm
❸ mmどうしで計算して、2mm＋4mm＝6mm
2mm＋9cm4mm＝9cm6mm

4 ❶11dL（1L1dL）
❷2L3dL（23dL）

てびき　❶ 1dLのますで11個分だから、11dLです。また、10dL＝1Lなので、11dL＝1L1dLです。
❷ 1Lのますで2つ分と1Lのますの小さい目盛り3つ分です。そして、1Lのますの小さい1目盛りは、1dLを表しています。

5 ❶ 5、8、1　❷ 270

てびき　❶ 581＝500＋80＋1と表せます。500は100が5個、80は10が8個、1は1が1個だから、581はこれらを合わせた数になります。

6
❶ $\begin{array}{r} 23 \\ +45 \\ \hline 68 \end{array}$　❷ $\begin{array}{r} 53 \\ +29 \\ \hline 82 \end{array}$　❸ $\begin{array}{r} 18 \\ +62 \\ \hline 80 \end{array}$　❹ $\begin{array}{r} 47 \\ +8 \\ \hline 55 \end{array}$

❺ $\begin{array}{r} 89 \\ -34 \\ \hline 55 \end{array}$　❻ $\begin{array}{r} 64 \\ -19 \\ \hline 45 \end{array}$　❼ $\begin{array}{r} 70 \\ -26 \\ \hline 44 \end{array}$　❽ $\begin{array}{r} 91 \\ -87 \\ \hline 4 \end{array}$

冬休みのテスト①

1 ❶ 9+27+3
→9+(27+3)→9+30=39
❷ 6+35+5
→6+(35+5)→6+40=46
❸ 4+42+16→4+16+42
→(4+16)+42→20+42=62

てびき 一の位の数字の和が10になるものを見つけて計算をすると、計算が簡単になります。
❶ 7+3=10　　❷ 5+5=10
❸ 4+6=10となるから、4と16が隣り合うようにたす順序をかえます。○+△=△+○が成り立つことを使うと、42+16=16+42となるから、4+42+16=4+16+42として、(4+16)+42を計算します。

2 ❶ 2×3(=6)　　❷ 4×5(=20)
❸ 5×7(=35)

てびき (1つ分の数)×(いくつ分)=(全部の数)の考え方を利用して式を表すと、それぞれ次のようになります。
❶ 1皿分のプリンが2個で、プリンは3皿分だから、式は2×3と表せます。
❷ 1袋分のクロワッサンが4個で、クロワッサンは5袋分だから、式は4×5と表せます。
❸ 1箱分のドーナツが5個で、ドーナツは7箱分だから、式は5×7と表せます。

3 ❶ 3つ　　❷ 4つ

てびき 三角形や四角形では、頂点の数と辺の数は同じになります。
❶ 三角形には、頂点が3つ、辺が3つあります。
❷ 四角形には、頂点が4つ、辺が4つあります。

4
❶

	6	7
+	7	5
1	4	2

❷

	5	4
+	4	8
1	0	2

❸

	1	7	3
−		8	6
		8	7

❹

	1	0	5
−		4	7
		5	8

てびき たし算では十の位や百の位へのくり上がり、ひき算では十の位や百の位からのくり下がりの間違いがないように注意しましょう。

5 ❶ 14　❷ 45　❸ 32　❹ 54
❺ 32　❻ 30　❼ 21　❽ 27

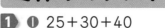

冬休みのテスト②

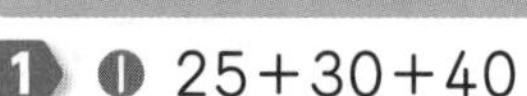

1 ❶ 25+30+40
→25+(30+40)→25+70=95
❷ 7+48+2
→7+(48+2)→7+50=57
❸ 39+7+11→39+11+7
→(39+11)+7→50+7=57
❹ 14+35+26→14+26+35
→(14+26)+35→40+35=75

てびき ❶ 30+40を先に計算します。
一の位の数字が0のものや、一の位の数字の和が10になるものを見つけて計算をすると、計算が簡単になります。
❷ 8+2=10
❸ 9+1=10となるから、39と11が隣り合うようにたす順序をかえます。7+11=11+7となるから、39+7+11=39+11+7として、(39+11)+7を計算します。
❹ 4+6=10となるから、14と26が隣り合うようにたす順序をかえます。
35+26=26+35となるから、
14+35+26=14+26+35として、
(14+26)+35を計算します。

2 ❶ 3ばい　　❷ 12cm

てびき ❷ 4×3=12で、4cmの3つ分の長さは12cmとなります。

3 ❶ しき [れい]4×6=24

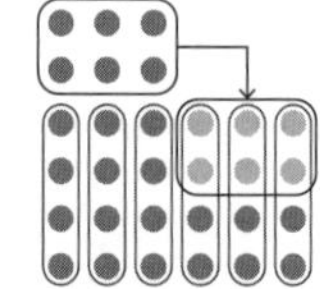

答え 24こ

❷ しき [れい]4×8=32

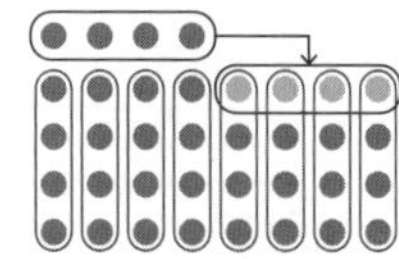

答え 32こ

てびき 下のように、●の数の求め方にはいろいろな方法が考えられます。

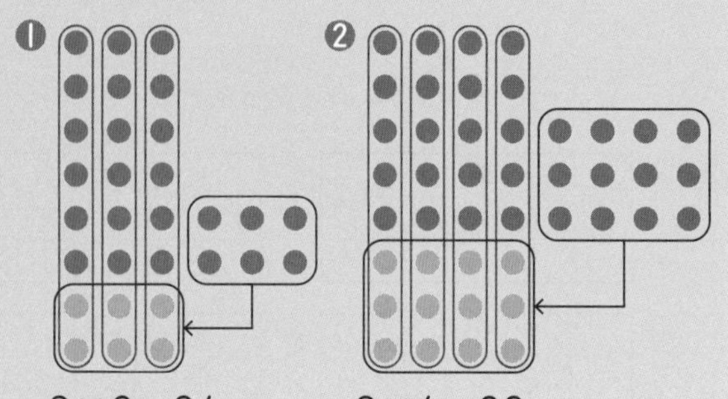

4 ㋐長方形　㋑直角三角形
㋒正方形　㋓長方形

てびき　㋐・㋓ 4つのかどがみんな直角になっているので、長方形です。
㋑　直角のかどがある三角形なので、直角三角形です。
㋒　4つのかどがみんな直角で、4つの辺の長さがみんな同じなので、正方形です。

5
❶
$$\begin{array}{r} 76 \\ +87 \\ \hline 163 \end{array}$$
❷
$$\begin{array}{r} 35 \\ +69 \\ \hline 104 \end{array}$$
❸
$$\begin{array}{r} 142 \\ -\ 58 \\ \hline 84 \end{array}$$
❹
$$\begin{array}{r} 103 \\ -\ 36 \\ \hline 67 \end{array}$$

6 ❶ 50　❷ 77

てびき　次のかけ算のきまりを利用して考えます。
・かける数が1増えると、答えはかけられる数だけ増える。
・かけられる数とかける数を入れかえて計算しても答えは同じになる。
❶　かけられる数が5のかけ算では、かける数が1増えると答えは5増えるので、5×10の答えは、5×9の答えより5大きくなります。
5×10=5×9+5だから、
5×10=50
❷　かけられる数とかける数を入れかえても答えは変わらないので、11×7=7×11
かけられる数が7のかけ算では、かける数が1増えると答えは7増えるので、7×11の答えは、7×9の答えより、7+7=14大きくなります。
11×7=7×11
7×11=7×9+14だから、
11×7=77

学年末のテスト①

1 ❶ 9250　❷ 4513

てびき　❶ 1000が9個、100が2個、10が4個、1が10個あります。1が10個で10にくり上がることに気をつけましょう。
❷　1000、100、10、1がそれぞれいくつあるかを数えるとき、数えたものに印をつけるなどして、数えもれや重複がないように注意しましょう。

2 ❶ 390　❷ 8000
❸ 900　❹ 10000

3 ❶ $\frac{1}{2}$　❷ $\frac{1}{3}$

てびき　❶ もとの大きさを同じ大きさに2つに分けた1つ分なので、二分の一です。
❷　もとの大きさを同じ大きさに3つに分けた1つ分なので、三分の一です。

4 ❶ 1m=[100]cm
❷ 36mm=[3]cm[6]mm
❸ 5cm7mm=[57]mm
❹ 480cm=[4]m[80]cm
❺ 1L=[1000]mL
❻ 1L=[10]dL

てびき　1m=100cm、1cm=10mm、1L=1000mL、1L=10dLから考えます。
❷　36mm=30mm+6mmで、
30mm=3cmなので、
30mm+6mm=3cm6mmとなります。
❸　5cm=50mmなので、
5cm7mm=50mm+7mmで、
50mm+7mm=57mmとなります。
❹　480cm=400cm+80cmで、
400cm=4mなので、
400cm+80cm=4m80cmとなります。

5 ❶ 25　❷ 48
❸ 28　❹ 8
❺ 27　❻ 42
❼ 12　❽ 12
❾ 18　❿ 63
⓫ 5　⓬ 48

学年末のテスト②

1 ❶ 1時間40分 > 90分
❷ 456 < 465
❸ 700 = 760−60
❹ 8m < 800cm+10mm
❺ 6cm2mm = 62mm
❻ 230dL > 2L3dL

てびき 大小関係を表す記号(不等号)「>」、「<」の記号の意味を間違えないようにしましょう。下のように、口が開いている方の数が大きくなるように表します。

(大)>(小)　　(小)<(大)

❶ 1時間=60分から考えます。
1時間40分=60分+40分=100分なので、
1時間40分>90分となります。

❷ 百の位の数字が同じなので、十の位の数字で比べます。
5<6なので、456<465となります。

❸ ひき算を計算してから比べます。
760−60=700となるので、
700=760−60

❹ 1m=100cm、1cm=10mmから考えます。
10mm=1cmなので、
800cm+10mm=800cm+1cm
=801cmとなります。
8m=800cmなので、
8m<800cm+10mmとなります。

❺ 1cm=10mmから考えます。
6cm=60mmなので、
6cm2mm=60mm+2mm=62mmなので、
6cm2mm=62mmとなります。

❻ 1L=10dLから考えます。
2L=20dLなので、
2L3dL=20dL+3dL=23dLなので、
230dL>2L3dLとなります。

2 ❶ 8400　❷ 9200　❸ 10000

8000　9000

てびき 1目盛りは100を表します。
❶ 8000から4目盛り右なので、8000より400大きい数です。
❷ 9000から2目盛り右なので、9000より200大きい数です。
❸ 9000から10目盛り右なので、9000より1000大きい数です。

3 ❶ 8つ
❷ 4つ
❸ 2つ

てびき 箱の形には、辺が12、頂点が8つあることを押さえます、面は6つあり、向かい合った面は、形も大きさも同じ(合同)であることも押さえておきましょう。
❷ この問題の箱の形には、6cmの辺が4つ、4cmの辺が4つ、2cmの辺が4つあります。
❸ この問題の箱の形は、辺の長さが2cmと4cmの長方形の面が2つ、2cmと6cmの長方形の面が2つ、4cmと6cmの長方形の面が2つからできています。

4 ❶ mL　❷ m
❸ dL　❹ cm

5
❶ $\begin{array}{r} 58 \\ +\ 75 \\ \hline 133 \end{array}$　❷ $\begin{array}{r} 324 \\ +\ 53 \\ \hline 377 \end{array}$　❸ $\begin{array}{r} 6 \\ +239 \\ \hline 245 \end{array}$

❹ $\begin{array}{r} 148 \\ -\ 62 \\ \hline 86 \end{array}$　❺ $\begin{array}{r} 458 \\ -\ 56 \\ \hline 402 \end{array}$　❻ $\begin{array}{r} 913 \\ -\ 7 \\ \hline 906 \end{array}$

まるごと 文章題テスト①

1

買った □ m

つかった（ 13 ）m　のこり（ 7 ）m

しき 13+7=20　　答え 20m

てびき　まず、問題文をもとに、（　）に数を書き入れて図を完成させます。次に、わかっていること、聞かれていることのそれぞれが、「全体」か「部分」かを考えていきます。
この問題では、わかっていることの「使ったテープの長さ13m」と「残っているテープの長さ7m」はどちらも「部分」にあたり、聞かれていることの「買ったひもの長さ」は「全体」にあたります。
「全体」を求める問題なので、「部分」どうしのたし算で答えを求めることができます。

2 しき 54−47=7
答え 赤い　色紙が　7まい　多い。

てびき　「どちらが何枚多いか？」は、枚数の違いを求める問題なので、多い方から少ない方をひいて答えを求めます。この問題では、
（赤い色紙の枚数）−（青い色紙の枚数）
＝（枚数の違い）となります。
また、答えの確かめには次の式が考えられます。
多い方から枚数の違いをひくと少ない方になるので、54−7=47
少ない方と枚数の違いをたすと多い方になるので、47+7=54

3 しき 50+18=68　　答え 68まい

てびき　次のような図をつくって考えることができます。

ぜんぶで □ まい

はじめに もって いた 50まい　もらった 18まい

「はじめに持っていたカード50枚」と「もらったカード18枚」はどちらも「部分」にあたり、聞かれていることの「全部のカードの枚数」は「全体」にあたります。
「全体」を求める問題なので、「部分」どうしのたし算で答えを求めることができます。

4 しき 120−26=94　　答え 94こ

てびき　次のような図をつくって考えることができます。

あつめた　かん　120こ

アルミかん 26こ　スチールかん □ こ

「集めた缶の合計120個」は「全体」、「集めたアルミ缶26個」は「部分」にあたり、聞かれていることの「スチール缶の個数」は「部分」にあたります。
「部分」を求める問題なので、「全体」から「部分」をひいて答えを求めることができます。

5 しき 68+42=110　　答え 110本

てびき　次のような図をつくって考えることができます。

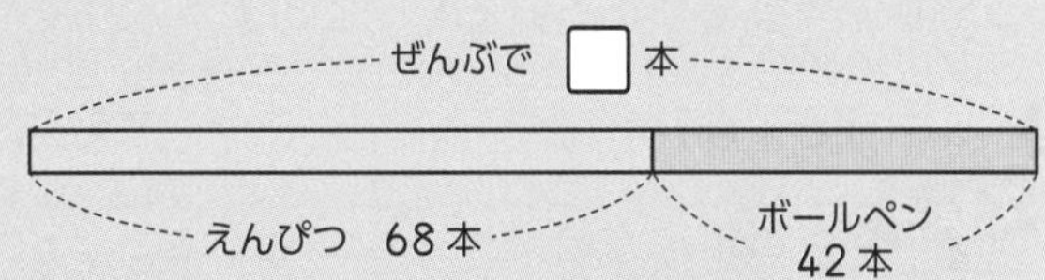

「鉛筆68本」と「ボールペン42本」はどちらも「部分」にあたり、聞かれていることの「全部の本数」は「全体」にあたります。
「全体」を求める問題なので、「部分」どうしのたし算で答えを求めることができます。

6 しき 18+7+3=28
（または、18+(7+3)=28）　答え 28人

てびき　問題文の話の順に式をつくっていきます。はじめに遊んでいる1年生18人と2年生7人は18+7となり、そこに2年生が3人来たので、式は、18+7+3となります。
7+3=10となるので、（　）を使って、18+(7+3)という形にすると、計算がしやすくなります。

7 しき 5×6=30　　答え 30さつ

てびき　1人分のノートの数が5冊で、6人に配るので、(1つ分の数)×(いくつ分)=(全部の数)の考え方を利用すると、
式は5×6と表せます。

まるごと 文章題テスト②

1

はじめに　あった（ 24 ）こ

食べた □ こ　　のこり（ 15 ）こ

しき 24−15=9　　答え 9 こ

てびき　まず、問題文をもとに、（　）に数を書き入れて図を完成させます。次に、わかっていること、聞かれていることのそれぞれが、「全体」か「部分」かを考えていきます。
この問題では、「はじめにあったみかん 24 個」は「全体」、「残ったみかん 15 個」は「部分」にあたり、聞かれていることの「食べたみかんの個数」は「部分」にあたります。
「部分」を求める問題なので、「全体」から「部分」をひいて答えを求めることができます。

2 しき 26+67=93　　答え 93 人

てびき　次のような図をつくって考えることができます。

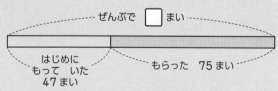

あわせて □ 人

おとな 26 人　　子ども　67 人

「おとなの人数 26 人」と「子どもの人数 67 人」はどちらも「部分」にあたり、聞かれていることの「合わせた人数」は「全体」にあたります。
「全体」を求める問題なので、「部分」どうしのたし算で答えを求めることができます。

3 しき 7×5=35　　答え 35 人

てびき　1 つの長いすに 7 人ずつ座り、長いすが全部で 5 つあることから、（1 つ分の数）×（いくつ分）=（全部の数）の考え方を利用すると、式は 7 × 5 と表せます。

4 しき 47+75=122　　答え 122 まい

てびき　次のような図をつくって考えることができます。

ぜんぶで □ まい

はじめに もって　いた 47 まい　　もらった　75 まい

「はじめに持っていた色紙の枚数 47 枚」と「もらった色紙の枚数 75 枚」はどちらも「部分」にあたり、聞かれていることの「全部の枚数」は「全体」にあたります。
「全体」を求める問題なので、「部分」どうしのたし算で答えを求めることができます。

5 しき 96−47=49　　答え 49 ページ

てびき　次のような図をつくって考えることができます。

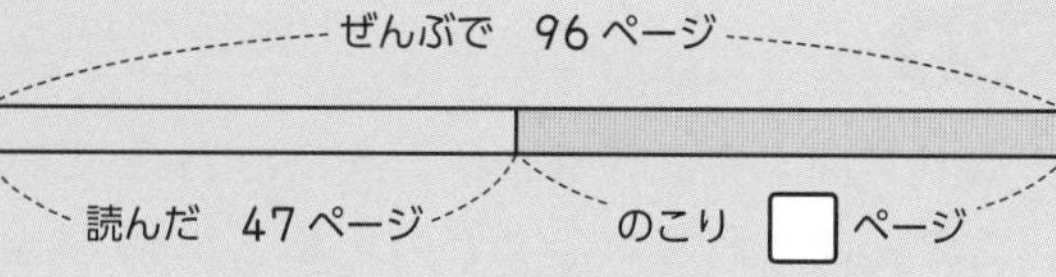

「本全部の 96 ページ」は「全体」、「読んだ 47 ページ」は「部分」にあたり、聞かれていることの「残りのページ」は「部分」にあたります。
「部分」を求める問題なので、「全体」から「部分」をひいて答えを求めることができます。

6 しき 135+48=183　　答え 183 円

てびき　次のような図をつくって考えることができます。

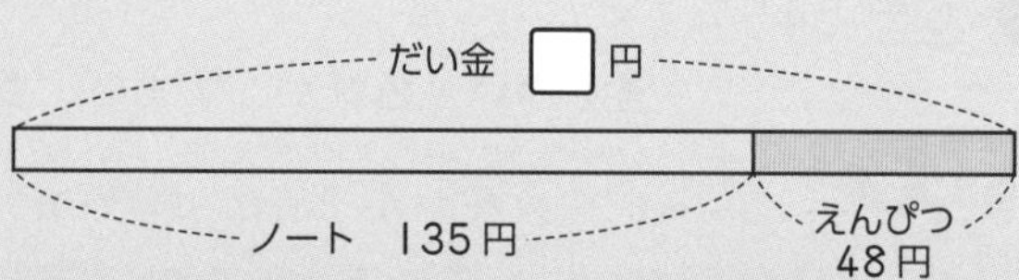

「ノートの値段 135 円」と「鉛筆の値段 48 円」はどちらも「部分」にあたり、聞かれていることの「代金」は「全体」にあたります。
「全体」を求める問題なので、「部分」どうしのたし算で答えを求めることができます。

7 しき 12+6+14=32
（または、12+(6+14)=32）
答え 32 さつ

てびき　マンガと図鑑と絵本の合計の冊数はたし算で求めます。（マンガ＋図鑑＋絵本）=（合計）だから、式は、12+6+14 となります。
6+14=20 となるので、（　）を使って、12+(6+14) という形にすると、計算がしやすくなります。

3 2 1 0 9 8 7 6 5 4
＊ ＊ D C B A

計算力がぐんぐんのびる!

このふろくは
すべての教科書に対応した
全教科書版です。

年	組	名前

「計算れんしゅうノート」はとりはずして使用できます。

1 たし算(1)

とく点
/100点

ひっ算(さん)で　しましょう。　1つ6〔90点〕

❶ 35+24　❷ 23+42　❸ 52+16

❹ 27+31　❺ 44+55　❻ 36+12

❼ 58+40　❽ 30+65　❾ 32+7

❿ 8+41　⓫ 50+30　⓬ 67+22

⓭ 6+53　⓮ 50+3　⓯ 8+40

れなさんは、25円の　あめと　43円の　ガムを　買(か)います。あわせて　いくらですか。　1つ5〔10点〕

しき

答(こた)え（　　　　）

2 たし算(2)

とく点

/100点

ひっ算で　しましょう。　1つ6〔90点〕

❶ 45+38　❷ 18+39　❸ 57+36

❹ 37+59　❺ 25+18　❻ 67+25

❼ 7+39　❽ 5+75　❾ 3+47

❿ 9+66　⓫ 13+39　⓬ 48+17

⓭ 63+27　⓮ 8+54　⓯ 34+6

★山中小学校の　2年生は、2クラス　あります。1組が　24人、2組が　27人です。2年生は、みんなで　何人ですか。　1つ5〔10点〕

しき

答え（　　　　）

3 たし算(3)

とく点

/100点

1 ひっ算(さん)で　しましょう。　1つ6〔90点〕

❶ 26+48　❷ 19+32　❸ 37+14

❹ 46+38　❺ 37+57　❻ 25+39

❼ 8+65　❽ 24+36　❾ 48+6

❿ 8+62　⓫ 28+19　⓬ 33+48

⓭ 6+67　⓮ 36+27　⓯ 59+39

2 カードが　37まい　あります。友(とも)だちから　6まい　もらいました。ぜんぶで　何(なん)まいに　なりましたか。　1つ5〔10点〕

しき

答(こた)え（　　　）

●べんきょうした日　月　日

4 ひき算(1)

とく点
/100点

ひっ算(さん)で　しましょう。　1つ6〔90点〕

❶ 65−13　❷ 76−24　❸ 59−36

❹ 88−42　❺ 47−31　❻ 38−12

❼ 67−40　❽ 96−86　❾ 60−40

❿ 50−20　⓫ 78−73　⓬ 93−90

⓭ 67−4　⓮ 86−3　⓯ 45−5

★ゆうとさんは、カードを　39まい　もって　います。弟(おとうと)に　15まい　あげました。カードは　何(なん)まい　のこって　いますか。

しき　1つ5〔10点〕

答(こた)え（　　）

5 ひき算 (2)

とく点

/100点

ひっ算で　しましょう。　1つ6〔90点〕

❶ 63－45　❷ 54－19　❸ 75－38

❹ 42－29　❺ 86－28　❻ 97－59

❼ 43－17　❽ 80－47　❾ 60－36

❿ 41－36　⓫ 70－68　⓬ 61－8

⓭ 56－9　⓮ 90－3　⓯ 70－4

りほさんは、88ページの　本を　読んで　います。今日までに、49ページ　読みました。のこりは　何ページですか。　1つ5〔10点〕

しき

答え（　　　）

6 ひき算(3)

とく点

/100点

ひっ算(さん)で　しましょう。　1つ6〔90点〕

❶ 72−28　❷ 55−26　❸ 81−45

❹ 94−29　❺ 66−18　❻ 50−28

❼ 90−51　❽ 43−35　❾ 55−49

❿ 60−59　⓫ 34−9　⓬ 52−7

⓭ 40−4　⓮ 70−8　⓯ 60−7

★はがきが　50まい　ありました。32まい　つかいました。のこりは　何(なん)まいに　なりましたか。　1つ5〔10点〕

しき

答(こた)え（　　　　）

●べんきょうした 日　　月　　日

7 大きい　数の　計算(1)

時間 20分

とく点　　/100点

計算(けいさん)を　しましょう。　1つ6〔90点〕

❶ 50＋80　❷ 30＋90　❸ 70＋80

❹ 90＋20　❺ 60＋60　❻ 80＋60

❼ 70＋70　❽ 120－40　❾ 110－80

❿ 140－60　⓫ 160－80　⓬ 130－70

⓭ 180－90　⓮ 150－70　⓯ 170－80

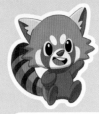

青い　色紙(いろがみ)が　80まい、赤い　色紙が　40まい　あります。あわせて　何(なん)まい　ありますか。　1つ5〔10点〕

しき

答(こた)え（　　　　）

●べんきょうした 日　　月　　日

8 大きい　数の　計算(2)

とく点

/100点

計算を　しましょう。　1つ6〔90点〕

❶ 300＋500　❷ 600＋300　❸ 200＋400

❹ 600－400　❺ 800－200　❻ 700－500

❼ 400＋30　❽ 500＋60　❾ 900＋20

❿ 700＋3　⓫ 260－60　⓬ 420－20

⓭ 630－30　⓮ 403－3　⓯ 706－6

★400円の　色えんぴつと、60円の　けしゴムを　買います。あわせて　いくらですか。　1つ5〔10点〕

しき

答え（　　　　）

9 水の　かさ

とく点

/100点

□に　あてはまる　数(かず)を　書(か)きましょう。　1つ5〔40点〕

❶ 1L=□dL　　❷ 1L=□mL

❸ 1dL=□mL　　❹ 8L=□dL

❺ 300mL=□dL　　❻ 5dL=□mL

❼ 21dL=□L 1dL　　❽ 70dL=□L

計算(けいさん)を　しましょう。　1つ10〔60点〕

❾ 3L4dL+2L　　❿ 1L3dL+5dL

⓫ 2L9dL−6dL　　⓬ 6L4dL−6L

⓭ 1L8dL+5dL　　⓮ 2L2dL−7dL

10 計算の　くふう

とく点

/100点

くふうして　計算(けいさん)しましょう。　1つ6〔90点〕

❶ 7+11+9　❷ 8+21+9　❸ 23+15+7

❹ 37+16+4　❺ 7+48+13　❻ 4+49+6

❼ 26+45+4　❽ 15+47+5　❾ 21+16+19

❿ 15+38+15　⓫ 29+12+28　⓬ 48+25+5

⓭ 15+36+25　⓮ 27+48+13　⓯ 12+27+18

★ 赤い　リボンが　14本、青い　リボンが　28本　あります。お姉(ねえ)さんから　リボンを　16本　もらいました。リボンは　あわせて　何本(なんぼん)に　なりましたか。　1つ5〔10点〕

しき

答(こた)え（　　　　）

11 3けたの　たし算(1)

とく点　/100点

1 ひっ算(さん)で　しましょう。　1つ6〔90点〕

❶ 74+63　❷ 36+92　❸ 70+88

❹ 56+61　❺ 87+64　❻ 48+95

❼ 63+88　❽ 55+66　❾ 73+58

❿ 97+36　⓫ 49+75　⓬ 67+49

⓭ 86+48　⓮ 58+66　⓯ 35+87

2 玉入れを　しました。赤組(あかぐみ)が　67こ、白組が　72こ　入れました。あわせて　何(なん)こ　入れましたか。　1つ5〔10点〕

しき

答(こた)え（　　　）

12 3けたの　たし算(2)

とく点

/100点

ひっ算(さん)で　しましょう。　1つ6〔90点〕

❶ 43+77　❷ 92+98　❸ 87+33

❹ 58+62　❺ 36+65　❻ 56+48

❼ 65+39　❽ 47+58　❾ 13+87

❿ 16+84　⓫ 75+25　⓬ 97+8

⓭ 6+98　⓮ 96+4　⓯ 2+98

★りくとさんは、65円の　けしゴムと　38円の　えんぴつを買(か)います。あわせて　いくらですか。　1つ5〔10点〕

しき

答(こた)え（　　　）

13 3けたの　たし算(3)

とく点　/100点

ひっ算(さん)で　しましょう。　1つ6〔90点〕

❶ 324+35　❷ 413+62　❸ 54+213

❹ 530+47　❺ 26+342　❻ 47+151

❼ 436+29　❽ 513+68　❾ 79+304

❿ 403+88　⓫ 103+37　⓬ 66+204

⓭ 683+9　⓮ 8+235　⓯ 407+3

425円の　クッキーと、68円の　チョコレートを　買(か)います。あわせて　いくらですか。　1つ5〔10点〕

しき

答(こた)え（　　　　）

3けたの　ひき算(1)

とく点

/100点

ひっ算で　しましょう。　1つ6〔90点〕

❶ 146−73　❷ 167−84　❸ 163−91

❹ 118−38　❺ 162−71　❻ 136−65

❼ 107−54　❽ 105−32　❾ 103−63

❿ 124−39　⓫ 156−89　⓬ 143−68

⓭ 162−73　⓮ 133−57　⓯ 151−94

★そらさんは、144ページの　本を　読んで　います。今日までに、68ページ　読みました。のこりは　何ページですか。　1つ5〔10点〕

しき

答え（　　　　）

15 3けたの　ひき算(2)

とく点
/100点

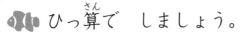

ひっ算で　しましょう。 1つ6〔90点〕

① 123−29　② 165−68　③ 173−76

④ 152−57　⑤ 133−35　⑥ 140−43

⑦ 103−56　⑧ 105−79　⑨ 107−29

⑩ 104−68　⑪ 103−8　⑫ 100−7

⑬ 102−6　⑭ 101−3　⑮ 107−8

あおいさんは、シールを　103まい　もって　います。弟に　25まい　あげました。シールは　何まい　のこって　いますか。

しき 1つ5〔10点〕

答え（　　　　）

16 3けたの　ひき算(3)

とく点　　/100点

ひっ算(さん)で　しましょう。　1つ6〔90点〕

❶ 358－26　❷ 437－14　❸ 583－32

❹ 463－27　❺ 684－58　❻ 942－24

❼ 745－19　❽ 534－28　❾ 453－47

❿ 372－65　⓫ 435－7　⓬ 364－9

⓭ 732－4　⓮ 513－6　⓯ 914－8

★画用紙(がようし)が　215まい　あります。今日(きょう)　8まい　つかいました。のこった　画用紙は　何(なん)まいですか。　1つ5〔10点〕

しき

答(こた)え（　　　　）

17 かけ算九九（1）

とく点　/100点

かけ算（ざん）を　しましょう。　1つ6〔90点〕

① 5×4　② 2×8　③ 5×1

④ 5×3　⑤ 5×5　⑥ 2×7

⑦ 2×6　⑧ 2×4　⑨ 5×6

⑩ 2×5　⑪ 5×7　⑫ 2×9

⑬ 5×9　⑭ 2×2　⑮ 5×8

おかしが　5こずつ　入った　はこが、2はこ　あります。
おかしは　ぜんぶで　何（なん）こ　ありますか。　1つ5〔10点〕

しき

答（こた）え（　　　　　）

18 かけ算九九(2)

とく点

/100点

かけ算をしましょう。　1つ6〔90点〕

❶ 3×6　❷ 4×8　❸ 3×8

❹ 4×2　❺ 3×9　❻ 4×4

❼ 4×7　❽ 3×7　❾ 3×5

❿ 3×1　⓫ 4×6　⓬ 4×3

⓭ 4×5　⓮ 3×3　⓯ 4×9

★ 長いすが　4つ　あります。1つの　長いすに　3人ずつ　すわります。みんなで　何人　すわれますか。　1つ5〔10点〕

しき

答え（　　　）

19 かけ算九九(3)

とく点

/100点

かけ算(ざん)を　しましょう。 1つ6〔90点〕

❶ 6×5　❷ 6×1　❸ 6×4

❹ 7×9　❺ 6×8　❻ 7×3

❼ 7×5　❽ 7×2　❾ 6×7

❿ 6×6　⓫ 7×8　⓬ 6×9

⓭ 7×4　⓮ 6×3　⓯ 7×7

カードを　1人(ひとり)に　7まいずつ、6人に　くばります。カードは　何(なん)まい　いりますか。 1つ5〔10点〕

しき

答(こた)え（　　　）

かけ算九九(4)

とく点
/100点

かけ算(ざん)を　しましょう。　1つ6〔90点〕

❶ 8×7　❷ 9×5　❸ 8×2

❹ 9×3　❺ 9×4　❻ 1×6

❼ 1×7　❽ 8×8　❾ 9×9

❿ 8×4　⓫ 9×6　⓬ 8×9

⓭ 8×6　⓮ 1×9　⓯ 9×7

★えんぴつを　1人(ひとり)に　9本ずつ、8人に　くばります。
えんぴつは　何本(なんぼん)　いりますか。　1つ5〔10点〕

しき

答(こた)え（　　　　）

21 かけ算九九 (5)

とく点
/100点

かけ算（ざん）を　しましょう。 1つ6〔90点〕

❶ 3×8　❷ 8×5　❸ 1×5

❹ 6×6　❺ 4×9　❻ 2×6

❼ 7×4　❽ 5×2　❾ 8×9

❿ 5×8　⓫ 9×6　⓬ 3×6

⓭ 7×3　⓮ 4×3　⓯ 8×7

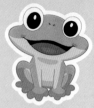

1はこ　6こ入りの　チョコレートが　7はこ　あります。
チョコレートは　何（なん）こ　ありますか。 1つ5〔10点〕

しき

答（こた）え（　　　　　）

22 かけ算九九 (6)

とく点

/100点

かけ算(ざん)を　しましょう。　1つ6〔90点〕

❶ 6×3　❷ 4×6　❸ 8×6

❹ 3×7　❺ 7×7　❻ 5×3

❼ 1×6　❽ 9×5　❾ 6×9

❿ 8×8　⓫ 4×7　⓬ 2×7

⓭ 7×1　⓮ 5×6　⓯ 9×3

★お楽(たの)しみ会(かい)で、1人(ひとり)に　おかしを　2こと、ジュースを　1本くばります。8人分(ぶん)では、おかしと　ジュースは、それぞれいくつ　いりますか。　1つ5〔10点〕

しき

答(こた)え（おかし…　　　、ジュース…　　　）

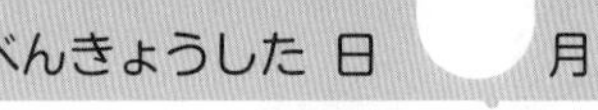

23 かけ算九九 (7)

とく点 /100点

かけ算(ざん)を しましょう。 1つ6〔90点〕

❶ 4×4 ❷ 7×5 ❸ 2×3

❹ 9×4 ❺ 7×9 ❻ 5×5

❼ 3×4 ❽ 8×3 ❾ 6×2

❿ 4×8 ⓫ 9×7 ⓬ 1×4

⓭ 5×7 ⓮ 3×9 ⓯ 6×8

1週間(しゅうかん)は 7日です。6週間は 何日(なんにち)ですか。 1つ5〔10点〕

しき

答(こた)え（ ）

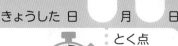

24 1000より　大きい　数

とく点　　/100点

□に　あてはまる　数を　書きましょう。　1つ10〔60点〕

❶ 1000を　6こ、100を　2こ、1を　9こ　あわせた　数は、□です。

❷ 7035は、1000を □こ、10を □こ、1を □こ　あわせた　数です。（ぜんぶ できて 10点）

❸ 千のくらいが　4、百のくらいが　7、十のくらいが　2、一のくらいが　8の　数は、□です。

❹ 100を　39こ　あつめた　数は、□です。

❺ 8000は、100を □こ　あつめた　数です。

❻ 1000を　10こ　あつめた　数は、□です。

□に　あてはまる　>、<を　書きましょう。　1つ10〔40点〕

❼ 7000 □ 6990　　❽ 4078 □ 4089

❾ 9609 □ 9613　　❿ 7359 □ 7357

25 大きい　数の　計算(3)

とく点

/100点

計算を　しましょう。　1つ6〔90点〕

❶ 700＋500　❷ 800＋600　❸ 400＋800

❹ 900＋400　❺ 500＋600　❻ 800＋800

❼ 700＋600　❽ 200＋900　❾ 900＋300

❿ 1000－500　⓫ 1000－800　⓬ 1000－400

⓭ 1000－300　⓮ 1000－600　⓯ 1000－900

700円の　絵のぐを　買います。1000円さつで　はらうと、おつりは　いくらですか。　1つ5〔10点〕

しき

答え（　　　　）

26 長さ

とく点　/100点

□に　あてはまる　数を　書きましょう。　1つ5〔50点〕

❶ 2cm＝□mm　❷ 4m＝□cm

❸ 80mm＝□cm　❹ 200cm＝□m

❺ 32mm＝□cm□mm　❻ 260cm＝□m□cm

❼ 402cm＝□m□cm　❽ 1m50cm＝□cm

❾ 3m42cm＝□cm　❿ 8cm5mm＝□mm

★計算を　しましょう。　1つ10〔50点〕

⓫ 5cm6mm＋7cm　⓬ 2m50cm＋4m

⓭ 8cm2mm＋7mm　⓮ 6cm8mm－5cm

⓯ 7m21cm－17cm

27 2年の　まとめ(1)

とく点　/100点

計算(けいさん)を　しましょう。　1つ6〔54点〕

❶ 24＋14　❷ 38＋58　❸ 75＋46

❹ 27＋83　❺ 400＋80　❻ 87－50

❼ 66－28　❽ 104－79　❾ 235－23

かけ算(ざん)を　しましょう。　1つ6〔36点〕

❿ 5×3　⓫ 7×8　⓬ 1×9

⓭ 3×4　⓮ 6×5　⓯ 8×4

リボンが　52本　ありました。かざりを　作(つく)るのに　何本(なんぼん)か　つかったので、のこりが　35本に　なりました。リボンを　何本　つかいましたか。　1つ5〔10点〕

しき

答(こた)え（　　　　）

28 2年の　まとめ(2)

とく点
/100点

★ 計算を　しましょう。　1つ6〔54点〕

❶ 19＋39　❷ 26＋34　❸ 37＋86

❹ 98＋8　❺ 72－25　❻ 60－33

❼ 106－9　❽ 256－53　❾ 1000－200

かけ算を　しましょう。　1つ6〔36点〕

❿ 7×5　⓫ 4×8　⓬ 3×7

⓭ 9×6　⓮ 2×9　⓯ 6×8

1はこ　4こ入りの　ケーキが　6はこ　あります。ケーキを　5こ　たべると、のこりは　何こですか。　1つ5〔10点〕

しき

答え（　　　）

答え

1
① 59 ② 65 ③ 68
④ 58 ⑤ 99 ⑥ 48
⑦ 98 ⑧ 95 ⑨ 39
⑩ 49 ⑪ 80 ⑫ 89
⑬ 59 ⑭ 53 ⑮ 48
しき 25+43=68 答え 68円

2
① 83 ② 57 ③ 93
④ 96 ⑤ 43 ⑥ 92
⑦ 46 ⑧ 80 ⑨ 50
⑩ 75 ⑪ 52 ⑫ 65
⑬ 90 ⑭ 62 ⑮ 40
しき 24+27=51 答え 51人

3
① 74 ② 51 ③ 51
④ 84 ⑤ 94 ⑥ 64
⑦ 73 ⑧ 60 ⑨ 54
⑩ 70 ⑪ 47 ⑫ 81
⑬ 73 ⑭ 63 ⑮ 98
しき 37+6=43 答え 43まい

4
① 52 ② 52 ③ 23
④ 46 ⑤ 16 ⑥ 26
⑦ 27 ⑧ 10 ⑨ 20
⑩ 30 ⑪ 5 ⑫ 3
⑬ 63 ⑭ 83 ⑮ 40
しき 39−15=24 答え 24まい

5
① 18 ② 35 ③ 37
④ 13 ⑤ 58 ⑥ 38
⑦ 26 ⑧ 33 ⑨ 24
⑩ 5 ⑪ 2 ⑫ 53
⑬ 47 ⑭ 87 ⑮ 66
しき 88−49=39 答え 39ページ

6
① 44 ② 29 ③ 36
④ 65 ⑤ 48 ⑥ 22
⑦ 39 ⑧ 8 ⑨ 6
⑩ 1 ⑪ 25 ⑫ 45
⑬ 36 ⑭ 62 ⑮ 53
しき 50−32=18 答え 18まい

7
① 130 ② 120 ③ 150
④ 110 ⑤ 120 ⑥ 140
⑦ 140 ⑧ 80 ⑨ 30
⑩ 80 ⑪ 80 ⑫ 60
⑬ 90 ⑭ 80 ⑮ 90
しき 80+40=120 答え 120まい

8
① 800 ② 900 ③ 600
④ 200 ⑤ 600 ⑥ 200
⑦ 430 ⑧ 560 ⑨ 920
⑩ 703 ⑪ 200 ⑫ 400
⑬ 600 ⑭ 400 ⑮ 700
しき 400+60=460 答え 460円

9
① 1L=[10]dL ② 1L=[1000]mL
③ 1dL=[100]mL ④ 8L=[80]dL
⑤ 300mL=[3]dL ⑥ 5dL=[500]mL
⑦ 21dL=[2]L 1dL ⑧ 70dL=[7]L
⑨ 5L4dL ⑩ 1L8dL
⑪ 2L3dL ⑫ 4dL
⑬ 2L3dL ⑭ 1L5dL

10
① 27 ② 38 ③ 45
④ 57 ⑤ 68 ⑥ 59
⑦ 75 ⑧ 67 ⑨ 56
⑩ 68 ⑪ 69 ⑫ 78
⑬ 76 ⑭ 88 ⑮ 57
しき 14+28+16=58 答え 58本

11
① 137　② 128　③ 158
④ 117　⑤ 151　⑥ 143
⑦ 151　⑧ 121　⑨ 131
⑩ 133　⑪ 124　⑫ 116
⑬ 134　⑭ 124　⑮ 122
しき 67＋72＝139　答え 139 こ

12
① 120　② 190　③ 120
④ 120　⑤ 101　⑥ 104
⑦ 104　⑧ 105　⑨ 100
⑩ 100　⑪ 100　⑫ 105
⑬ 104　⑭ 100　⑮ 100
しき 65＋38＝103　答え 103 円

13
① 359　② 475　③ 267
④ 577　⑤ 368　⑥ 198
⑦ 465　⑧ 581　⑨ 383
⑩ 491　⑪ 140　⑫ 270
⑬ 692　⑭ 243　⑮ 410
しき 425＋68＝493　答え 493 円

14
① 73　② 83　③ 72
④ 80　⑤ 91　⑥ 71
⑦ 53　⑧ 73　⑨ 40
⑩ 85　⑪ 67　⑫ 75
⑬ 89　⑭ 76　⑮ 57
しき 144－68＝76　答え 76 ページ

15
① 94　② 97　③ 97
④ 95　⑤ 98　⑥ 97
⑦ 47　⑧ 26　⑨ 78
⑩ 36　⑪ 95　⑫ 93
⑬ 96　⑭ 98　⑮ 99
しき 103－25＝78　答え 78 まい

16
① 332　② 423　③ 551
④ 436　⑤ 626　⑥ 918
⑦ 726　⑧ 506　⑨ 406
⑩ 307　⑪ 428　⑫ 355
⑬ 728　⑭ 507　⑮ 906
しき 215－8＝207　答え 207 まい

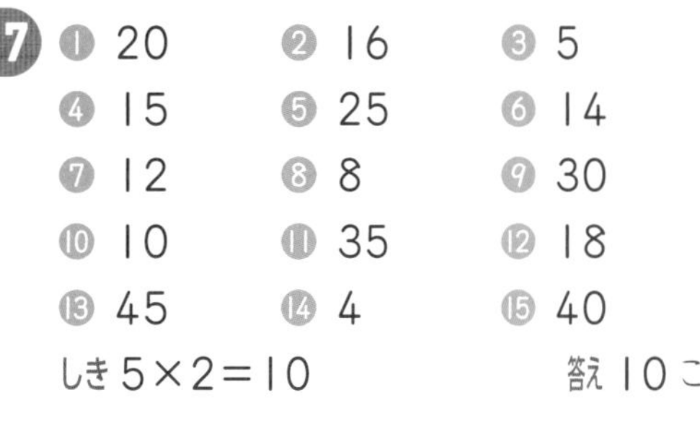

17
① 20　② 16　③ 5
④ 15　⑤ 25　⑥ 14
⑦ 12　⑧ 8　⑨ 30
⑩ 10　⑪ 35　⑫ 18
⑬ 45　⑭ 4　⑮ 40
しき 5×2＝10　答え 10 こ

18
① 18　② 32　③ 24
④ 8　⑤ 27　⑥ 16
⑦ 28　⑧ 21　⑨ 15
⑩ 3　⑪ 24　⑫ 12
⑬ 20　⑭ 9　⑮ 36
しき 3×4＝12　答え 12 人

19
① 30　② 6　③ 24
④ 63　⑤ 48　⑥ 21
⑦ 35　⑧ 14　⑨ 42
⑩ 36　⑪ 56　⑫ 54
⑬ 28　⑭ 18　⑮ 49
しき 7×6＝42　答え 42 まい

20
① 56　② 45　③ 16
④ 27　⑤ 36　⑥ 6
⑦ 7　⑧ 64　⑨ 81
⑩ 32　⑪ 54　⑫ 72
⑬ 48　⑭ 9　⑮ 63
しき 9×8＝72　答え 72 本

21 ❶ 24 ❷ 40 ❸ 5
❹ 36 ❺ 36 ❻ 12
❼ 28 ❽ 10 ❾ 72
❿ 40 ⓫ 54 ⓬ 18
⓭ 21 ⓮ 12 ⓯ 56
しき 6×7=42 答え 42 こ

22 ❶ 18 ❷ 24 ❸ 48
❹ 21 ❺ 49 ❻ 15
❼ 6 ❽ 45 ❾ 54
❿ 64 ⓫ 28 ⓬ 14
⓭ 7 ⓮ 30 ⓯ 27
しき 2×8=16　1×8=8
答え おかし…16 こ、ジュース…8 本

23 ❶ 16 ❷ 35 ❸ 6
❹ 36 ❺ 63 ❻ 25
❼ 12 ❽ 24 ❾ 12
❿ 32 ⓫ 63 ⓬ 4
⓭ 35 ⓮ 27 ⓯ 48
しき 7×6=42 答え 42 日

24 ❶ 1000 を 6 こ、100 を 2 こ、1 を 9 こ あわせた 数は、[6209]です。
❷ 7035 は、1000 を [7] こ、10 を [3] こ、1 を [5] こ あわせた 数です。
❸ 千のくらいが 4、百のくらいが 7、十のくらいが 2、一のくらいが 8の 数は、[4728]です。
❹ 100 を 39 こ あつめた 数は、[3900]です。
❺ 8000 は、100 を [80] こ あつめた 数です。
❻ 1000 を 10 こ あつめた 数は、[10000]です。
❼ 7000 [>] 6990
❽ 4078 [<] 4089
❾ 9609 [<] 9613
❿ 7359 [>] 7357

25 ❶ 1200 ❷ 1400 ❸ 1200
❹ 1300 ❺ 1100 ❻ 1600
❼ 1300 ❽ 1100 ❾ 1200
❿ 500 ⓫ 200 ⓬ 600
⓭ 700 ⓮ 400 ⓯ 100
しき 1000−700=300 答え 300 円

26 ❶ 2 cm=[20] mm ❷ 4 m=[400] cm
❸ 80 mm=[8] cm ❹ 200 cm=[2] m
❺ 32 mm=[3] cm [2] mm
❻ 260 cm=[2] m [60] cm
❼ 402 cm=[4] m [2] cm
❽ 1 m 50 cm=[150] cm
❾ 3 m 42 cm=[342] cm
❿ 8 cm 5 mm=[85] mm
⓫ 12 cm 6 mm ⓬ 6 m 50 cm
⓭ 8 cm 9 mm ⓮ 1 cm 8 mm
⓯ 7 m 4 cm

27 ❶ 38 ❷ 96 ❸ 121
❹ 110 ❺ 480 ❻ 37
❼ 38 ❽ 25 ❾ 212
❿ 15 ⓫ 56 ⓬ 9
⓭ 12 ⓮ 30 ⓯ 32
しき 52−35=17 答え 17 本

28 ❶ 58 ❷ 60 ❸ 123
❹ 106 ❺ 47 ❻ 27
❼ 97 ❽ 203 ❾ 800
❿ 35 ⓫ 32 ⓬ 21
⓭ 54 ⓮ 18 ⓯ 48
しき 4×6=24　24−5=19
答え 19 こ

「小学教科書ワーク・数と計算」で、さらに れんしゅうしよう！

わくわくシール

まんてんシール

ばっちり!
おめでとう!
かんぺき!

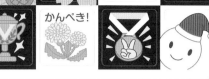

★１日の学習がおわったら、チャレンジシールをはろう。
★実力はんていテストがおわったら、まんてんシールをはろう。

チャレンジシール